Alterssport motivierend gestalten

Robert Rupp

Alterssport motivierend gestalten

Grundlagen und Beispiele einer bedürfnisorientierten Praxis

Robert Rupp
Heidelberg, Deutschland

Dissertation Pädagogische Hochschule Heidelberg, 2017

Originaltitel: Befriedigung psychischer Grundbedürfnisse in verschiedenen Kontexten des Alterssports. Analyse konzeptioneller Grundlagen und empirische Einsichten auf der Basis der Selbstbestimmungstheorie.

ISBN 978-3-658-18136-9 ISBN 978-3-658-18137-6 (eBook)
DOI 10.1007/978-3-658-18137-6

Die Deutsche Nationalbibliothek verzeichnet diese Publikation in der Deutschen Nationalbibliografie; detaillierte bibliografische Daten sind im Internet über http://dnb.d-nb.de abrufbar.

Springer VS

Gedruckt auf säurefreiem und chlorfrei gebleichtem Papier

Springer VS ist Teil von Springer Nature
Die eingetragene Gesellschaft ist Springer Fachmedien Wiesbaden GmbH
Die Anschrift der Gesellschaft ist: Abraham-Lincoln-Str. 46, 65189 Wiesbaden, Germany

Inhaltsverzeichnis

Abbildungsverzeichnis

Tabellenverzeichnis

1 Einleitung

Annäherung

Wir leben in Deutschland in einer Gesellschaft, die sich, von vielen unbemerkt und in den Konsequenzen unterschätzt, in den letzten Jahrzehnten kontinuierlich zu einer „Gesellschaft des immer längeren Lebens“ gewandelt hat (vgl. Rott, 2009; Statistisches Bundesamt, 2008). Der Anteil der 60-jährigen und älteren Frauen und Männer wächst kontinuierlich an. Nach Modellrechnungen wird im Jahre 2030 der Anteil dieser Altersgruppe 35% der Gesamtbevölkerung umfassen, bei weiter steigender Tendenz (vgl. Denk & Pache, 2003, S. 25). Vor diesem Hintergrund gewinnen Gesundheit und Lebensqualität im Alter eine immer größere Bedeutung. Auf der Suche nach Möglichkeiten, ein gesundes Altern zu fördern, gerät auch die körperliche Aktivität in den Blick. Ihr wird von Gerontologie, Medizin und Sportwissenschaft ein enormes Potenzial attestiert, Gesundheit und Lebenszufriedenheit Älterer zu sichern. Die Botschaft lautet: „Gesundes bzw. erfolgreiches Altern und ein langes Leben sind untrennbar mit körperlicher Aktivität verbunden“ (Rott, 2009, S. 47). Nach Andel et al. (2008) kann beispielsweise das Demenzrisiko durch einfache körperliche Aktivitäten wie Gehen vermutlich halbiert werden, was von höchster sozialer wie ökonomischer Bedeutung ist (vgl. auch Weineck, 2010a, S. 531).

Problemstellung

Nach empirischer Befundlage bewegt sich insbesondere die ältere Bevölkerung in Deutschland jedoch viel zu wenig (vgl. Geuter & Hollederer, 2012a, S. 167 f.): Ein Anteil regelmäßig bewegungsaktiver Älterer von unter 10% kann vor dem Hintergrund prognostizierter positiver gesundheitlicher Wirkungen regelmäßiger körperlicher Aktivität bzw. der vielen bekannten Nachteile körperlicher Inaktivität nicht zufrieden stimmen. Dementsprechend stellt Denk (2010), einer der renommiertesten Alterssportforscher Deutschlands, heraus: „Mehr Ältere zu sportlicher Aktivität zu motivieren ist das dringendste Anliegen alterssportbezogener Theorie und Praxis.“ Dem pflichten auch führende Vertreter der Gerontologie bei, die zur Förderung gesunden Alterns die Klärung folgender Forschungsfrage als zentral erachten: „Wie kann es gelingen, mehr ältere Menschen zu aktivieren bzw. sie für die regelmäßige Durchführung von körperlichem Training zu begeistern“ (Kruse & Wahl, 2010, S. 260)?

Bei der Lösung dieser Problemstellung sehen Gerontologen vor allem Sportwissenschaftler, insbesondere Sportpädagogen, in der Pflicht, entsprechende Angebote zu entwickeln und bereitzustellen (vgl. Rott, 2009, S. 47). Offensichtlich ist, „dass der Sport noch nicht die richtige Ansprache und die richtigen Konzepte gefunden hat, um Ältere zum Sportengagement zu motivieren" (Engels, 2004, S. 33).

In der Tat sind die beiden Alterssportkonzepte, die aktuell den sportwissenschaftlichen Diskurs dominieren, trotz ihrer Gesundheitsorientierung kaum auf die Zielsetzung hin ausgerichtet, Ältere beim Aufbau einer stabilen motivationalen Bindung an die körperliche Aktivität zu unterstützen: Das „funktionsorientierte Alterssport-Konzept" (FASK) konzentriert sich vorwiegend darauf, Hinweise zur adäquaten, altersgemäßen körperlichen Belastung zu geben, die geeignet sind, alters- und inaktivitätsbedingte Funktionsverluste und Krankheitsrisiken zu vermeiden bzw. hinauszuzögern; das „bildungsorientierte Alterssport-Konzept" (BASK) fokussiert sich vornehmlich darauf, mit Hilfe körperlicher Aktivität Bildungsprozesse zu initiieren, die Ältere in der Entwicklung einer „Gestaltungsfähigkeit" unterstützen, das Altern nach eigenen Interessen und Bedürfnissen selbständig gestalten zu können (vgl. Kolb, 2006a, S. 11 f.).

Auch die theoretische Basis beider Konzepte, auf der einen Seite bio- und sportmedizinische Erkenntnisse (FASK) und auf der anderen Seite bildungstheoretische Überlegungen (BASK), scheinen kaum geeignet, die Motivationsproblematik bedeutungsangemessen zu erfassen und zu bearbeiten. Darüber hinaus liegen derzeit nur wenige sportpädagogische Beiträge vor, die fundierte Vorschläge unterbreiten, wie Ältere für eine regelmäßige gesundheitsorientierte Bewegungsaktivität begeistert werden können. Beispielsweise beschränken sich die Vorschläge von Brehm & Buskies (2009) und Denk & Pache (2004) weitgehend darauf, die Notwendigkeit einer pädagogischen Unterstützung Älterer beim Aufbau einer stabilen motivationalen Bindung an körperliche Aktivität herauszustellen. Sie beinhalten nur wenige Umsetzungshinweise, die auch weitgehend ohne theoretische und empirische Fundierung auskommen.[1]

Insgesamt bleibt festzuhalten, dass es momentan für die Lösung der aufgezeigten Problemstellung des gesundheitsorientierten Alterssports – die Hinführung und Bindung Älterer an regelmäßige körperliche Aktivität – noch kaum

1 Brehm & Buskies (2009) und Denk & Pache (2004) stellen die vielfältigen Herausforderungen und Barrieren heraus, mit denen Ältere auf dem Weg zu einem regelmäßigen körperlichen Aktivitätsverhalten zu kämpfen haben. Aus dieser Problematik leiten sie den primären pädagogischen Auftrag im Kontext des Alterssports ab, Ältere beim Überwinden von Barrieren (z. B. Ängste vor zu hoher Belastung, fehlende Motivation) zu unterstützen und ihnen Spaß an der körperlichen Aktivität zu vermitteln, um so eine stabile Bindung aufzubauen.

überzeugende (theoretisch wie empirisch fundierte) Ansätze gibt. Die skizzierten Lösungsansätze sind stark von einzeldisziplinärem Denken sportwissenschaftlicher Teildisziplinen (Sportmedizin, Trainingslehre, Sportpsychologie oder Sportpädagogik) geprägt, was allerdings in eine Sackgasse führt. Denn die Frage nach einer gleichermaßen gesundheitsförderlichen wie motivierenden Gestaltung des Alterssports legt eine interdisziplinäre und integrative Behandlung nahe (vgl. Grupe, 2009, S. 23; Rott & Cihlar, 2010, S. 229f.). Diesem Erfordernis wird mit der vorliegenden Studie nachgekommen, die relevante Erkenntnisse und Interventionen einschlägiger Fachdisziplinen (wie Gerontologie, Gesundheitswissenschaften, Pädagogik, Sportwissenschaft) zusammenführt und integriert.[2]

Als geeignete Integrationsfolie wird die Selbstbestimmungstheorie von Ryan und Deci identifiziert. Diese Bedürfnis-Theorie gilt als eine der einflussreichsten Motivationstheorien der vergangenen 30 Jahre und sie wird inzwischen in allen für die hier behandelte Problemstellung relevanten Bezugsdisziplinen (Geragogik, Pädagogik, Sport- und Gesundheitspsychologie) rezipiert (vgl. z. B. Bubolz-Lutz et al., 2010, S. 142 ff.; Krapp & Ryan, 2002; Pfeffer, 2010a, S. 224 ff.; Brand & Schlicht, 2009). Dort wird sie als eine bewährte „Findetheorie" genutzt, um didaktische Prinzipien zur Förderung der Lernmotivation, der Bindung an körperliche Aktivität sowie zur Änderung des Gesundheitsverhaltens abzuleiten.

Die empirisch gesicherte Kernaussage der Selbstbestimmungstheorie lautet, dass stabile (autonome und intrinsische) Formen der Motivation durch die Befriedigung dreier psychischer Grundbedürfnisse (Autonomie-, Kompetenz- und Zugehörigkeitserleben) zustande kommen und gefördert werden (vgl. Ryan & Deci, 2007, S. 13). Da dies vielfach auch für den Bewegungskontext nachgewiesen werden konnte (vgl. Hagger & Chatzisarantis, 2007), heißt die zentrale Praxisempfehlung: Bei der Konzipierung und Durchführung von Maßnahmen der Bewegungsförderung sollten Akteure der Bewegungsförderung insbesondere auf die Befriedigung der psychischen Grundbedürfnisse der Teilnehmer achten (vgl. Bucksch, Finne & Geuter, 2010, S. 26)!

Wie diese Empfehlung für die Zielgruppe älterer Menschen spezifiziert werden kann, ist bisher allerdings kaum formuliert worden und darf als empirisch weitgehend ungeklärt angesehen werden. Auf dem Weg zu pädagogisch fundierten Anregungen, die sowohl im sportwissenschaftlichen Alterssportdiskurs Akzep-

2 Dieses Vorgehen entspricht eigentlich dem Selbstverständnis der Sportpädagogik, wenn sie sich als Integrationsdisziplin (der Sportwissenschaft) mit „ganzheitlichem Blick" versteht und ihre Fragen unter Rückgriff auf Wissensbestände verschiedener Fachdisziplinen zu beantworten sucht (vgl. Balz & Kuhlmann, 2003, S. 21).

tanz finden als auch die obige Praxisempfehlung effektiv umsetzen können, stellen sich deshalb folgende Fragen:

1. Korrespondieren die postulierten psychischen Grundbedürfnisse mit dem Erleben der subjektiven gesundheitsorientierten Bewegungspraxis Älterer?
2. Auf welchen Wegen gelingt es Älteren, diese Bedürfnisse im Kontext körperlicher Aktivität zu befriedigen?
3. Wie müsste ein gesundheitsorientierter Alterssport gestaltet werden, um eine Bedürfnisbefriedigung zu realisieren?

Diese Fragen charakterisieren die Problemstellung der Arbeit, wie auf der Basis der Selbstbestimmungstheorie von Ryan & Deci gesundheitsorientierte Bewegungsangebote für ältere Menschen pädagogisch konzipiert und durchgeführt werden können, so dass sie zu einer Befriedigung psychischer Grundbedürfnisse beitragen.

Dabei konzentriere ich mich auf die Lebensphase des 3. Alters (von ca. 60 bis 80 Jahren). Denn vorliegende Befunde zum 3. Alter zeigen, dass diese „jungen Alten" in den meisten Fällen noch einen guten Gesundheitszustand aufweisen, im Bereich der körperlichen Fitness über ein „erhebliches unausgeschöpftes Potenzial" (Rott, 2009) verfügen und gegenüber körperlicher Aktivität eine deutlich positivere Einstellung aufweisen als Menschen im 4. Alter (ab ca. 80 Jahre), was sie zur erfolgversprechendsten Zielgruppe für Alterssport-Interventionen macht (vgl. Denk & Pache, 1996, S. 86 f.). Aufgrund dieser Eingrenzungen kann die Forschungsfrage der Arbeit folgendermaßen konkretisiert werden: Wie können auf der Basis der Selbstbestimmungstheorie gesundheitsorientierte Alterssportangebote für Menschen im dritten Lebensalter pädagogisch gestaltet werden, so dass sie zur Befriedigung ihrer psychischen Grundbedürfnisse beitragen und diese befördern? Damit liegt dieser Arbeit ein „humanes Interesse" zu Grunde, wie es für die Sportpädagogik charakteristisch ist (vgl. Balz & Kuhlmann, 2003, S. 20 f.): Gefragt wird danach, auf welche Weise der Sport dem älteren Menschen zu Gute kommen kann – in körperlicher, aber eben auch in motivationaler und emotionaler Hinsicht – und wie gegebenenfalls der Sport den älteren Menschen angepasst werden sollte, damit er nicht nur ihre körperlichen Bedürfnisse, sondern auch ihre psychischen Bedürfnisse erreicht und befriedigt und Ältere auf diese Weise (eher) anspricht.

Die Frage nach einer bedürfnisgerechten pädagogischen Konzeption und Durchführung von Maßnahmen im Rahmen gesundheitsorientierten Alterssports steht formellen, fremd organisierten, angeleiteten Bewegungsangeboten nahe, wie sie auf Ebene nicht kommerzieller Vereine und Verbände (z. B. Deutscher

Turner-Bund, Landessportbünde oder Deutsches Rotes Kreuz) und kommerzieller Anbieter (z. B. Fitness-Studios oder Reisebranche) ausgebracht werden. Hier gibt es in Deutschland inzwischen eine breite Palette an gesundheitsorientierten Alterssportangeboten und auf Seiten der zahlreichen Anbieter einen hohen Bedarf an fundierten Erkenntnissen darüber, wie sie die Teilnehmerbindung an Bewegungsangebote erhöhen (Ältere in Bewegung halten) bzw. wie sie die noch überwiegende Mehrheit der inaktiven Älteren durch eine bedürfnisgerechte Gestaltung ihrer Angebote in Bewegung bringen können (vgl. Schaller, 2003, S. 243 ff.). Insofern liegt der Schwerpunkt der Überlegungen in dieser Arbeit auf diesem fremd organisierten (formellen) Alterssportkontext.[3]

Konkretisierung der Problemstellung

Nach Balz (1995, S. 13) lässt sich die Problemstellung einer wissenschaftlichen Arbeit durch zwei Teilaspekte definieren: „zuerst einmal durch eine zentrale und noch nicht hinreichend beantwortete Frage und dann durch eine hiermit verknüpfte, lösenswerte Aufgabe." Im Rahmen dieser Arbeit stelle ich mir die Aufgabe, sowohl (empirische wie theoretische) Grundlagen als auch (praktische) Anregungen für einen bedürfnisorientierten Alterssport aufzuzeigen. Mit einer explorativen Pilotstudie zur Bedürfnissituation körperlich aktiver Älterer soll das skizzierte empirische Defizit angegangen werden. Hierbei sollen vor allem mögliche Befriedigungswege für die psychischen Grundbedürfnisse im gesundheitsorientierte Alterssport identifiziert werden. Daneben (und darauf aufbauend) nehme ich es mir zum Ziel, systematisierte Gestaltungshinweise für eine grundbedürfnisorientierte Praxis des Alterssports zu entwickeln. Hier sollen zum einen konkrete Anregungen für bedürfnisgerechte Ziele, Inhalte, Methoden und Organisationsformen von Alterssportangeboten gegeben werden. Zum anderen soll ein Evaluationswerkzeug entwickelt werden, mit dessen Hilfe vorhandene Alterssportangebote auf ihre bedürfnisgerechte Gestaltung hin überprüft und optimiert werden können. Damit sind die anwendungsbezogene Problemstellung und das Erkenntnisinteresse der vorliegenden Arbeit umrissen. Diese sehe ich eingebettet in den größeren Rahmen einer Bewegungsförderung als Teil der Gesundheitsförderung, deren Ziel es ist, Menschen zu regelmäßigem körperlichen Aktivitätsverhalten zu „bewegen", um sie in ihrer Gesundheit und Lebensqualität zu stärken (vgl. Geuter & Hollederer, 2012b, S. 14).

3 Dies auch deshalb, weil davon auszugehen ist, dass Ältere, die ihre Bewegungsaktivitäten in einem informellen Kontext in eigener Regie betreiben, diese offensichtlich auch ohne pädagogische Einwirkung nach eigenen Bedürfnissen und Möglichkeiten gestalten können (vgl. Grupe & Krüger, 2002, S. 130).

Kurze Hinweise zur begrifflichen Verwendung

Körperliche Aktivität oder Sport?

Der klassische Begriff „Sport“ kennzeichnet eine „muskuläre Beanspruchung mit Wettkampfcharakter oder mit dem Ziel einer herausragenden persönlichen Leistung“ (Hollmann & Strüder, 2009, S. 128). Die Ausrichtung an Wettkampf und Höchstleitung ist jedoch nur für eine marginale „Extremgruppe“ der Alterssportler leitend (vgl. Denk & Pache, 2004, S. 226). Somit deckt der klassische Sportbegriff nicht die den Alterssport dominierende Gesundheitsorientierung ab. Daher ist für den gesundheitswissenschaftlichen und gerontologischen Kontext des Alterssports der Begriff der *körperlichen Aktivität*[4] „geeigneter und gebräuchlicher“ (Schlicht, 2010, S. 27 f.). Entsprechend wird er auch in dieser Arbeit bevorzugt, wenngleich der Sportbegriff auch Verwendung findet.

Dieser Begriffsgebrauch steht in keinem Widerspruch zu der das Gegenstandsfeld kennzeichnenden Bezeichnung des *Alters-Sports*, insofern *Alterssport* „in einer erweiterten Perspektive als jegliche körperliche Aktivität zu verstehen ist, die mit dem Erhalt von Funktionsfähigkeit, Gesundheit und Selbständigkeit im Alter in Zusammenhang steht“ (Rott & Cihlar, 2010, S. 206).

In diesem erweiterten Verständnis wird in der vorliegenden Arbeit der Begriff *Alterssport* zur Bezeichnung des Gegenstandsfeldes (in Abgrenzung zu anderen Teilbereichen des Sports, wie Freizeitsport) und der Begriff *körperliche Aktivität* zur Bezeichnung konkreter (gesundheitsförderlicher) Bewegungshandlungen (wie Gehen oder Joggen) gebraucht.

Wird die körperliche Aktivität geplant, strukturiert und wiederholt zum Zwecke der Steigerung oder Erhaltung der psychophysischen Leistungsfähigkeit durchgeführt, wird sie in der vorliegenden Publikation unter dem Begriff „Training“ gefasst (vgl. Chodzko-Zajko et al., 2009, S. 1511; Hollmann & Strüder, 2009, S. 128).

Motivation

Der Motivationsbegriff wird umgangssprachlich häufig benutzt und dient in diesem Kontext zur Erklärung, warum Menschen bestimmte Verhaltensweisen (z. B. körperliche Aktivität) gerne und häufig (motiviert) ausüben oder eben keine Lust dazu haben (unmotiviert), dies zu tun (vgl. Scholz, Schüz & Ziegelmann, 2007, S. 131). In der Psychologie versteht man unter „Motivation“ allge-

4 Unter *körperlicher Aktivität* wird jegliche durch Skelettmuskelkontraktion hervorgerufene Bewegung verstanden, die den Energieumsatz nennenswert erhöht und in dieser Weise gesundheitsförderlich sein kann (vgl. Chodzko-Zajko et al., 2009, S. 1511; Pfeffer, 2010b, S. 216; Brehm & Bös, 2006, S. 14).

mein „die innere Antriebskraft zu zielgerichtetem Verhalten" (Bucksch, Finne & Geuter, 2010, S. 15). Rheinberg (2002) konkretisiert dieses Begriffsverständnis, indem er wesentliche wissenschaftliche (motivationspsychologische) Definitionsdarlegungen folgendermaßen zusammenfasst: Motivation ist „die aktivierende Ausrichtung des momentanen Lebensvollzuges auf einen positiv bewerteten Zielzustand" (S. 17). Ich folge dieser Definition, da sie kompatibel mit der in meiner Arbeit im Vordergrund stehenden Selbstbestimmungstheorie der Motivation ist, welche die Erlebensprozesse zu erhellen versucht, die eben diese „aktivierende Ausrichtung" im Wesentlichen beeinflussen.

Vorgehen

In Kapitel 2 wird die aktuelle sportwissenschaftliche Diskussion zum Alterssport analysiert, um einen Überblick über die konzeptionelle Ausgestaltung des Alterssports zu geben, aber auch um Desiderate und potenzielle Anknüpfungspunkte für die eigene Position eines sportpädagogisch-motivationsorientierten Zugangs zu identifizieren.

Kapitel 3 dient der theoretischen Grundlegung des empirischen Vorgehens. Darin werden Bezüge und Grundlagen der Selbstbestimmungstheorie dargelegt, die sowohl für die Konzeption der anschließenden empirischen Studie als auch für die weiterführende Ausarbeitung der angestrebten bedürfnisorientierten Praxisempfehlungen relevant sind.

Kapitel 4 beinhaltet die Präsentation der im Rahmen dieser Arbeit durchgeführten explorativen Pilotstudie zur Bedürfnissituation körperlich aktiver Älterer. Alle relevanten Arbeitsschritte, von der Konzeption über die Datenerhebung und -auswertung bis zur Interpretation der Ergebnisse und daraus abgeleitete pädagogische Folgerungen, werden dargelegt. Die Ergebnisdarstellung und -diskussion konzentrieren sich dabei auf das Bedürfnis nach Kompetenzerleben, das in der Sportpädagogik, wie auch in zahlreichen einschlägigen Motivationstheorien (z. B. Selbstbestimmungstheorie der Motivation, Selbstwirksamkeitstheorie, Theorie des geplanten Verhaltens), als eine der bedeutendsten Motivationsquellen für körperliche Aktivität angesehen wird (vgl. Richartz, Hoffmann & Sallen, 2009, S. 35; Krapp & Ryan, 2002, S. 71).[5]

In Kapitel 5 steht die Erarbeitung einer Indikatorenliste im Vordergrund, welche die zuvor gewonnenen Erkenntnisse über bedeutsame Befriedigungswege

5 Darüber hinaus ist das Kompetenzerleben im Alterssport auch deshalb besonders relevant, da Altern oftmals von zunehmendem Inkompetenzerleben auf motorischer Ebene bestimmt ist/wird (vgl. Rott, 2009, S. 37 ff.).

des Kompetenzbedürfnisses im Alterssportkontext in eine Systematik zu überführen versucht. Im Sinne einer „Outcome-Orientierung" werden für didaktisch bedeutsame Ebenen (wie Ziele, Inhalte, Methoden) Merkmale benannt, die eine evaluative Überprüfung und Optimierung von Alterssportangeboten hinsichtlich ihrer bedürfnisgerechten Gestaltung ermöglichen.

Kapitel 6 bündelt die wichtigsten Ergebnisse, fasst den Argumentationsverlauf zusammen und formuliert weitergehende Fragen mit Blick auf die Zukunft.

2 Analyse aktueller Alterssportkonzepte

Eine überzeugende Profilierung eines motivationsorientierten Alterssport-Beitrags zur Förderung gesunden Alterns kann nicht ohne Anbindung an die aktuelle Fachdiskussion gelingen. Aufgabe dieses Kapitels ist es daher, den Diskussionsstand des wissenschaftlichen Alterssportdiskurses aufzuarbeiten, um eine fachliche Selbstvergewisserung zu leisten.

Die Sportwissenschaft beschäftigt sich seit ca. 30 Jahren mit der Frage, was und wie körperliche Aktivität zu einem gesunden Altern beitragen kann. Dies führt(e) zur Entwicklung verschiedener „Alterssportkonzepte". Ein Alterssportkonzept ist ein fundierter Entwurf, der für die praktische Gestaltung des Alterssports begründete Ziele, Inhalte und Methoden empfiehlt (vgl. Schaller, 2003, S. 243 f.). In den letzten Jahren haben sich zwei Konzepte herauskristallisiert, welche die aktuelle Diskussion um die Zielsetzung und Gestaltung des Alterssports derzeit dominieren – das funktionsorientierte und das bildungsorientierte Konzept des Alterssports (vgl. Kolb, 2006a, S. 11 ff.; 2006b, S. 185 ff.). Diese Konzepte stehen auch im Mittelpunkt der nachfolgenden Analyse. Aktuelle Neuorientierungen stellen großteils lediglich spezifische Ausdifferenzierungen eines der beiden Konzepte dar (vgl. Kolb, 2007a, S. 152).

Die ergänzende und erweiterte Literaturauswahl, die dieser Analyse zugrunde liegt, ist von der Zielstellung meiner Arbeit geleitet, die Entwicklung eines (sport-) pädagogisch ausgerichteten Beitrags voranzutreiben zu wollen, der Ältere beim Aufbau einer stabilen motivationalen Bindung an körperliche Aktivität unterstützt. Entsprechend suche und untersuche ich sportpädagogische Ansätze, die diese Position theoretisch und/oder empirisch stützen und die Anhaltspunkte für die praktische Gestaltung liefern.

Ziel der Analyse ist es zum einen, die ausgewählten Konzepte in ihren Kernelementen (Ziele, Inhalte, Methoden) und zentralen Forschungsergebnissen zu beschreiben. Zum anderen wird angestrebt, die Konzepte daraufhin zu analysieren, welche Desiderate und Anknüpfungspunkte sie im Hinblick auf die behandelte Problemstellung aufweisen, (mehr) Ältere zu körperlicher Aktivität zu motivieren.

Zur Vorgehensweise ist Folgendes anzumerken: Die Konzeptbestandteile (Ziele, Inhalte, Methoden) werden als zentrale Analyse-Kriterien herangezogen, da sie eine differenzierte Analyse und den Vergleich bestehender Alterssport-Konzepte untereinander ermöglichen. Speziell für die beiden im Mittelpunkt der Analyse (und der sportwissenschaftlichen Diskussion) stehenden funktions- bzw. bildungsorientierten Konzepte werden weitere Untersuchungskriterien herangezogen. So interessiert hier insbesondere, ob bzw. wie stark diese jeweils in relevanten Wissenschaftsbereichen (Gerontologie, Gesundheitswissenschaften) rezipiert werden, um Anhaltspunkte zu erhalten, an welchem Konzept bei der eigenen Ausarbeitung aus pragmatischen Gründen (eher) angeknüpft werden sollte.

Als weiteres Analysekriterium wird die Frage gestellt, wie die jeweilige Ausrichtung und Gestaltung der Konzepte argumentativ gestützt und begründet wird: Auf welche Theorien und Forschungserkenntnisse stützt sich die Argumentation? Wie (plausibel) wird auf ihrer Basis argumentiert? Dabei handelt es sich um typische Fragen zur Klärung der Konzeptqualität (vgl. Kolip, 2012, S. 117). Damit ergibt sich folgende Untersuchungssystematik, mit deren Hilfe die Konzepte analysiert werden sollen:

- Wie wird bezüglich der Ausrichtung und Gestaltung der Konzepte jeweils (theoretisch und/oder empirisch fundiert?) **argumentiert** und begründet?
- Welche **Ziele** werden innerhalb des jeweiligen Konzepts angestrebt?
- Welche **Inhalte** werden für den Alterssport empfohlen?
- Mit welchen **Methoden** sollen die angestrebten Ziele realisiert werden?
- Wie wurde / wird das jeweilige Konzept **rezipiert**?

Zunächst werden die einzelnen Konzepte entlang der vorstehenden Systematik vorgestellt und analysiert. Die zentralen Erkenntnisse dieser Bearbeitung münden in einem Zwischenfazit. In einem Gesamtfazit werden unter dem Blickwinkel des eigenen Erkenntnisinteresses mögliche Anknüpfungspunkte und zentrale Desiderate bezüglich der aktuellen Alterssport-Entwicklung herausgestellt und Folgerungen für deren Bearbeitung abgeleitet.

2.1 Analyse des funktionsorientierten Alterssport-Konzepts (FASK)

Das funktionsorientierte Alterssport-Konzept (im weiteren Verlauf mit FASK abgekürzt) wird von den beiden naturwissenschaftlich orientierten und spezifisch auf körperliche Prozesse ausgerichteten Disziplinen der Sportmedizin und der Trainingswissenschaft gestützt. Diese können anhand vielfältiger Untersuchungen die positiven Wirkungen von Trainings- und Übungsmaßnahmen durch Bewegung, Sport und Spiel bzw. die negativen Auswirkungen fehlender Bewegungsreize auf verschiedene Funktionssysteme des menschlichen Körpers nachweisen (vgl. Mechling, 2001, S. 83). Es existiert eine breite empirische Forschungslage.

Argumentationsgang des FASK

Der erste Analyseschritt dient dazu, die Argumentationsbasis auszuarbeiten. Dabei wird versucht, Klärung und Darstellung der theoretischen und empirischen Grundlagen des Konzepts so anzuordnen, dass damit zugleich der zentrale Argumentationsgang des FASK widergespiegelt wird. Dazu werden Kernaussagen den erklärenden Ausführungen als Teilüberschriften vorangestellt.

Die körperliche Funktions- und Leistungsfähigkeit nimmt im Alternsgang ab

Ausgangsbasis der Argumentation bildet die sportmedizinische Erkenntnis, dass menschliches Altern mit strukturellen und physiologischen Veränderungen in fast allen Körper-Systemen verknüpft ist, die circa ab dem 40. Lebensjahr zu einem Abfall der Funktions- und Leistungsfähigkeit des Organismus führen: „Advancing age is associated with physiologic changes that result in reductions in functional capacity“ (Chodzko-Zajko et al., 2009, S. 1512). Entsprechend definieren Hollmann und Strüder „Altern“ als „zeitbedingte Modifikation von Struktur und Funktion“ (2009, S. 519) des menschlichen Körpers. Vom Alterungsprozess betroffen sind grundlegende Faktoren menschlicher Bewegungsleistung (Kraft, Ausdauer, Schnelligkeit, Beweglichkeit und Koordination), die unter dem Begriff der „motorischen Hauptbeanspruchungsformen“ (MBF) zusammengefasst werden (vgl. Meusel, 2004, S. 261ff.). Diese gelten als „wichtige Leistungsfaktoren der allgemeinen Fitness und damit der Gesundheit schlechthin“ (Weineck, 2010b, S. 1049) und sie haben eine elementare Bedeutung für die erfolgreiche (selbstständige) Alltagsbewältigung.

Für jede dieser MBF kann empirisch gesichert aufgezeigt werden, dass die Leistungsfähigkeit in der jeweiligen Dimension ohne gezieltes körperliches Training bereits ab dem mittleren Erwachsenenalter kontinuierlich abnimmt, zunächst allmählich, dann immer stärker (vgl. Weineck, 2010b, S. 995 ff.; Chodzko-Zajko et al., 2009, S. 1512 f.; Meusel, 2004, S. 261 ff.; Weisser & Okonek, 2003, S. 113 ff.).

So nehmen beispielsweise Muskelmasse, Muskelfaserzahl und Kraft ohne körperliches Training bereits ab dem 30. Lebensjahr jährlich um 1% ab (vgl. Weineck, 2010b, S. 1020). Durch diesen fortschreitenden Leistungsabfall innerhalb der MBF nähert sich der alternde Mensch einem kritischen Funktions- und Leistungsniveau, der „Schwelle zur Unselbständigkeit und Behinderung" (Schlicht, 2010, S. 29). Ist dieses Niveau erreicht, kann der alternde Mensch seinen Alltag nicht mehr selbstständig bewältigen bzw. die Gesundheit aufrechterhalten.

Der Abfall der körperlichen Leistungsfähigkeit im Alter ist mehr Ausdruck eines körperlich inaktiven Lebensstils als biologische Gesetzmäßigkeit

Die gesicherte sportmedizinische Erkenntnis, dass das „normale" menschliche Altern durch frühzeitig (ca. ab dem 40. Lebensjahr) einsetzende Einschränkungen der Funktionsfähigkeit in fast allen Körpersystemen gekennzeichnet ist (vgl. Chodzko-Zajko et al., 2009, S. 1512 f.), legt den Schluss nahe, dass das Altern automatisch mit Verfall und Rückgang verbunden ist. Allerdings setzt sich derzeit die Erkenntnis durch, dass solche an Querschnittsdaten beobachteten Leistungsunterschiede in verschiedenen Altersbereichen nicht als (unveränderliche) „altersabhängige Leistungsrückgänge" interpretiert werden dürfen, sondern vielmehr über (beeinflussbare) Inaktivitätsprozesse erklärt werden müssen (vgl. Weineck, 2010a, S. 548; Weisser & Okonek, 2003, S. 106 ff.). Vor diesem Hintergrund stellt Weineck (2010a, S. 548) heraus:

> Die in der Gerontologie üblichen Untersuchungen beziehen sich fast ausschließlich auf eine Bevölkerung, bei der die sportliche Betätigung nur eine geringe Rolle spielt. Dies führt zu Beschreibungen von Befunden und Abläufen, die als unveränderlich schicksalhaft erscheinen […]. Die Befunderhebung an einer größtenteils inaktiv lebenden Bevölkerung kann deshalb nur für diese gelten.

Der diagnostizierte Rückgang an Funktions- und Leistungsfähigkeit im Alter kann somit nur für eine Bevölkerung als „normal" gelten, in der es die Norm ist, dass „etwa 80% der Älteren den ‚sitzenden Lebensstil' pflegen" (Kruse & Wahl, 2010, S. 259). Mehr Erklärungskraft gewinnt die biologische Grundregel, wonach Struktur und Leistung eines Organismus zentral von der Qualität und Quantität seiner Beanspruchung bestimmt werden. Bleiben „überschwellige Belastungsreize" über einen längeren Zeitraum aus, führt dies zu Funktions- und

Leistungseinbußen, die dann wiederum degenerativen Erkrankungen und „Alterserscheinungen“ (vgl. Hollmann & Strüder, 2009, S. 8 f.; Weineck, 2010a, S. 552) Vorschub leisten.

Die beobachteten „Alterungsvorgänge“ und Bewegungsmangelerscheinungen weisen somit zahlreiche Gemeinsamkeiten auf (vgl. Hollmann & Strüder, 2009, S. 519 f.): Solche Verkettungs- oder Folgebeziehungen sind z. B. Rückgang der kardiopulmonalen Leistungsfähigkeit und der Muskelmasse, Verlust an Mineralgehalt im Knochensystem oder Abnahme von Synapsengröße und Dendritenzahl im Zentralnervensystem.

Die strukturellen und funktionalen Abbauprozesse des alternden Körpers werden im sportmedizinisch-trainingswissenschaftlichen Kontext daher zumeist auf negative Anpassungsprozesse des Organismus an ausbleibende körperliche Beanspruchung zurückgeführt. Die Rede ist von einem „organismischen Anpassungsdefizit“ (Weineck, 2010b, S. 1001), das auf einen schlechten Trainingszustand hindeutet. Damit reden Sportmedizin und Trainingswissenschaft die altersbedingte Einschränkung körperlicher Strukturen und Funktionen nicht klein. Sie betonen jedoch, „dass das übliche Maß an körperlicher Schonung mit zunehmendem Alter nicht den weiter bestehenden, wenn auch verringerten, Adaptationsmöglichkeiten des Organismus des älteren Menschen entspricht“ (ebd.).

Im sportmedizinisch-trainingswissenschaftlichen Kontext wird zwar von einer „Ursachenkombination aus Inaktivität und ‚echten‘ Alternseinflüssen ausgegangen“ (Weisser & Okonek, 2003, S. 97), um den feststellbaren Funktions- und Leistungsrückgang im Alter zu erklären, wird jedoch der Inaktivität die weitaus größere Bedeutung beigemessen: „Zwei Drittel der frühzeitigen alternsbedingten Rückbildungen werden auf fehlende körperliche Aktivität zurückgeführt“ (Mechling, 2001, S. 83). Im Umkehrschluss wird dem Training (bzw. dem nicht durchgeführten Training) ein größerer Einfluss auf Form und Funktion des Körpers zuerkannt als dem Alter selbst (vgl. Weineck, 2010a, S. 552). Entsprechend lautet die zentrale Botschaft: „Wer rastet, der rostet“ (Weineck, 2010a, S. 563) oder in Englisch: „use it or loose it“ (Weisser & Okonek, 2003, S. 108).

Vor diesem Hintergrund wird der festgestellte „normale“ Alterungsprozess, der bei der inaktiven Bevölkerung bereits zwischen dem 40. und 55. Lebensjahr durch „einen sprunghaften Rückgang von Leistungen und Funktionen des Körpers“ (Weineck, 2010a, S. 552) gekennzeichnet ist, von führenden Gerontologen als „unnötig früher Altersverlust“ (Kruse & Wahl, 2010, S. 260) bewertet. Unnötig deshalb, weil er durch regelmäßige, adäquate körperliche Belastung um Jahrzehnte nach hinten verschoben werden kann (vgl. Weineck 2010a, S. 552). Auf dieser Argumentationsbasis wird im funktionsorientierten Konzept ein Zurückdrängen unnötiger Inaktivitätsverluste angestrebt, damit sich der Rückgang der körperlichen Funktions- und Leistungsfähigkeit lediglich auf den (geringeren) Einfluss „echter" oder „reiner" Alternsprozesse reduziert (vgl. Weisser & Okonek, 2003, S. 97). Inwiefern auch diese echten Alternsprozesse über körperliche Aktivität positiv beeinflusst, d.h. hinausgezögert oder abgeschwächt werden können, ist heute noch unklar. Denn je nachdem, welchen der ca. 400 theoretischen Ansätzen zum biologischen Altern man Glauben schenkt, wird diese Einflussmöglichkeit körperlicher Aktivität unterschiedlich hoch bewertet (vgl. Weisser & Okonek, 2003, S. 97 ff.).

Der Mensch ist bis ins hohe Alter trainierbar – daher kann der Alterungsprozess in entscheidendem Maße verzögert werden

Neben der Erkenntnis der frühzeitig eintretenden Alternsverluste durch körperliche Inaktivität bildet die Trainierbarkeit des älteren Menschen die dritte zentrale argumentative Säule im FASK. Die sportmedizinische Forschung zeigt, dass „bei genügend belastbar bleibenden [gesunden; Anmerkung R.R.] Personen eine Trainierbarkeit sowohl im biochemischen als auch im biophysikalischen Sinn gegebenenfalls bis in die 10. Lebensdekade [besteht]" (Hollmann & Strüder, 2009, S. 522). Aufgrund der derzeitigen Forschungslage weist das American College of Sports Medicine in seinem jüngsten Positionspapier der guten Trainierbarkeit im Alter die höchste wissenschaftliche Evidenz-Stufe „A" zu (vgl. Chodzko-Zajko et al., 2009, S. 1514 f.). Entgegen früherer Annahmen gilt als sicher, dass die durch Trainingsreize ausgelösten Anpassungsprozesse des älteren Organismus in ihrer Qualität und ihrem relativen Zuwachs mit denen junger Menschen vergleichbar sind und dass sie sich lediglich in den absoluten (geringeren) Zuwachsraten quantitativ unterscheiden (vgl. ebd.).

Dass bis ins hohe Alter eine, wenn auch verringerte, Trainierbarkeit bzw. Adaptationsmöglichkeit des Organismus nach körperlicher Aktivität besteht, eröffnet dem älteren Menschen die Möglichkeit, die alternsbedingten Funktions- und Leistungseinbußen in der Weise zu beeinflussen, als regelmäßiges körperliches Training diese bremsen, kompensieren und verlangsamen kann (vgl. Oschütz & Belinova, 2003, S. 152). Körperliches Training kann nicht nur Inaktivitätsverluste verhindern bzw. minimieren, sondern darüber hinaus zu Aktivitätsgewinnen führen, die auch die „echten" alternsbedingten Leistungseinbußen über einen langen Zeitraum kompensieren können. Dies gilt v.a. dort, „wo typische Wirkungen des Sports – wie z. B. Muskelhypertrophie durch Krafttraining – ebenso typischen Wirkungen des Alterns – Muskelatrophie bzw. Sarkopenie – entgegengerichtet sind" (Weineck, 2010a, S. 548).

Die sportmedizinische und trainingswissenschaftliche Forschung der letzten 60 Jahre bestätigt das hier beschriebene Potenzial körperlicher Aktivität eindrucksvoll. Sie zeigt auf, dass eine gezielte und regelmäßige körperliche Aktivität es ermöglicht, im höheren Alter eine Leistungsfähigkeit zu erhalten, die derjenigen eines bedeutend (über 40 Jahre!) jüngeren, untrainierten Menschen entspricht (vgl. Mester & Wigger, 2002, S. 136). Vor dem Hintergrund dieser Forschungserkenntnisse und der banalen Tatsache, dass „bis heute kein Medikament bekannt ist, das beim gesunden Menschen Alterungsvorgänge bremst" (Weineck, 2010a, S. 549), wird das Verjüngungs-Potenzial körperlicher Aktivität besonders herausgestellt: „Die bis heute einzige wissenschaftlich gesicherte Methode, den älteren Menschen biologisch jünger zu erhalten als es seinem chronologischen Alter entspricht, ist körperliches Training" (ebd.). Solche sicherlich pauschalen Aussagen bestätigt aber auch Meusel (2004, S. 261 ff.) mit dem Hinweis auf die gute Trainierbarkeit der MBF Kraft, Ausdauer, Beweglichkeit und Koordination sowie der Alltagsmotorik. Das Ergebnis vieler Studien zur Trainierbarkeit der Kraft im Alter fasst er plakativ so zusammen: „Bei drei Trainingseinheiten in der Woche und einer Trainingsdauer von 8 bis 26 Wochen wurden bei 121 Männern und Frauen zwischen 60 und 96 Jahren unter hohen Belastungen (60-80 %) mittlere Kraftzuwächse von 28 bis 180 % und bei mäßigen Belastungen (50-60 %) Kraftzuwächse von 25 bis 71 % erzielt" (S. 261). Ebenso ist die hohe Trainierbarkeit der Ausdauer selbst noch im 7. bis 9. Lebensjahrzehnt empirisch gut belegt. Dazu formuliert Meusel: „Bei dreimal wöchentlichem Training mit 40 bis 85 % der Herzfrequenzreserve (HFR) wurden bei Personen zwischen 67 und 89 Jahren in Zeiträumen von 10 bis 26 Wochen Steigerungen der maximalen Sauerstoffaufnahme von 84 bis 244 % erzielt" (ebd., S. 263).

Darüber hinaus liegen Forschungsarbeiten vor, die aufzeigen, dass auch mit geringerem Trainingsaufwand (teilweise deutliche) Leistungsverbesserungen und Gesundheitsgewinne zu erzielen sind. Mit Blick auf entsprechende Studien betonen Weisser und Okonek (vgl. 2003, S. 111; S. 122), dass auch niedrig-intensive Formen körperlicher Aktivität, wie tägliches Gehen über längere Strecken oder das 10-minütige tägliche Anheben der Herzfrequenz auf 180 minus Lebensalter, bereits „von einem messbaren gesundheitlichen Nutzen sind" (S. 111). Darüber hinaus weisen sie darauf hin, dass „ein Aufstieg aus der niedrigsten Quintile in die zweitniedrigste Quintile der körperlichen Fitness durch Training den größten gesundheitlichen Nutzen ergibt" (ebd.). Bei untrainierten Älteren bewirkt bereits ein Gehtraining mit einer Pulsfrequenz von knapp unter 100 Schlägen/min eine deutliche Verbesserung der Ausdauer (vgl. Meusel, 2004, S. 263). Bereits ein fünfminütiges Üben pro Woche kann im Bereich der Koordinationsfähigkeit ausreichen, selbst „bei schwierigen großmotorischen Fertigkeiten Lernfortschritte zu erreichen“ (ebd., S. 265).

Aufgrund der relativ guten Trainierbarkeit älterer Menschen können sich aktive gegenüber inaktiven Älteren einen enormen „Fitnessvorteil“ verschaffen, der es ihnen ermöglicht, die psychophysische Funktions- und Leistungsfähigkeit bis ins hohe Alter hinein auf einem gesundheitsförderlichen Niveau zu halten: „Demnach nähern sich Inaktive schneller als aktive Personen der Schwelle der Unselbständigkeit und überschreiten diese auch bald. Aktive Personen halten sich dagegen länger in der Zone der Selbständigkeit und treten in die Zone der Behinderung und des Autonomieverlustes erst sehr viel später ein“ (Schlicht, 2010, S. 29).

Diese positiven Aspekte, die aus der guten Trainierbarkeit des älteren Menschen resultieren, sind jedoch an eine Bedingung geknüpft, die sich aus den beiden nachfolgenden sportmedizinischen Erkenntnissen ergibt:

- „Cessation of aerobic training by older adults leads to a rapid loss of cardiovascular and metabolic fitness“ (Chodzko-Zajko et al., 2009, S. 1515).
- „The acute effects of a single session of aerobic exercise are relatively short-lived“ (ebd., S, 1523).

Das bedeutet: Positive Anpassungs-Effekte des Organismus, die über einen längeren Zeitraum durch regelmäßiges Training aufgebaut wurden, gehen im Alter nach Beendigung des Trainings schnell wieder verloren. Die zuvor beschriebenen positiven Effekte körperlichen Trainings können also nur durch regelmäßiges Training erarbeitet und erhalten werden. Die Bindung der älteren Menschen an die körperliche Aktivität wird damit zu einer zentralen Bedingung für den Erfolg im funktionsorientierten Alterssport-Konzept: „Mäßig, aber regelmäßig ist das Grundprinzip des Alterssportlers!“ (Weineck, 2010b, S. 1002).

Regelmäßig, moderat betriebene körperliche Aktivität im Alter hat vielfältige Vorteile

Neben den drei bisher identifizierten Argumenten bildet die Erkenntnis, dass körperliche Aktivität im Alter mit zahlreichen spezifischen Vorteilen in vielen (v.a. gesundheitlich bedeutsamen) Bereichen verknüpft ist, die wesentliche Begründung des funktionsorientierten Konzepts. Führende deutsche Gerontologen sind sich heute darüber einig, dass die Bedeutung körperlicher Aktivität aus Sicht der Alternswissenschaften nicht hoch genug eingeschätzt werden kann (vgl. Rott, 2009; Kruse & Wahl, 2010, S. 258 ff.). Aufgrund der positiven Effekte körperlichen Trainings auf den alternden Menschen bezeichnen Gerontologen das körperorientierte Training im Alter als „Allzweckwaffe" (Kruse & Wahl, 2010, S. 260). Denn das breite Spektrum der von der Alternswissenschaft identifizierten Bereiche, in denen sich körperliche Aktivität positiv auf das Altern auswirkt, ist imposant:

- Erhaltung der Mobilität,
- Vermeidung chronischer Erkrankungen und Stürze (Morbidität),
- Erhöhung der Lebenserwartung (Langlebigkeit) und
- Erhaltung der geistigen Leistungsfähigkeit (Demenz-Prävention)

(vgl. Rott, 2009, S. 28 ff.).[6]

Die Fülle vorliegender Forschungsbefunde zu den positiven Wirkungen körperlicher Aktivität im Alter wurde in jüngster Zeit vom „American College of Sports Medicine" (ACSM) gesichtet und in einem Positionspapier systematisch zusammengefasst (vgl. Chodzko-Zajko et al., 2009).

6 Als ein für Ältere „besonders motivierenden" Umstand werden in diesem Zusammenhang Forschungsergebnisse gewertet, die zeigen, „dass sich auch moderate körperliche Aktivität, die erst im Alter regelmäßig betrieben wird, positiv auf die oben genannten Paramater auswirkt" (Rott, 2009, S. 28). Insofern kann dem Alterssport ein „Es-ist-nie-zu-spät Paradigma" vorangestellt werden (ebd., S. 43 f.).

In der folgenden Tabelle werden zentrale Vorteile körperlicher Aktivität im Alter zusammengestellt, die aufgrund der Forschungslage in die beiden höchsten wissenschaftlichen Evidenzstufen „A“ und „B“ eingestuft wurden.[7]

Tabelle 1: Vorteile körperlicher Aktivität für ältere Menschen (in Anlehnung an Chodzko-Zajko et al., 2009, S. 1522)

Auflistung zentraler sportmedizinischer Forschungsbefunde mit hoher Evidenzstärke zur Wirkung von körperlicher Aktivität und Training im Alter	**Evidenzstärke: A = höchste, D = niedrigste**
Fortschreitendes Alter ist mit einem erhöhten Risiko für chronische Krankheiten verbunden. Jedoch reduziert körperliche Aktivität dieses Risiko signifikant.	B
Regelmäßige körperliche Aktivität erhöht die durchschnittliche Lebenserwartung durch folgende Wirkungsweisen: durch ihren günstigen Einfluss auf die Entwicklung chronischer Krankheiten, durch die Minderung altersbedingter biologischer Veränderungen und der damit verbundenen Effekte auf Gesundheit und Wohlbefinden und durch die Erhaltung der funktionalen Leistungsfähigkeit.	A
Regelmäßige körperliche Aktivität reduziert das Risiko der Entwicklung einer großen Zahl an chronischen Krankheiten und ist zugleich bei der Behandlung zahlreichen Krankheiten äußerst wertvoll.	A/B
Ausdauertrainings-Programme von ausreichender Intensität können bei gesunden Älteren die maximale Sauerstoffaufnahme (VO2max) signifikant steigern.	A
Ältere Menschen können ihr Kraftleistungsniveau durch Krafttraining erheblich steigern.	A

7 Im Positionspapier des ACSM werden zur Einordnung der Relevanz von Forschungsergebnissen vier Stufen der wissenschaftlichen Evidenzstärke unterschieden (vgl. Chodzko-Zajko, 2009, S. 1512):

1. Evidenz-Stufe A: Höchste Evidenz durch RCTs und/oder Beobachtungsstudien, die auf Basis umfangreichen Datenmaterials zu einer einheitlichen Befundlage gelangen.
2. Evidenz-Stufe B: Starke Evidenz durch eine Kombination von RCTs und /oder Beobachtungsstudien, wobei jedoch einige Studien abweichende Ergebnisse zum Hauptbefund aufweisen.
3. Evidenz-Stufe C: Grundsätzlich positive oder angedeutete Evidenz auf der Basis einer geringeren Anzahl von Beobachtungsstudien und/oder von unkontrollierten oder nichtrandomisierten Studien.
4. Evidenz-Stufe D: Einhelliges Expertenurteil darüber, dass die Evidenzstärke nicht ausreicht, um das Forschungsergebnis in die Stufen A-C einzuordnen.

Auflistung zentraler sportmedizinischer Forschungsbefunde mit hoher Evidenzstärke zur Wirkung von körperlicher Aktivität und Training im Alter	**Evidenzstärke: A = höchste, D = niedrigste**
Regelmäßige körperliche Aktivität ist mit einer signifikanten Verbesserung des allgemeinen Wohlbefindens verknüpft. Sowohl körperliche Fitness als auch Ausdauertraining sind mit einem verminderten Risiko bezüglich des Auftretens von klinisch bedeutsamer Depression oder Angst verbunden. Training und körperliche Aktivität beeinflussen das psychische Wohlbefinden durch ihre moderierenden und mediierenden Effekte auf Konstrukte wie das Selbstkonzept oder das Selbstwertgefühl.	A/B
Epidemiologische Studien deuten darauf hin, dass kardiovaskuläre Fitness und ein höheres körperliches Aktivitätsniveau das Risiko für kognitiven Verfall und für Demenz reduzieren. Experimentelle Studien zeigen, dass Ausdauertraining, Krafttraining und besonders deren kombinierte Anwendung bei vorher inaktiven Älteren die kognitive Leistungsfähigkeit v.a. im Bereich der exekutiven Kontrollprozesse verbessern können.	A/B

Der aktuelle, internationale sportmedizinische Forschungsstand belegt somit in beeindruckender Art und Weise, dass regelmäßige körperliche Aktivität im Alter mit zahlreichen positiven Wirkungen im physischen (körperliche Leistungsfähigkeit), aber auch im psychischen (Wohlbefinden) und kognitiven (geistige Leistungsfähigkeit) Bereich verbunden sein kann.

Insbesondere vor dem Hintergrund der steigenden Zahl an Demenzerkrankungen in unserer Gesellschaft werden Forschungsbefunde zu den positiven Wirkungen körperlicher Aktivität auf das alternde Gehirn besonders hervorgehoben. Herausgestellt wird, dass neben der geistigen auch jede körperliche Aktivität die Hirnplastizität beeinflusst (vgl. Hollmann & Strüder, 2009, S. 538). Auf der Basis vorliegender Forschungsbefunde zur breiten Wirkung der körperlichen Aktivität im Alter wird insgesamt konstatiert: „Regular physical activity is essential for healthy aging“ (Chodzko-Zajko et al., 2009, S. 1523).[8]

8 So kommt es durch psychophysische Aktivitäten „ein Leben lang zu positiven Adaptationen hinsichtlich der Zahl der Neuronen, ihrer synaptischen Verbindungen, der Neurotransmitter und der Nervenwachstumsstoffe und des Stoffwechsels“ (Weineck, 2010a, S. 531). Vor diesem Hintergrund wird die körperliche Aktivität als „effiziente Maßnahme“ zur Prävention demenzieller Erkrankungen und zum Erhalt der geistigen Leistungsfähigkeit im Alter eingestuft (vgl. ebd.).

Zusammenfassende Betrachtung des Argumentationsgangs
Nachfolgend sind die vier empirisch gestützten Argumente aufgeführt, die dem FASK als zentrale Bausteine dienen:

1. Der Mensch unterliegt im Alternsgang einer um das 40. Lebensjahr einsetzenden und zunehmenden Einschränkung der körperlichen Funktions- und Leistungsfähigkeit.
2. Ein hoher Anteil (bis zu zwei Drittel!) dieser frühzeitigen alternsbedingten Rückbildungen wird auf ein organismisches Anpassungsdefizit zurückgeführt, das sich auf Grund fehlender/zu geringer körperlicher Belastungsreize (Inaktivität) bzw. einer (übertriebenen) körperlichen Schonung im Alter einstellt.
3. Der Mensch verfügt bis ins hohe Alter über die Fähigkeit, auf spezifische Belastungsreize mit Adaptationsprozessen zu reagieren und aktiv zu einer Erhaltung oder sogar Steigerung seiner psychophysischen Leistungsfähigkeit beizutragen.
4. Körperliche Aktivität im Alter beugt nicht nur der Entwicklung einer Vielzahl chronischer Erkrankungen vor, sondern fördert darüber hinaus den Erhalt der physischen, psychischen und kognitiven Leistungsfähigkeit sowie das Wohlbefinden.

Diese sportmedizinischen und trainingswissenschaftlichen Erkenntnisse stellen die empirisch gestützte Ausgangslage dar, auf der für den Alterssport Ziele, Inhalte und Methoden festgelegt werden, die in den folgenden Abschnitten untersucht werden sollen.

Ziele des FASK
Die angestrebten Ziele werden unmittelbar aus den zuvor dargelegten sportmedizinischen Forschungsbefunden zum Potenzial körperlicher Aktivität abgeleitet. Übergeordnete Zielsetzung ist es, durch regelmäßige körperliche Aktivität „den mit dem Alter einhergehenden Abfall der psychophysischen Leistungsfähigkeit zu verlangsamen bzw. auf einem gesundheitsförderlichen Niveau zu halten. Dazu gehört insbesondere der längstmögliche Erhalt der motorischen Hauptbeanspruchungsformen und ihrer Subkategorien (v.a. der Kraft, der Ausdauer, der Beweglichkeit, der koordinativen Fähigkeiten, der Reaktionsschnelligkeit etc.)“ (Weineck, 2010a, S. 548).

Die motorischen Hauptbeanspruchungsformen werden als zentrale Leistungsfaktoren der „allgemeinen Fitness“ verstanden, die wiederum mit Gesundheit gleichgesetzt wird (vgl. Weineck, 2010b, S. 1049). Entsprechend wird der längst mögliche Erhalt einer allgemeinen Fitness zur zentralen Zieldimension des funktionsorientierten Alterssports, der sich somit als Gesundheitstraining für das höhere Lebensalter versteht (vgl. Weineck 2010b, S. 1001; 2010a, S. 569 ff.). Aus dieser übergeordneten Zielsetzung werden weitere Ziele abgeleitet, die auf dem Erhalt der allgemeinen Fitness aufbauen. Nachfolgender Auszug gibt dazu einen Überblick:

- Minimierung negativer Effekte eines inaktiven Lebensstils
- Prävention chronischer Erkrankungen
- Verlängerung der aktiven/ lebenswerten Lebenserwartung
- Verletzungs-, Unfall- und Sturzprophylaxe
- Erhalt der Selbstständigkeit und Mobilität im Alter
- Erhalt der geistigen Leistungsfähigkeit und des sozialen Netzes
- Erhalt von Selbstvertrauen und Selbstwirksamkeitsüberzeugung
- Erhalt der Alltagskompetenz: Treppen steigen, einkaufen gehen, etc.
- Förderung des psychischen Wohlbefindens

Die weiteren Zielstellungen, die durch regelmäßige(s) körperliche(s) Training oder Aktivität im Alter nachweislich realisierbar sind und angestrebt werden können, lassen sich unter dem Zielhorizont eines „gesunden Alterns“ fassen, wobei Gesundheit durchaus mehrdimensional im Sinne eines bio-psycho-sozialen Wohlbefindens verstanden wird. Mit körperlicher Aktivität sollen insbesondere motorische, aber auch psychische und soziale Funktionen optimal (längst möglich) erhalten bleiben. Ein Blick auf die Gesundheitswissenschaften hilft, diese Ausrichtung des FASK weitergehend zu analysieren. Im gesundheitswissenschaftlichen Kontext unterscheidet man zwei grundlegende Strategien zur Verbesserung und Erhaltung der Gesundheit – Prävention und Gesundheitsförderung (vgl. Hurrelmann, Klotz & Haisch, 2014). Kennzeichnend für die Strategie der Prävention ist ihre krankheits- und risikoorientierte Ausrichtung, über verhaltensorientierte Interventionen das „Auftreten von Krankheiten oder unerwünschten physischen und psychischen Zuständen verhindern, weniger wahrscheinlich machen oder verzögern bzw. ein personengebundenes Risiko verringern [zu wollen]“ (Pfeffer, 2010b, S. 213). Im Gegensatz dazu versucht die Gesundheitsförderung, orientiert an (Gesundheits-) Ressourcen und deren Stärkung, über eine Kombination aus verhaltens- und verhältnisorientierten Interventionen (die neben den gesundheitsrelevanten Lebensweisen auch auf die Lebensbedingungen abzielen), „die Gesundheit im Sinne des körperlichen, psychischen und sozialen Wohlbefindens zu steigern“ (ebd., S. 214). Vor diesem Hintergrund lässt sich das FASK als ein Präventionskonzept bestimmen.

Tabelle 2: Darstellung wesentlicher Bezüge zwischen der Gesundheits-Strategie „Prävention" und dem FASK (in Anlehnung an Hurrelmann et al., 2014, S. 13 ff.)

Kennzeichen der Prävention	(Ziel-) Ausrichtung des FASK
Ausrichtung: Verhaltensorientierung	Fokussiert auf das individuelle Gesundheitsverhalten „körperliche Aktivität". Dieses soll gesteigert und nach sportmedizinischen und trainingswissenschaftlichen Prinzipien und Empfehlungen gesundheitsförderlich gestaltet werden.
Ausrichtung: Krankheits-, Defizit- und Risikoorientierung	Das FASK identifiziert „körperliche Inaktivität" bzw. „Bewegungsmangel" als zentralen Risikofaktor für das Auftreten von Krankheiten und Defizite (z. B. körperliche Schwäche) im Alter. Vor diesem Hintergrund werden die drohenden „Risiken des Alters" (wie Leistungsabfall oder Demenz) und ihre gezielte Verhinderung bzw. Reduzierung durch körperliche Aktivität zum Hauptgegenstand dieses Konzepts.
Strategie: Risikofaktoren für Krankheiten zurückdrängen oder ganz ausschalten	Über regelmäßige körperliche Aktivität im Alter soll der Risikofaktor „körperliche Inaktivität" zurückgedrängt werden, der zahlreiche Erkrankungen befördert – z. B. Schlaganfall, Diabetes Typ 2, Osteoporose etc. (vgl. Geuter & Hollederer, 2012, S. 167).
Ziel: Verhütung oder Verzögerung des Auftretens von Krankheiten und unerwünschten physischen und psychischen Zuständen	Zentrales Ziel ist es, die unerwünschten Zustände des psychophysischen Funktions- und Leistungsabfalls bzw. das Auftreten von Krankheiten im Alternsverlauf zu verhindern oder zumindest längst möglich hinauszuzögern.

Weil das zu Präventionszwecken angestrebte gute Fitness-Niveau nur über körperliche Aktivität in hoher Regelmäßigkeit aufgebaut und erhalten werden kann, gewinnt die für Alterssportprogramme wichtige Zielsetzung, ältere Menschen zu regelmäßiger körperlicher Aktivität zu motivieren, in diesem Ansatz erste Priorität. Erstaunlicherweise wird dies von Vertretern des funktionsorientierten Alterssport-Konzepts bislang kaum als Aufgabe thematisiert – von wenigen Ausnahmen abgesehen: „Promoting physical activity for older adults is especially important because this population is the least physically active of any age group"

(Chodzko-Zajko et al., 2009, S. 1523).[9] Sollen in Zukunft also mehr als nur knapp 10 % der älteren Bevölkerung Deutschlands von den Gesundheitsgewinnen regelmäßiger körperlicher Aktivität profitieren (vgl. Geuter & Hollederer, 2012, S. 168), gilt es, dieses Desiderat anzugehen. Hierzu müsste allerdings neben der intendierten Fitnesssteigerung die Motivation Älterer zu regelmäßiger körperlicher Aktivität eingehender betrachtet und durch entsprechende methodisch-didaktische Umsetzungen berücksichtigt werden.

Inhalte des FASK

Potenzielle Inhalte werden zumeist bruchlos aus der in diesem Konzept angestrebten Zielsetzung abgeleitet, die allgemeine Fitness auf einem präventiven Niveau erhalten zu wollen. Dementsprechend sollte ein „optimales Gesundheitstraining" für ältere und alte Menschen nach Weineck (vgl. 2010a, S. 574) Folgendes beinhalten:

- eine aerobe Ausdauerschulung (zum Erhalt der kardiovaskulären und pulmonalen Leistungsfähigkeit)
- ein Kraftausdauertraining (zum Erhalt der Muskelmasse, der Knochendichte und der Stabilität der Sehnen und Bänder; zur Sturzprophylaxe)
- ein hinreichendes Training der Beweglichkeit (als Verletzungsprophylaxe und zum Erhalt der Alltagskompetenz)
- ein Training der koordinativen Fähigkeiten (vor allem der Reaktionsfähigkeit und der Gleichgewichtsfähigkeit im Sinne einer Sturz- und Verletzungsprophylaxe).

In enger Übereinstimmung mit diesen Hinweisen folgern Chodzko-Zajko et al. (vgl. 2009, S. 1523) vor dem Hintergrund ihrer Aufarbeitung des aktuellen sportmedizinischen Forschungsstandes zum Alterssport, dass sich ein ideales Alterssport-Programm aus einer Ausdauer-, Kraft-, Beweglichkeits- und Koordinationsschulung zusammensetzen sollte. Diese Forderung basiert auf der Erkenntnis, dass jede motorische Hauptbeanspruchungsform spezifisch trainiert werden muss (vgl. Hollmann & Strüder, 2009, S. 543). Dementsprechend erfordert die Zielsetzung des Erhalts einer allgemeinen Fitness, dass deren wesentlichen Leistungsfaktoren (Ausdauer, Kraft, Beweglichkeit und Koordination) kombiniert trainiert werden, wobei die Ausdauer- und Kraftschulung aufgrund

9 Auch Weisser & Okonek (2003, S. 144) stellen aus sportmedizinischer Sicht heraus: „Über den Nutzen eines wohl dosierten und gut überwachten Sporttreibens im Alter besteht weitgehender Konsens. Trotzdem besteht weiter ein großer Bedarf an Programmen, die die Motivation der Älteren verbessern, regelmäßig Sport zu treiben."

ihrer präventiven Wirkungen im Zentrum des Trainings stehen sollten: „A combination of AET [Ausdauertraining; Anmerkung des Verfassers] and RET [Krafttraining; Anmerkung des Verfassers] activities seems to be more effective than either form of training alone in counteracting the detrimental effects of a sedentary lifestyle on the health and functioning of the cardiovascular system and skeletal muscles“ (Chodzko-Zajko et al., 2009, S. 1523).[10]

Die Bandbreite der zum Training der motorischen Hauptbeanspruchungsformen empfohlenen körperlichen Aktivitäten reicht von Alltagsaktivitäten (z. B. Gehen oder Treppensteigen) und leicht in den Alltag integrierbaren Übungen (das Balancieren über eine gedachte oder vorhandene Linie) über spezifische Übungen (z. B. Gymnastikübungen für das Krafttraining oder Schwung-/ Pendelübungen für das Beweglichkeits- und Koordinationstraining) bis hin zu bestimmten Sportarten, die aufgrund ihrer spezifischen Anforderungsstruktur geeignet erscheinen, um bestimmte motorische Hauptbeanspruchungsformen zu trainieren (z. B. Laufen-Ausdauer, Tanzen-Koordination, Skilauf-Kraftausdauer). Meusel (2004, S. 270) nimmt diesbezüglich folgende Differenzierung vor:

Tabelle 3: Welche Sportart eignet sich für welche Adressatengruppe? (inhaltlich reduziert und leicht modifiziert nach Meusel, 2004, S. 270)

Adressatengruppe	Sportarten
Sportarten für alle Sportarten, die jeder (gesunde) Ältere ohne spezielle Vorbereitung praktizieren kann	z. B. Gymnastik, Gehen, Wandern, Boule, Entspannungstraining, Radfahren, Tai Chi Chuan
Sportarten für alle mit spezieller Vorbereitung Sportarten, für die der ungeübte Anfänger und der Wiederbeginner eine gewisse Vorbereitung benötigt	z. B. Fitnesstraining, Joggen, Skilanglauf, Skiwandern, Bewegungsspiele, Gesellschaftstanz
Sportarten für Sporterfahrene Sportarten für Geübte und Lebenszeitsportler, für die Wiederbeginner eine gewisse Vorbereitung benötigen	z. B. Basketball, Faustball, Fußball, Handball, Tennis, Golf, Reiten, Rudern, Segeln, Eislauf
Weniger geeignete Sportarten Sie können für Ältere ein gesundheitliches Risiko beinhalten	z. B. Triathlon, Klettern, Tauchen, Gewichtheben, Squash, Drachenfliegen, Trampolinturnen

10 Hollmann und Strüder betonen: „Nur ein Krafttraining ist in der Lage, alternsbedingten Kraft- und Zellmasseverlusten sowie Prozessen wie z. B. Osteoporose entgegenzuwirken, nicht jedoch ein Ausdauertraining. Andererseits kann nur ein Ausdauertraining die kardiopulmonale Leistungsfähigkeit vergrößern“ (2009, S. 543).

Hollmann und Strüder weisen in diesem Zusammenhang auf die besondere Eignung von Ballspielen hin, die es aufgrund ihrer komplexen Belastungsstruktur in den Bereichen Ausdauer, Kraft, Beweglichkeit und Koordination ermöglichen, die motorischen Hauptbeanspruchungsformen, wenn auch in qualitativ und quantitativ geringerem Maß, im Verbund zu trainieren (vgl. 2009, S. 543).

Insgesamt wird im FASK das wesentliche Auswahl-Kriterium möglicher Inhalte darin gesehen, ob die entsprechende Alltagsaktivität, Körper-Übung oder Sportart eine Belastungsstruktur aufweist, die geeignet ist, eine oder mehrere der motorischen Hauptbeanspruchungsformen trainingswirksam zu fordern. Ausgehend von den Anforderungen, die eine bestimmte Sportart stellt (z. B. an die Koordination, Kraft oder Technik), wird danach gefragt, ob der ältere Mensch auf der Basis seiner individuellen Sportbiographie entsprechende Voraussetzungen mitbringt, diese Sportart ohne Überlastung, Verletzung oder Enttäuschung auszuüben (vgl. Meusel, 2004, S. 269 f.). Ausgangspunkt inhaltlicher Überlegungen ist somit nicht der ältere Mensch mit seinen Bedürfnissen und Wünschen, sondern eher die gesundheitsförderliche und trainingswirksame Anforderungs- und Belastungsstruktur der körperlichen Übungen.

Methoden im FASK

Das methodische Vorgehen wird maßgeblich von der übergeordneten Zielsetzung bestimmt, die Funktions- und Leistungsfähigkeit in den motorischen Hauptbeanspruchungsformen (Ausdauer, Kraft, Beweglichkeit und Koordination) auf einem gesundheitsförderlichen Niveau zu halten. Die methodischen Überlegungen eines „optimalen Gesundheits-Trainings" konzentrieren sich deshalb im Wesentlichen darauf, effektiv zur Steigerung bzw. zumindest zum Erhalt von Kraft, Ausdauer, Beweglichkeit und Koordination beizutragen.

Das Training im Alter orientiert sich an den herkömmlichen Trainingsprinzipien, da die Trainingswirkungen auch im Alter von den Belastungskomponenten – Reizintensität, Reizdichte, Reizdauer, Reizumfang, Reizkomplexität und Trainingshäufigkeit – abhängig sind (vgl. Weineck, 2010a, S. 572). Es geht also darum, das Belastungsgefüge so zu konzipieren, dass daraus ein „angemessener Reiz" resultiert, der den alternden Körper zu Adaptations-Prozessen (Anpassungsprozessen) veranlasst, die zu einer Erhöhung der Leistungsfähigkeit führen: „Erfolgreiches und risikoarmes Training ist somit abhängig von einer genau dosierten Trainingsbelastung" (Oschütz & Belinova, 2003, S. 152), die sowohl überstarke Reize (Schädigung) als auch fehlende oder zu schwache Reize (Rückbildung) vermeidet.

Da der ältere Mensch „durch eine verminderte Reaktivität und Adaptationsfähigkeit charakterisiert ist“ (Weineck, 2010b, S. 1001), gilt die Hauptsorge der Vermeidung einer möglichen Überlastung des älteren Menschen im Trainingsprozess. Vermieden werden sollen Verletzungen, Schädigungen und beschleunigte Alterungsprozesse aufgrund falsch dosierter Belastungen.

Unter dem methodischen Prinzip „Überforderungen vermeiden!“ werden deshalb eine Reihe von Maßnahmen formuliert, die sich in diesem Kontext bewährt haben (vgl. Meusel, 2004, S. 259 f.).[11]

Aufgrund der hohen Bedeutung, die dosierte Trainingsbelastungen im funktionsorientierten Alterssport haben, beschäftigt sich die Mehrzahl der Trainingshinweise mit Belastungsempfehlungen. Die nachfolgende Übersicht zeigt die Trainingsempfehlungen, wie sie aktuell vom American College of Sports Medicin (ACSM) und von der American Heart Association (AHA) auf der Basis rezenter Forschungserkenntnisse formuliert werden:

11 Genannt werden ein sorgfältiger Trainingsaufbau; die Vermeidung unzuträglicher Belastungsformen (Schnellkraftübungen, Pressatmung); ausreichende Erholungspausen nach Unfällen/Erkrankungen; eine Arztkonsultation bei Auftreten ungewohnter Beschwerden; die Wahl der Belastung, dass sie noch als angenehm empfunden wird und eine Leistungsreserve bleibt.

Tabelle 4: Übersicht aktueller Trainingsempfehlungen für ältere Menschen nach ACSM/AHA (in Anlehnung an Chodzko-Zajko et al., 2009, S. 1511)

MBF	Häufigkeit	Dauer	Intensität	Trainingsinhalt
Ausdauer	Für moderate Aktivitäten: Insgesamt 30-60 Minuten/ Tag anhäufen über Einheiten von mindestens je 10 Minuten Dauer bis zu 150-300 Minuten / Woche Für anstrengendere Aktivitäten: Insgesamt 20-30 Minuten/ Tag bis zu 75-150 Minuten / Woche	Für moderate Intensität mindestens 30 Minuten/ Tag anhäufen über Einheiten von mindestens je 10 Minuten Dauer oder mindestens 20 Minuten/ Tag durchgehender Aktivität mit stärkerer Intensität	Auf einer Skala (von 0-10) der physischen Anstrengung 5-6 für moderate Intensität und 7-8 für stärkere Intensität	Jede Aktivität, die zu keiner erhöhten orthopädischen Belastung führt: z. B. Gehen, Aqua-Jogging, Radfahren
Kraft	Mindestens 2 x /Woche	8-10 Übungen, die die Hauptmuskelgruppen beanspruchen; jeweils 8-12 Wiederholungen pro Übung	Zwischen moderater (5-6) und anstrengenderer (7-8) Intensität auf einer Skala von 0-10	Progressives Krafttraining-Programm oder gewichtsorientierte Fitness-Übungen, Treppensteigen und weitere kräftigende Aktivitäten, welche die Hauptmuskelgruppen beanspruchen

MBF	Häufigkeit	Dauer	Intensität	Trainingsinhalt
Beweg-lichkeit	Mindestens 2 x /Woche		Moderate (5-6) Intensität auf einer Skala von 0-10	Jede Aktivität, welche die Beweglichkeit aufrecht erhält oder verbessert – anhaltendes Dehnen für jede Hauptmuskelgruppe – eher statische als dynamisch schleudernde Bewegungen
Koordination/ Balance	Aufgrund des Fehlens gesicherter Forschungsbefunde keine Angaben		Aufgrund des Fehlens gesicherter Forschungsbefunde keine Angaben	Ansteigend schwierigere Körperhaltungen, welche schrittweise die Stützfläche reduzieren (Parallel-Stand der Füße, Füße hintereinander gestellt, Tandem-Stellung, Einbein-Stand); dynamische Übungen, die das Gleichgewicht herausfordern (Kreisdrehungen; Gehen auf einer Linie – Tandem-Walk); sensorischen Input reduzieren (Stehen/Gehen mit geschlossenen Augen)
Allgemein Hinweise		Insgesamt mind. 150 Minuten/ Woche	Mäßige, aerobe Belastung	Die Gesundheitseffekte steigen mit der Steigerung von Häufigkeit, Intensität und Dauer der ausgeübten körperlichen Aktivität

Eine besondere Aufmerksamkeit wird dabei der Belastungsgestaltung (differenziert nach Häufigkeit, Intensität und Dauer) geschenkt. Um angemessene Trainingsreize zu setzen, muss zudem der individuelle Leistungsstand der Älteren beachtet werden. Dazu wird auf motorische Tests (z. B. Handkraftmessung, Fahrradergometrie oder Sechs-Minuten-Lauf) zurückgegriffen, welche der Ermittlung der motorischen Leistungsfähigkeit der Älteren dienen und eine individuell abgestimmte Belastungsempfehlung ermöglichen (vgl. Meusel, 2004).

Aus der obigen Übersicht wird ebenso ersichtlich, dass unter Berücksichtigung einer mäßigen, aber ausreichend intensiven Belastung die Regelmäßigkeit der Durchführung körperlicher Aktivität (am besten täglich, mindestens jedoch zweimal/Woche) das wesentliche Prinzip des funktionsorientierten Alterssports darstellt. Weil jedoch bei regelmäßig aktiven älteren Menschen die gewonnenen positiven Anpassungsprozesse (erhöhte körperliche Funktions- und Leistungsfähigkeit) nach Einstellung des Trainings schnell wieder verloren gehen (vgl. Chodzko-Zajko, 2009, S. 1523), ist „eine regelmäßige Teilnahme am Training [...] zwingend notwendig, um das adaptierte (angepasste) Leistungsniveau zu erhalten oder noch zu verbessern“ (Oschütz & Belinova, 2003, S. 152).

Bezüglich der Regelmäßigkeit des Trainings ist man sich durchaus bewusst, dass sich die Trainingsgestaltung nicht nur nach sportmedizinisch-trainingswissenschaftlichen Prinzipien ausrichten kann und darf, sondern dass hierfür „auch Komponenten wie Spaß, Freude und Geselligkeit unverzichtbar sind“ (Denk & Pache, 2003, S. 91). Ebenso hebt Meusel (2004) hervor, dass sich eine längerfristige Trainingsmotivation nur dann einstellen kann, „wenn die Bewegungspraxis Emotionen anspricht, Freude aufkommt, Zufriedenheit und Selbstvertrauen vermittelt werden“ (S. 270). Damit kommen emotionale Aspekte zum Tragen, die für die Gestaltung eines altersadäquaten Trainings verschiedentlich eingefordert werden, z. B.: „Die Übungen sollten Spaß machen und sozialintegrierenden Charakter aufweisen. Das Miteinander, nicht das Gegeneinander sollte im Vordergrund stehen“ (Weineck, 2010b, S. 1002). Wie Spaß oder ein befriedigendes Miteinander allerdings praktisch umgesetzt werden können, dazu finden sich kaum Hinweise.

Abschließend kann festgehalten werden, dass sich methodische Überlegungen im Wesentlichen auf die optimale Belastungssteuerung des Trainings beziehen. Die Belastungskomponenten (Reizintensität, Reizdauer und Trainingshäufigkeit) und die Abstimmung mit dem individuellen Leistungsstand der Älteren dienen dem Ansteuern leistungsfördernder Trainingsreize. Regelmäßigkeit und Dosierung der Trainingsdurchführung werden als überaus bedeutsam angesehen: Gewährleisten soll dies eine an Spaß, Geselligkeit und an einem positiven psychosozialen Umfeld orientierte Trainingsgestaltung.

Zur Rezeption des FASK

Glaubt man den beiden Hauptvertretern des bildungsorientierten Alterssportkonzepts (BASK), Kolb und Beckers, wird innerhalb der Sportwissenschaft derzeit sowohl die Forschung als auch die Diskussion um Zielsetzungen und Gestaltungsmöglichkeiten des Alterssports vom FASK dominiert (vgl. Kolb, 2006b, S.

185; Beckers, 2006, S. 81 f.). So belegen Übersichtsveröffentlichungen, wie das Positionspapier des American College of Sports Medicine (vgl. Chodzko-Zajko et al., 2009), die hohen Forschungsaktivitäten im Rahmen des FASK, die das Wissen über Zusammenhänge zwischen körperlicher Aktivität und Funktionsfähigkeit oder der Gesundheit Älterer anwachsen lassen. Dem gegenüber stehen vereinzelte Untersuchungen innerhalb des BASK (z. B. Diketmüller, 2006; Möhwald, 2006; Beckers & Haase, 2007). Bereits in den 80er Jahren war ein Großteil (fast 70%) der publizierten in- und ausländischen Forschungsliteratur zum Alterssport auf sportmedizinisch-trainingswissenschaftliche Fragestellungen ausgerichtet, die in den Rahmen des FASK einzuordnen sind (vgl. Denk, Pache & Schaller, 2003, S. 18).

Die Dominanz und die weite Verbreitung des FASK lassen sich nicht nur im Bereich der Forschung festmachen. Auch die Tatsache, dass das bislang einzige Studienbuch für die Fachrichtung Alterssport in Deutschland, das „Handbuch Alterssport“ (vgl. Denk et al., 2003), bezüglich Argumentation, Zielsetzung und Methodik durchgängig dem FASK in seiner hier skizzierten Ausrichtung folgt, belegt die Dominanz dieses Konzepts. Darüber hinaus ist das FASK über die Grenzen der Sportwissenschaft hinaus in den Wissenschaftsbereichen Gerontologie und Gesundheitswissenschaften zur Kenntnis genommen worden. In den Gesundheitswissenschaften wird unter Beachtung zentraler sportmedizinischer und trainingswissenschaftlicher Befunde der Förderung der körperlichen Aktivität „im Rahmen von Maßnahmen der Gesundheitsförderung und Krankheitsprävention im Alter eine hohe Bedeutung [zuerkannt]“ (Geuter & Hollederer, 2012a, S. 165). Entsprechend wird die „Bewegungsförderung für Ältere“ als wesentlicher Bestandteil der Gesundheitsförderung betrachtet.

Die Orientierung der modernen Gesundheitsförderung am FASK wird auch daran erkennbar, dass internationale Empfehlungen und Richtwerte zum körperlichen Aktivitätsverhalten, wie sie vom American College of Sports Medicine herausgegeben werden, zu wesentlichen Zielgrößen der Bewegungsförderung erhoben werden. Dabei ist man sich innerhalb der Gesundheitswissenschaften einig, dass sich die Forschung zukünftig noch stärker am Outcome „körperliches Aktivitätsverhalten“ (gemäß internationalen Empfehlungen) orientieren sollte (vgl. Geuter & Hollederer, 2012a, S. 173): Es komme letztlich nur darauf an, dass sich der ältere Mensch (mehr als bisher) bewege und dadurch gesundheitliche Gewinne erziele. Die derzeit die Praxis der Bewegungsförderung für Ältere dominierenden Ansätze wie „fit für 100“ entsprechen dieser Ausrichtung und Argumentation des FASK (vgl. ebd., S. 171). Da das FASK innerhalb der Gerontologie nicht nur rezipiert, sondern auch erweitert und spezifiziert wird, sollen

Bezüge zwischen dem FASK und „der“ Gerontologie im folgenden Exkurs besonders herausgestellt werden.

Exkurs: Zum Stellenwert und zum erweiterten Verständnis des FASK im Rahmen der Gerontologie

Der im Rahmen der sportwissenschaftlichen Forschung häufig nachgewiesene Effekt körperlicher Aktivität auf den Erhalt der Funktionsfähigkeit, der Selbstständigkeit und der Gesundheit im Alter hat dazu geführt, dass funktionsorientierte Trainingsprogramme in der Gerontologie inzwischen den Status einer „Allzweckwaffe“ gegen zentrale Risiken des Alterns erlangt haben (vgl. Kruse & Wahl, 2010, S. 258 ff.). Ihnen wird seitens der Gerontologie „ein kaum hoch genug einzuschätzendes Präventionspotenzial“ (ebd., S. 260) zugesprochen, das es in Zukunft noch viel stärker zu nutzen gelte. Entsprechend ist die Gerontologie inzwischen selbst dazu übergegangen, sich verstärkt mit der Konzeption, der Durchführung und der Evaluation von Maßnahmen zur körperlichen Aktivität im Sinne des FASK zu beschäftigen (vgl. Rott & Cihlar, 2010, S. 209).

Dabei importiert die Gerontologie das FASK nicht nur in den eigenen Wissenschaftsbereich, sondern unterzieht es einer Adaption und Weiterentwicklung, die in der Folge beschrieben werden sollen. Die Weiterentwicklung bezieht sich zum einen auf die erweiterte Definition von „Alterssport“. Ausgangspunkt ist die gerontologische Erkenntnis, dass die sportmedizinischen Empfehlungen zu Umfang, Dauer und Intensität körperlicher Aktivität im Alter, wie sie vom American College of Sports Medicine herausgegeben werden (vgl. Chodzko-Zajko et al., 2009), bereits über eine bewusste Forcierung von einfachen Alltagsaktivitäten, wie Gehen, Treppensteigen oder Gartenarbeit, weitgehend erreicht werden können (vgl. Rott & Cihlar, 2010, S. 207).

Vor diesem Hintergrund plädieren die beiden Gerontologen Rott und Cihlar dafür, „Alterssport“ in einer erweiterten Perspektive „als jegliche körperliche Aktivität zu verstehen, die mit der Erhaltung von Funktionsfähigkeit, Gesundheit und Selbständigkeit im Alter in Zusammenhang steht“ (ebd., S. 206). Dieses Verständnis legt es nahe, insbesondere im Lichte zurückgehender Sportaktivität und nachlassender körperlicher Leistungsfähigkeit im Alter, eher vom Begriff der „Körperkultur“ auszugehen, „worunter ganz allgemein ein angemessener und sinnvoller Umgang mit dem Körper verstanden werden soll“ (ebd., S. 207 f.). Damit distanziert sich die Gerontologie bewusst von sportiven Fitnessvorstellungen und der Idee der Funktionsmaximierung im Alter. Ihr geht es deutlich „um die Erhaltung von Funktionen, Gesundheit und Selbständigkeit einer rasant anwachsenden Bevölkerungsgruppe“ (Rott & Cihlar, 2010, S. 229).

Mit dieser Ausrichtung übernimmt die Gerontologie die zentralen Zielsetzungen des FASK. Jedoch weist das gerontologische Verständnis einer „Körperkultur“ im Alltag darauf hin, dass eine Ausweitung des FASK in Richtung einer lebensweltlichen Orientierung stattgefunden hat: Nicht mehr das aus dem Alltag herausgelöste, (optimale) Gesundheitstraining steht im Vordergrund, sondern die verstärkt in den Alltag zu integrierenden körperlichen Aktivitäten, die ihren Sinn in der unmittelbaren Alltagsgestaltung und -bewältigung haben (z. B. Treppensteigen, zum Einkaufen-Gehen, Gartenarbeit) und die in Umfang und Intensität mit einer sportlichen Aktivität vergleichbar sind (vgl. Rott & Cihlar, 2010, S. 208). Ein so verstandener aktiver Lebensstil betont die Eigenverantwortung sowie die Möglichkeit der Älteren, selbstständig, selbstbestimmt und alltagsnah selbst etwas zu ihrer Gesunderhaltung beizutragen.

Eine weitere Adaption erfährt das FASK innerhalb der Gerontologie dadurch, dass es auf weitere Themenfelder bezogen wird: (1) nachlassende Gehfähigkeit, (2) Stürze, (3) nachlassende kognitive Leistungsfähigkeit und (4) Demenz (Rott & Cihlar, 2010, S. 206). In diesen Feldern wurden innerhalb der Gerontologie inzwischen kontrollierte Interventionsstudien durchgeführt, welche die Rolle der körperlichen Aktivität zur gezielten Reduzierung dieser Risiken untersuchen. Im Folgenden werden diese Befunde zusammenfassend dargestellt.

Tabelle 5: *Zusammenschau zentraler Brennpunkte des Alters und ihrer Beeinflussbarkeit durch körperliche Aktivität (in Anlehnung an aktuelle gerontologische Forschungsergebnisse in Rott & Cihlar, 2010; Rott, 2009)*

Brennpunkte des Alters	Gerontologische Forschungsbefunde zur Beeinflussbarkeit der Brennpunkte des Alters durch körperliche Aktivität
Einschränkung der Gehfähigkeit Eine intakte Gehfähigkeit ist die zentrale Voraussetzung für basale Selbständigkeit. Verluste in der Gehfähigkeit bedeuten funktionale Einschränkungen, die drastische Einschnitte in die Lebensqualität und Selbständigkeit eines Menschen nach sich ziehen. Bereits ab dem 20. Lebensjahr geht die Gehgeschwindigkeit zurück. Ab dem Alter von 65 Jahren tritt ein beschleunigter Verlust der normalen Gehgeschwindigkeit und -fähigkeit von ca. 2 Prozent pro Jahr auf, der zu einem zunehmend kleiner werdenden Gehradius im Alter führt. So belegen Studien, dass weniger als ein Drittel der 80-Jährigen und älteren, die noch in Privathaushalten leben, ohne Schwierigkeiten einen Kilometer oder mehr gehen können.	Trainingsstudien zur Verbesserung der Gehfähigkeit im Alter belegen, dass ein körperliches Training, das im Kern aus 150 Minuten Gehen pro Woche sowie begleitend aus einer Kombination von Ausdauer-, Kraft-, Gleichgewichts- und Beweglichkeitsübungen besteht, die Funktionsfähigkeit der unteren Extremitäten bezüglich Gleichgewicht, Kraft und Ausdauer im Alter signifikant steigern und die Gehgeschwindigkeit erhalten bzw. ihren Abfall vermindern kann.
Stürze Stürze stellen einen bedeutenden Risikofaktor für den Verlust von Selbständigkeit und Lebensqualität im Alter dar. Dies wird besonders deutlich, wenn man sich vor Augen führt, dass jede 3. Person über 65 Jahre pro Jahr mindestens einmal stürzt und 10% der Stürze im Alter zu schweren Folgen wie Hüftfrakturen und schweren Kopfverletzungen führen. Die Sturzhäufigkeit im Alter wird innerhalb der Gerontologie als Ausdruck unzureichender motorischer Fähigkeiten (v.a. Kraft, Beweglichkeit und Koordination) gewertet, die sich durch körperliche Trainingsmaßnahmen positiv beeinflussen lassen.	Systematische Reviews und Meta-Analysen zu sturzprophylaktischen Trainingsprogrammen im Alter belegen ein um knapp 20% reduziertes Risikos zu stürzen. Die Trainingsprogramme sind dann besonders effektiv, wenn sie als multidimensionales körperliches Training die Schulung des Gleichgewichts, der Koordination und der Beinkraft umfassen.

Brennpunkte des Alters	Gerontologische Forschungsbefunde zur Beeinflussbarkeit der Brennpunkte des Alters durch körperliche Aktivität
Nachlassende kognitive Leistungsfähigkeit Alternsprozesse führen zu einem zunehmenden Verlust von Hirngewebe. Daraus resultiert nicht nur ein Nachlassen der kognitiven, sondern auch der körperlichen Leistungsfähigkeit, da diese in besonderem Maße von der kognitiven Steuerung abhängig ist. Damit kommt dem Erhalt der kognitiven Leistungsfähigkeit eine große Bedeutung für die selbständige Alltagsgestaltung im Alter zu.	Gerontologische Studien belegen, dass ein guter aerober Fitness-Status den Hirngewebeverlust bei Älteren reduziert. Dieser Befund war Anlass zur verstärkten Erstellung und Evaluation von körperorientierten Trainingsprogrammen zum Erhalt der kognitiven Leistungsfähigkeit in der Gerontologie. Metaanalysen belegen, dass insbesondere Interventionen, die aus einem kombinierten Kraft- und Ausdauertraining bestehen, über mindestens 6 Monate angelegt sind und in moderater Dauer und Intensität durchgeführt werden (30-45 min/Einheit), die größten Effekte hinsichtlich des Erhalts der kognitiven Leistungsfähigkeit erzielen. Die Effekte eines solch angelegten Trainings konnten ausgerechnet für die Komponenten der kognitiven Leistungsfähigkeit gefunden werden, die im Alter normalerweise den stärksten Rückgang aufweisen – die exekutiven Kontrollprozesse. Das sind kognitive Mechanismen, die die Koordination sensorischer, kognitiver und motorischer Systeme im Sinne übergeordneter Ziele vermitteln und die insbesondere bei der Planung und Durchführung neuer und ungeübter Handlungssequenzen benötigt werden.
Demenz Die Demenz gilt als pathologische Form des Verlusts der kognitiven Leistungsfähigkeit. Ihre Prävalenzrate steigt ab dem 70. Lebensjahr sprunghaft an. In Deutschland sind ca. eine Million Menschen über 65 Jahre davon betroffen. Pro Jahr kommen fast 200.000 Neuerkrankungen hinzu. Die rasant wachsende Demenz verursacht bereits jetzt jährliche Krankheitskosten im zweistelligen Milliardenbereich. Als Folge einer meist chronisch fortschreitenden Erkrankung des Gehirns geht sie mit einer globalen Beeinträchtigung intellektueller Fähigkeiten (z. B. Gedächtnisleistung, Sprache, abstraktes Denkvermögen) sowie mit Störungen der motorische Handlungsfähigkeit und des Verhaltens einher. Diese Beeinträchtigungen führen dazu, dass die betroffenen Menschen ihren Alltag immer weniger selbständig bewältigen können und zunehmend in Abhängigkeit geraten.	Seit knapp 10 Jahren existieren innerhalb der Gerontologie Studien, die einen Zusammenhang zwischen körperlicher Aktivität und dem Auftreten von Demenz belegen. So konnte gezeigt werden, dass durch körperliche Aktivität an mindestens drei Tagen/Woche das Demenz-Risiko um 38% gesenkt werden kann. Daraus wird geschlossen, dass bereits ein relativ geringes Maß an körperlicher Aktivität das Auftreten von Demenz zumindest hinauszögern kann. Diese Vermutung wird durch weitere Studienergebnisse bekräftigt, die belegen, dass bereits durch das tägliche Gehen von mehr als drei Kilometern zu Fuß das Demenz-Risiko gegenüber Inaktiven (weniger als 400 Meter Gehen/Tag) halbiert werden kann. Weitere gerontologische Studien erhärten diese Befunde und belegen ein Risikoreduktionspotenzial der körperlichen Aktivität gegenüber dem Auftreten einer Demenz von 36% für leichte körperliche Aktivität (z. B. Gartenarbeit, Gehen) bis hin zu 66% für regelmäßiges körperliches Training. Die gefundenen Zusammenhänge mehren die Ansicht innerhalb der Gerontologie, körperliche Aktivität gezielt als Demenzprophylaxe einzusetzen.

Diese Befunde belegen, dass zentrale Risiken des Alterns mit körperlicher (In-) Aktivität in engem Zusammenhang stehen und dass diese durch gezielte Interventionen mit körperlichen Trainingsprogrammen positiv beeinflussbar sind. Die Trainingsempfehlungen gleichen bezüglich Zielsetzung, Inhalten und Methoden der Konzeption des sportwissenschaftlich fundierten FASK. Auch im gerontologischen Kontext wird somit angestrebt, über ein Training der motorischen Hauptbeanspruchungsformen (Ausdauer, Kraft, Koordination und Beweglichkeit) die Funktionsfähigkeit (Gehfähigkeit, kognitive Leistungsfähigkeit) des Organismus zu erhalten bzw. ihren Abfall zu verzögern und Krankheiten/Verletzungen (Demenz, Stürze) vorzubeugen. Insofern kann davon gesprochen werden, dass das FASK auch innerhalb der Gerontologie das leitende Alterssport-Konzept darstellt.

Weitergehend zeigen die innerhalb der Gerontologie gefundenen Forschungserkenntnisse auf, wie die bislang eher an einer allgemeinen Fitness orientierten Trainingsprogramme des FASK bezüglich der Inhalte und Methodik differenziert werden müssten, um effektiv die von der Gerontologie identifizierten „Risiken des Alters" zu reduzieren. Zudem verweist die gerontologische Forschung darauf, dass es keiner fremdangeleiteten Trainingsprogramme bedarf, um zentrale Altersrisiken effektiv zu reduzieren. Vielmehr genügt bereits die Steigerung bekannter Alltagsaktivitäten, wie Gehen, Gartenarbeit oder schwere Hausarbeit, um beispielsweise das Demenz-Risiko zu reduzieren. Diese und andere Forschungsergebnisse stärken innerhalb der Gerontologie die Überzeugung, dass den Risiken des Alters „mit keiner anderen Maßnahme so gut begegnet werden kann wie mit regelmäßiger moderater körperlicher Aktivität" (Rott, 2009, S. 47).

Das FASK wird damit zu einer der bedeutendsten „Altersinterventionen" der Gerontologie (vgl. Kruse & Wahl, 2010, S. 258). Unter Altersinterventionen versteht die Gerontologie „das Insgesamt an Bemühungen, bei psychophysischem Wohlbefinden ein hohes Alter zu erreichen" (Lehr, 1979, S. 1 zitiert nach Kruse & Wahl, 2010, S. 245). Dieses Verständnis bezieht sich insbesondere darauf, was der ältere Mensch im Sinne einer „Selbstintervention" in seinem Leben selbst tun kann, um dieses Wohlbefinden herzustellen (vgl. Kruse & Wahl, 2010, S. 247). Bei näherer Betrachtung tritt an dieser Stelle auch in der Gerontologie der bereits für den sportwissenschaftlichen Kontext diagnostizierte große Widerspruch zwischen dem enormen (Wohlbefindens-) Potenzial der körperlichen Aktivität einerseits und dem weitgehend körperlich inaktiven Lebensstil der Älteren andererseits zu Tage (vgl. ebd., S. 259). Der gerontologischen Forderung, dass „das ältere Individuum (wieder) die Bereitschaft haben muss, körperlich aktiv zu sein" (Rott, 2009, S. 47), kommen die Älteren bislang zu wenig nach. Entsprechend erlangt die Frage, „wie es gelingen kann, mehr ältere Menschen zu aktivieren bzw. sie für die regelmäßige Durchführung von körperlichem Training zu begeistern“ (Kruse & Wahl, 2010, S. 260), in der Gerontologie große Aufmerksamkeit.

Während im sportwissenschaftlichen Kontext die Motivation Älterer lediglich einen untergeordneten Aspekt darstellt, rückt die Motivationsfrage im gerontologischen Kontext ins Zentrum der Aufmerksamkeit (vgl. Kruse & Wahl, 2010, S. 259 f.; Rott, 2009, S. 47). Allerdings hat sich die Gerontologie selbst mit der Erforschung und Erprobung entsprechender (Motivations-) Konzepte wenig befasst. Vielmehr delegiert sie die Entwicklung und Bereitstellung von motivationsförderlichen Bewegungsangeboten für Ältere an Sportpädagogen (vgl. Rott, 2009, S. 47)!

Abschließend kann festgehalten werden, dass das FASK innerhalb der Gerontologie als eine der erfolgversprechendsten präventionsorientierten Altersinterventionen angesehen wird, die jedoch drei bedeutsame Adaptionen erfährt:

- Das klassische sportwissenschaftliche Verständnis des Alterssports als ein (fremd-)angeleitetes „optimales Gesundheitstraining“, das eng nach trainingswissenschaftlichen Prinzipien gestaltet wird, wird um die Idee einer „Körperkultur des Alterns“ erweitert. Diese betont die Selbstverantwortung und -bestimmung Älterer im Sinne einer Selbstintervention einen angemessenen und sinnvollen alltäglichen Umgang mit ihrem Körper zu kultivieren. Dies beinhaltet insbesondere eine bewusste Forcierung von in den Lebensalltag integrierten körperlichen Aktivitäten, wie Gehen, Treppensteigen oder Gartenarbeit, die bezüglich Belastungsumfang und -intensität einer sportlichen Aktivität vergleichbar sind und entsprechend zur Erhaltung von Funktionsfähigkeit, Gesundheit und Selbständigkeit im Alter beitragen.
- Das FASK wird innerhalb der Gerontologie auf „Brennpunkte des Alters“ (nachlassende Gehfähigkeit und kognitive Leistungsfähigkeit, Stürze und Demenz) bezogen, angewandt und evaluiert. Diese sind innerhalb der sportwissenschaftlichen Diskussion bislang kaum registriert worden. Dabei weist die Gerontologie durchaus eine positive Beeinflussbarkeit der zentralen Risiken des Alters durch regelmäßige und moderate körperliche Aktivität nach. Damit wird die bislang v. a. sportmedizinisch und trainingswissenschaftlich begründete Bedeutung des FASK für ein gesundes Altern unterstrichen.

- Aufgrund der gerontologischen Forschungsbefunde zum Potenzial, mit Hilfe körperlicher Aktivität zentrale Altersrisiken effektiv „bekämpfen" zu können, wird innerhalb der Gerontologie stärker als im sportwissenschaftlichen Kontext die Forderung erhoben, dass Ältere die Bereitschaft entwickeln sollten, körperlich aktiv zu werden. Die Gerontologie identifiziert in diesem Zusammenhang die Motivierung Älterer zu regelmäßiger körperlicher Aktivität als drängendste Aufgabe.

Kurzcharakteristik des FASK

Auf der Basis der bisherigen Ausführungen können abschließend die wesentlichen Analyseergebnisse überblicksartig zusammengeführt werden:

Tabelle 6: Kurzcharakteristik des FASK

FASK-Dimensionen	Kurzdarstellung
Argumentation	Die Argumentation bezüglich Ausrichtung und Gestaltung des Konzepts wird auf biomedizinischer Grundlage empirisch und theoretisch breit gestützt. Im Mittelpunkt des Argumentationsgangs steht der Abfall der körperlichen Funktionsfähigkeit im Alter, der durch regelmäßige körperliche Aktivität in entscheidendem Maß verzögert werden kann, so dass zentralen Risiken des Alters (z. B. Stürzen) effektiv vorgebeugt werden kann.
Ziele	Ein gesundes Alter(n), ausdifferenziert in: Längst möglicher Erhalt motorischer Hauptbeanspruchungsformen und psychophysischer Leistungsfähigkeit auf einem gesundheitsförderlichen Niveau Prävention zentraler Alters-Risiken (z. B. nachlassende Gehfähigkeit)
Inhalte	Übungsformen und Sportarten, die aufgrund ihrer spezifischen Belastungsstruktur geeignet erscheinen, um die motorischen Hauptbeanspruchungsformen (Ausdauer, Kraft, Beweglichkeit, Koordination) zu trainieren. Aktuell werden auch verstärkt Alltagsaktivitäten (z. B. Treppensteigen, Einkaufen-Gehen!) eingefordert, die dies leisten können.
Methoden	Orientierung an den Prinzipien sportlichen Trainings, wobei die optimale Abstimmung der Belastungskomponenten (Reizintensität, -dauer und Trainingshäufigkeit) mit dem Leistungsstand der Älteren im Zentrum der methodischen Überlegungen steht. Die Regelmäßigkeit der Trainingsdurchführung gilt als zentrales methodisches Prinzip, das durch eine an Spaß, Geselligkeit und einem positiven psychosozialen Umfeld orientierte Gestaltung gewährleistet werden soll.
Rezeption des FASK	Das FASK dominiert derzeit sowohl die Forschung als auch die Diskussion um die Zielsetzung und Gestaltung des Alterssports innerhalb der Sportwissenschaft. Darüber hinaus wird es in den Wissenschaftsbereichen „Gerontologie" und „Gesundheitswissenschaften" breit rezipiert. Das funktionsorientierte Konzept gilt in beiden Feldern als eine wichtige Interventionsform, um die Gesundheit Älterer zu fördern bzw. um zentralen Altersrisiken effektiv vorzubeugen.

Fazit

Das vorgestellte wie analysierte Alterssportkonzept erweist sich als empirisch gut abgesichert und in der Wissenschaftslandschaft etabliert. Über die Grenzen der Sportwissenschaft hinaus wird es in der Gerontologie und in der Gesundheitswissenschaft/ Gesundheitsförderung rezipiert und gilt (auch) in diesen Feldern als eine erfolgversprechende Altersintervention zur Förderung und Sicherung der Gesundheit und der Leistungsfähigkeit im Alter. Seine beachtliche Evidenz resultiert aus sportmedizinischen und gerontologischen Forschungen, die sich insbesondere auf den Zusammenhang von körperlicher Aktivität und dem Erhalt von Funktionsfähigkeit, Gesundheit und Selbständigkeit im Alter beziehen. Dabei kommen Sportwissenschaft und Gerontologie zum selben Urteil, dass regelmäßige, moderate körperliche Aktivität a) eine unentbehrliche Grundlage für ein gesundes und selbständiges Altern darstellt und b) zudem eine der wirkungsvollsten Maßnahmen zur Reduzierung zentraler Altersrisiken ist.

Mit seiner primären Ausrichtung an der Verhütung oder Verzögerung des Auftretens von Krankheiten und unerwünschten psychophysischen Zuständen im Alter erweist sich das FASK als ein Präventionskonzept: Ziel ist es, über regelmäßige körperliche Aktivität und/oder Training in den Dimensionen Ausdauer, Kraft, Beweglichkeit und Koordination die psychophysische Funktionsfähigkeit auf einem gesundheitsförderlichen Niveau zu erhalten, um so zentralen Altersrisiken (chronische Erkrankungen, Demenz, nachlassende Gehfähigkeit und kognitive Leistungsfähigkeit, Stürze) effektiv vorzubeugen.

Diese Zielsetzung ist klar, fokussiert und wird stringent aus aktuellen Forschungsergebnissen abgeleitet. Ihre Umsetzung orientiert sich an (Trainings-) Prinzipien, deren Hauptaugenmerk darauf gerichtet ist, Art, Umfang und Intensität der körperlichen Aktivität in angemessene und regelmäßige Belastungsreize zu übersetzen. Dabei setzt sich in der gerontologischen Betrachtung verstärkt eine Outcome-Orientierung durch: Es ist weniger entscheidend, welche Art von körperlicher Aktivität (sportliche oder Alltagsaktivität) ausgeführt wird, wichtiger ist, dass das körperliche Aktivitätsverhalten Älterer in hoher Regelmäßigkeit in Umfang und Intensität den formulierten Richtwerten internationaler Empfehlungen entspricht – nur so können die im FASK angestrebten funktionalen Gesundheitsgewinne erzielt werden.

Entsprechend der Notwendigkeit einer regelmäßigen körperlichen Aktivität erlangt die Hinführung und v.a. die längerfristige Bindung Älterer an ein Aktivitätsverhalten oberste Priorität. Allerdings wird die Motivierung bzw. Bindung Älterer kaum als Aufgabe oder Problem erkannt. Vorfindliche Lösungsvorschläge haben bislang den Charakter unverbindlicher Hinweise, wie aber ein „positives psychosoziales Umfeld“ geschaffen werden kann, um eine „emotionale Bindung“ Älterer an dieses für die Gesundheit so bedeutsame Aktivitätsverhalten zu fördern, wird bislang – in meinen Augen – noch zu wenig erforscht. Dies stellt meines Erachtens das zentrale Desiderat des FASK dar, das nachfolgend in drei Bereiche ausdifferenziert wird:

Ein empirisches Desiderat
Die FASK-Forschung zeichnet sich durch eine naturwissenschaftliche Forschungsperspektive aus, die hauptsächlich die körperliche Dimension des Alterns im Sinne (trainings-) physiologischer Körperprozesse und -reaktionen im Zusammenhang mit körperlicher (In-) Aktivität in den Blick nimmt. Sie zielt auf die Identifizierung physiologischer Anforderungsstrukturen ab, die in Form optimaler Belastungsreize gegeben sein müssen, um Altersrisiken vorbeugen zu können. Die subjektive Perspektive der Älteren im Hinblick auf (funktionsorientierte) „körperliche Aktivität“ wird im Rahmen des FASK bislang eher nachrangig erforscht: Welche Bedürfnisse, Bedenken, Hindernisse haben Ältere im Zusammenhang mit dem Aufbau oder der Durchführung eines regelmäßigen funktionsorientierten Aktivitätsverhaltens? Wie kann die Gestaltung oder Durchführung dieser Aktivität an die Bedürfnisse der Älteren so angepasst werden, dass eine langfristige (emotionale) Bindung der Älteren an dieses Verhalten gelingt? Eine Erforschung der subjektiven Bedürfnisperspektive der Älteren scheint in diesem Zusammenhang sinnvoll und zielführend, wenn das effektive funktionsorientierte Aktivitätsverhalten Älterer stärker als bisher Verbreitung finden sollte.

Ein pädagogisches und theoretisches Desiderat
Wesentlich für die erfolgreiche Umsetzung der funktionalen Zielsetzungen ist, dass und wie es gelingt, Ältere an ein regelmäßiges körperliches Aktivitätsverhalten heranzuführen und motivational längerfristig zu binden. Dazu bedarf es meines Erachtens einer anderen Betrachtungsperspektive. Um die Bereitschaft und Motivation zur Verhaltensänderung fördernde Lernprozesse gestalten zu können, müsste vermehrt auf Motivationstheorien zurückgegriffen werden (vgl. Holtz, 2008, S. 113). Deutlicher als bisher sollte die Entwicklung und die Aufrechterhaltung einer „Körperkultur des Alterns“ als ein lebensbegleitender Lernprozess verstanden werden, den es über fundierte pädagogische Maßnahmen zu fördern gilt.

Bisher fehlt es in meinen Augen allerdings sowohl an einer solchen pädagogischen Argumentation, die aufzeigt, dass der im FASK angestrebte Aufbau eines regelmäßigen Aktivitätsverhaltens Älterer als ein Lernprozess zu verstehen ist, als auch an einer geeigneten (motivations-) theoretischen Fundierung, auf deren Basis entsprechende Maßnahmen generiert werden könnten.

Die entscheidende Frage lautet: Wie sollten Lernprozesse (pädagogisch) gestaltet werden, damit Ältere zu einem regelmäßigen körperlichen Aktivitätsverhalten motiviert werden und dieses nachhaltig in ihren Lebensstil integrieren können?

Ein methodisches Desiderat

Die bislang im Rahmen des FASK vorliegenden Vorschläge (z. B. Spaß, Erfolgserleben, Geselligkeit bzw. ein positives psychosoziales Umfeld fördern) zur Hinführung (Motivation) und Bindung Älterer an funktionsorientiertes Aktivitätsverhalten sind eher allgemein gehalten, so dass sie die konkrete Alterssport-Praxis nicht dezidiert anleiten können. Stattdessen gilt es, fundiert, geeignete Gestaltungshinweise für den Alterssport aufzuzeigen, die die Umsetzung oben genannter Vorschläge leisten können. Dabei scheint es wichtig, dass solche Hinweise nicht den Charakter eines additiven Beiwerks haben, welches das FASK „nur noch geschickt verpackt" (Balz & Kuhlmann, 2003, S. 29). Im Gegensatz dazu sollte der pädagogische Anspruch verfolgt werden, entsprechende methodische Gestaltungshinweise integrativ (zugleich Motivation und trainingswirksame Reize ansprechen) und umfassend (neben Trainingslehre z. B. auch sportpsychologische Erkenntnisse berücksichtigen) zu bedenken (vgl. ebd.).

2.2 Analyse des bildungsorientierten Alterssport-Konzepts (BASK)

Neben dem etablierten funktionsorientierten Alterssport-Konzept (FASK) wird in der Sportwissenschaft auch an der Entwicklung eines bildungsorientierten Alterssport-Konzepts (im weiteren Verlauf BASK) gearbeitet. Dem „zunehmenden Wunsch nach einer pädagogischen Grundlegung des Alterssports innerhalb der Sportwissenschaft" (Denk & Pache, 2004, S. 223) kommt in erster Linie Kolb nach. Ausgehend von seiner Habilitationsschrift (1999), in der er erste Grundlagen einer Sportgeragogik entwickelt, formuliert er diesen Ansatz zwischenzeitlich zu einem „bildungsorientierten Konzept des Alterssports" aus (2001; 2004; 2006a; 2006b). Dieses Konzept bestimmt aktuell die bildungsorientierte Diskussion um den Alterssport (vgl. Pache, 2009, S. 400 f.). Dazu findet sich ein weiteres sportpädagogisches Konzept, das sich eng an Bildungsvorstellungen anlehnt. Dieses von Beckers (2006) vorgelegte Konzept wird als weitere

Position des BASK in die Analyse aufgenommen. Beide Konzepte werden zunächst getrennt voneinander entlang der herangezogenen Analysekriterien vorgestellt und untersucht und anschließend in einem gemeinsamen Fazit aufeinander bezogen.

2.2.1 *Konzept einer Bewegungsbildung im Alter (Kolb)*

Argumentationsgang

Nachfolgend wird untersucht, wie Kolb die Ausrichtung seines Konzepts argumentativ begründet. Dabei interessiert insbesondere, auf welche vorhandenen Theorien und Forschungsergebnisse sich die Argumentation stützt.

Die Darstellung der aktuellen Herausforderungen älterer Menschen in modernen Gesellschaften ist zentraler Ausgangspunkt von Kolbs Argumentationsgang (vgl. 2006b, S. 187 ff.). Demnach sind moderne Gesellschaften maßgeblich durch Detraditionalisierung von Lebensorientierungen und plurale Lebenslagen und -stile charakterisiert, was zu der Notwendigkeit führt, das eigene Leben eigenständig planen und gestalten zu müssen. Diese Gestaltungsarbeit stellt insbesondere für ältere Menschen eine große Herausforderung dar. Sie müssen ihr Leben ohne bereits gesellschaftlich etablierte Lebensführungsmodelle des Alters nach eigenen Maßstäben und in eigener Regie bewusst gestalten und dies unter erschwerten Rahmenbedingungen, wie der „Freisetzung aus lebensstrukturierenden Aufgaben, dem Verlust vieler bislang persönlichkeitsbedeutsamer Sinngebungsquellen oder der Kumulation kritischer Lebensereignisse“ (Kolb, 2006b, S. 187). Da nach Kolb nicht davon auszugehen ist, dass bei Älteren durchgängig die Fähigkeit zur Lösung dieser anspruchsvollen Gestaltungsaufgabe gegeben ist, entsteht seiner Meinung nach ein Bedarf nach geragogischen Bildungsangeboten (vgl. ebd., S. 190). Bildungsprozessen komme deshalb die Aufgabe zu, „ältere Menschen bei einer gelingenden, ihren Interessen und Bedürfnissen gemäßen Gestaltung eigenen Alterns zu unterstützen“ (Kolb, 2006a, S. 11 f.).

Bewegungsbildung im Alter wird somit als Teil einer umfassenden Altenbildung verstanden, in der Bildungsprozesse mit Hilfe sportlicher und spielerischer Bewegungsaktivitäten unterstützt werden sollen (vgl. ebd.). In oder mit der Auseinandersetzung mit Bewegungsaktivitäten sollen Ältere ihre (Bewegungs-) Biographie reflektieren, zu einem tragfähigen Umgang mit ihrem alternden Körper gelangen, sich in der Selbstgestaltung und -organisation (von Bewegungsaktivitäten) erproben sowie ermutigende Gelingenserfahrungen sammeln (vgl. Kolb, 2004, S. 45 f.). Insgesamt sollen die dabei gewonnenen Bildungsprozesse die Älteren über den Bewegungskontext hinaus unterstützen, ihr weiteres Leben eigenständig planen und gestalten zu können (vgl. Kolb, 2006b, S. 190). Diese Argumentation wird nachfolgend zusammengefasst:

1. Der Verlust fester Orientierungen in modernen Gesellschaften sowie die Freisetzung aus bislang lebensstrukturierenden Arbeits- und Familienzusammenhängen konfrontieren Ältere mit der Anforderung, ihr weiteres Leben auf der Grundlage eines persönlichen Sinnentwurfs zu planen und zu gestalten.
2. Da die Fähigkeit zur Lösung dieser komplexen Herausforderung nach Kolb bei vielen Älteren nicht gegeben ist, ergibt sich ein Bedarf an Bildungsangeboten, die Ältere bei diesen Selbstfindungs- und Selbstentfaltungsprozessen unterstützen und stärken, die anstehenden Gestaltungsaufgaben erfolgreich zu bewältigen.
3. Bewegungsbildung, die sich als Teil dieser umfassenden Altenbildung versteht, nutzt das spezifische Potenzial sportlicher und spielerischer Bewegungsaktivitäten, um Ältere bei diesen Selbstfindungs- und Selbstentfaltungsprozessen zu unterstützen.

Abschließend bleibt festzuhalten: Theoretische Basis des Konzepts bilden bildungstheoretische Überlegungen aus der Geragogik. Diese wiederum gründen sich auf „die Analyse der Situation, mit der Ältere Menschen in modernen Gesellschaften konfrontiert sind“ (Kolb, 2006b, S. 187). Diese Situationsanalyse der Älteren wird auf der Basis allgemeiner Aussagen zu Gesellschaftstrends (Individualisierung, Detraditionalisierung) vorgenommen. Somit fehlt möglicherweise der empirische Nachweis dafür, dass diese gesellschaftlichen Entwicklungen die Älteren tatsächlich vor die beschriebenen Herausforderungen stellen bzw. dafür, dass Ältere zur Bewältigung dieser Herausforderungen auf unterstützende (bewegungsorientierte) Bildungsangebote angewiesen sind. Die zentrale Stoßrichtung der Argumentation – und damit die Frage, ob dieses Konzept die Bedürfnisse der Zielgruppe berührt – verbleibt ohne empirische Absicherung und Vertiefung.

Ziele des BASK nach Kolb

Ausgehend von der zuvor beschriebenen besonderen Lebenssituation älterer Menschen, formuliert Kolb als übergeordnetes Ziel einer modernen Altenbildung „die bei Älteren vorhandenen Potenziale zur Bewältigung anstehender Gestaltungsaufgaben zu stärken und sie bei Selbstfindungs- und Selbstentfaltungsprozessen zu unterstützen, damit sie eigene personale wie soziale Formen des Alterns entwickeln können“ (2004, S. 40). Eine so verstandene Altenbildung orientiert sich an der Leitidee eines „emanzipierten Alters“ (Kolb, 2006b, S. 190). Bewegungsbildung im Alter sollte deshalb darauf abzielen, „über spezifisch inszenierte Bewegungsaktivitäten bei Älteren einen Bildungsprozess in Gang zu setzen, der sie dabei unterstützt, ihr Alter so weit wie möglich nach selbst gesetzten Maßstäben zu leben. [...] Sie entdecken dabei für ihre Person sinnvolle Tätigkeiten und ein Maß an Aktivitäten, das ihren Bedürfnissen entspricht“ (Kolb, 1999, S. 260).

Die eigenverantwortliche Gestaltung des persönlichen Sporttreibens ist für Kolb jedoch eine zu eng gefasste Zielstellung (vgl. ebd.). Vielmehr solle der Alterssport als integraler Bestandteil einer allgemeinen Altenbildung eine Entwicklung der Persönlichkeit anstoßen, die zu einer veränderten Person- und Umweltwahrnehmung führt, gewohnte Perspektiven erweitert und die dazu befähigt, das Leben im Alter eigenständig zu planen und zu führen (vgl. Kolb, 1999, S. 260). Fokussierend formuliert Kolb dieses den Bewegungskontext (weit) überschreitende Ziel seines BASK dahingehend, „ältere Menschen bei einer gelingenden, ihren Interessen und Bedürfnissen gemäßen Gestaltung eigenen Alterns unterstützen“ zu wollen (Kolb, 2006a, S 12). Den über Bewegungsaktivitäten angestrebten Bildungsprozess versteht Kolb als einen „Prozess des Empowerments“, der Ältere „zu handlungsfähigen Subjekten ihres eigenen Alterns machen [soll]“ (Kolb, 2007a, S. 156).

Diese Ausrichtung rückt das Konzept in die Nähe der Gesundheitsförderung: Aufbauend auf der wissenschaftlichen Erkenntnis, dass die Fähigkeiten und Möglichkeiten von Menschen, ihr eigenes Leben selbst zu kontrollieren, eine wesentliche Voraussetzung für Gesundheit darstellt, hat das Konzept des Empowerments in den letzten Jahrzehnten zunehmend Eingang in die Gesundheitsförderung gefunden (vgl. Brandes & Stark, 2011, S. 57). Das formulierte Ziel, Menschen in die Lage zu versetzten, ihr Leben und ihre Umwelt selbst zu gestalten, deckt sich mit Kolbs Zielvorstellungen für den Alterssport. [12]

Auf der Basis des zuvor beschriebenen Verständnisses von Bildung im Alter, das zugleich die übergeordnete Zieldimension des BASK darstellt, macht Kolb fünf konkretere Bestimmungsmomente aus, welche für eine modernen Altenbildung kennzeichnend sind: lebensbezogene Bildung, biographische Bildung, abschließende und öffnende Bildung, partizipative Bildung und ermutigende Bildung (vgl. Kolb, 2006b, S. 188 f.). Aus diesen leitet er jeweils eine Leitlinie für die Bewegungsbildung im Alter ab, die aufzeigt, „welchen möglichen Bil-

12 Erst in jüngster Zeit rückt Kolb sein am Empowerment-Gedanken orientiertes Alterssport-Verständnis in den Kontext einer „bewegungsorientierte Gesundheitsförderung“ (vgl. Kolb, 2012, S. 22 ff.). Er stellt dabei jedoch keinen Bezug zu seinem BASK her.

dungsbeitrag sportliche und spielerische Bewegungsaktivitäten für ältere Menschen leisten können“ (Kolb, 2004, S. 39).

Tabelle 7: Leitlinien und korrespondierende Zielsetzungen der Bewegungsbildung nach Kolb (vgl. 2006b, S. 189 f.)

Leitlinie	Zielsetzung
An Bewegungsbedürfnissen ansetzen	Ältere sollen ihre situativen Bedürfnisse, Ziele, Interessen hinsichtlich Bewegung in das Bewegungsangebot einbringen (können).
Bewegungsbiographien reflektieren	Über eine Zuwendung zur eigenen Bewegungsgeschichte sollen Ältere Maßstäbe für ihren künftigen Umgang mit Bewegung finden.
Mit dem alternden Körper leben lernen	Ältere sollen zu einem tragfähigen Umgang mit ihrem sich verändernden Körper finden. Sie sollen: Grenzen des eigenen Körpers kennen, akzeptieren und damit leben lernen. die Erfahrung machen, dass ihnen (trotz Einschränkungen) noch vielfältige, bislang vielleicht unbekannte Bewegungsmöglichkeiten für ein subjektiv befriedigendes Sporttreiben bleiben.
Räume für zunehmende Mitbestimmung (Selbstorganisation) erschließen	Ältere sollen zur Partizipation befähigt werden.
Zur Nutzung verbleibender Bewegungsspielräume ermutigen	Älteren sollen gelingende Bewegungserfahrungen zugänglich gemacht werden, damit sie sich über ermutigende Erfahrungen künftig weiteren Bewegungsaktivitäten zuwenden.

Insgesamt kann festgehalten werden, dass Bewegungsaktivitäten Bildungsprozesse anstoßen sollen, die Ältere bei einer gelingenden, ihren Bedürfnissen gemäßen Gestaltung eigenen Alterns unterstützen. Auf die körperliche Aktivität bezogen, geht es zunächst darum, die eigenverantwortliche Gestaltung des persönlichen Sporttreibens gemäß eigener Bedürfnisse zu unterstützen. Jedoch verbindet Kolb mit dieser Zielstellung weitreichende(re) Transferhoffnungen über den Bewegungskontext hinaus: Öffnung der Persönlichkeit; veränderte Wahrnehmung der eigenen Person und der Umwelt; gewohnte Perspektiven erweitern; eine Flexibilität schaffen, sich mit dem eigenen Altern auseinanderzusetzen sowie eine Stärkung der eigenständigen Lebensführung im Sinne des „Empowerments“. Mit der Ausrichtung am Empowerment-Gedanken bekommt Kolbs Konzept einen deutlichen Bezug zur Gesundheitsförderung, den er selbst jedoch bislang nicht aufzeigt. Anzumerken bleibt, dass die weitreichenden Zielvorstellungen in einem gewissen Widerspruch zu Kolbs eigener Mahnung stehen, „die Möglichkeiten, durch Bewegung bei Älteren eine Weiterentwicklung in Gang zu setzen, in ihren realistischen Grenzen“ zu sehen (1999, S. 261). So ist es ihm durchaus bewusst, dass biographisch geprägte Festlegungen durch Bildungsprozesse im Alter nur schwer zu überwinden sind (vgl. ebd., S. 262).

Inhalte des BASK nach Kolb

Die zuvor beschriebenen Zielsetzungen rücken das Subjekt mit seinen eigenen (Gestaltungs-) Interessen, Bedürfnissen und Zielen in den Mittelpunkt. Dies bedingt auf der Inhaltsebene eine weitgehende Flexibilität und Offenheit für die Erwartungen, Ziele und Bedürfnisse, die die Älteren selbst an das Bewegungsangebot herantragen. Diese gilt es, zu Beginn zunächst in Erfahrung zu bringen, um sich dann auf bestimmte Inhalte zu verständigen (vgl. Kolb, 2006b, S. 189). Da Ältere zu Beginn eines Angebotes oftmals nur über geringe Vorstellungen bezüglich möglicher Bewegungsinhalte und Zielsetzungen verfügen, sollte mit ihnen zu Beginn eines Kurses zunächst ein breit angelegtes Bewegungsangebot durchgespielt und reflektiert werden (vgl. ebd.).

Mit diesem Vorgehen setzt Kolb (2004) einen Gegenentwurf gegenüber den Programmvorstellungen des FASK, dessen Inhalte oft spezifisch auf die Stärkung bestimmter motorischer Fähigkeiten (z. B. Ausdauer oder Kraft) oder die Prävention bestimmter Krankheitsbilder ausgerichtet sind (vgl. S. 45). Diese Ausrichtung wird aus sportgeragogischer Perspektive aufgrund der starken (Über)Betonung der körperlichen Leistungsfähigkeit und des kompensatorischen Ankämpfens gegen das Altern kritisiert (vgl. Kolb, 2006b, S. 185 f.). Entsprechend stehen im BASK nicht die Durchführung kompensationsorientierter Trainingsprozesse, sondern das Arrangieren spielerischer und wahrnehmungsorientierter Bewegungssituationen im Zentrum (vgl. ebd., S. 190; Kolb 2000, S. 78). Im Kontext von Bewegungsaktivitäten eignen sich nach Kolb insbesondere Spiele zur Umsetzung der zuvor skizzierten Bildungsvorstellungen. Spiele eröffnen offene Handlungssituationen, die durch Ältere nach eigenen Bedürfnissen und Möglichkeiten gestaltbar sind, in denen sie neue Verhaltensweisen, Rollen und soziale Interaktionsmuster sowie vielfältige Formen des Umgangs mit dem eigenen Körper, der Welt und mit anderen erproben können (vgl. Kolb & Heckmann, 2001, S. 29 ff.; Kolb, 2007b, S. 41 ff.).

Vor diesem Hintergrund erweist sich Kolbs BASK als ein „spielorientierter Alterssport" (Kolb, 2007b, S. 42), den er inzwischen mit drei umfangreichen Spielesammlungen für den Herz- und Alterssport anregt (Kolb & Heckmann, 2001; Kolb, 2007b; Kolb, Kolb & Steininger, 2009). Die Spielesammlungen decken dabei ein breites Spiel-Spektrum ab: Ankommen und in Bewegung kommen; Spiele im Kreis; Spiele zum Laufen oder Gehen; Spiele zum Fangen und Werfen; Spiele mit Stäben, Reifen und Seilen; Darstellungsspiele; Spiele mit dem Gleichgewicht; Spiele ohne zu sehen; Spiele für das Gedächtnis; Spiele mit der Wahrnehmung; Spiele zur Lockerung, Entspannung und Konzentration.

Methoden im BASK nach Kolb

Zur Beantwortung der Frage, wie mit Hilfe sportlicher und spielerischer Bewegungsaktivitäten Bedingungen arrangiert werden können, in denen Älteren die angestrebten bildenden Erfahrungen machen können, orientiert sich Kolb an den zuvor skizzierten Bestimmungsmomenten einer Bildung im Alter. Aus ihnen leitet er die bereits thematisierten fünf „Leitlinien einer Bewegungsbildung im Alter" ab, welche den methodisch-didaktischen Orientierungsrahmen abgeben (vgl. Kolb, 2006b, S. 189 f.):

Tabelle 8: Methodisch-didaktische Leitlinien zur Umsetzung des BASK nach Kolb (2006b, S. 189 f.)

Leitlinien einer Bewegungsbildung im Alter	Methodisch-didaktische Umsetzung
An Bewegungsbedürfnissen ansetzen	**Teilnehmerorientierung praktizieren**: Leitende sollen sich zunächst in einem kommunikativen Prozess mit den Teilnehmern über ihre Erwartungen, Ziele, Interessen und Bedürfnisse austauschen und sich darauf aufbauend mit ihnen auf bestimmte Themen und Inhalte für das Bewegungsangebot verständigen. Falls die Teilnehmenden zu Beginn dazu (noch) nicht in der Lage sind, da sie nur diffuse Vorstellungen möglicher Zielsetzungen und Bewegungsinhalte mitbringen, sollten mit ihnen zunächst verschiedene Offerten durchgespielt und reflektiert werden, sodass sie dann im Anschluss daran erfahrungsbasiert eigene Inhalts- und Zielentscheidungen bezüglich des Bewegungsangebotes präzisieren und treffen können.
Bewegungsbiographien reflektieren	**Reflexive Zuwendung zur eigenen Bewegungsgeschichte initiieren**: Ältere sollen ihre im aktuellen Bewegungskontext wahrgenommenen Vorlieben und Aversionen verbalisieren und diese hinsichtlich ihrer biographischen Entstehung reflektieren, um so zu Maßstäben für den künftigen Umgang mit Bewegung zu gelangen.
Mit dem alternden Körper leben lernen	**Explorative und spielerische Bewegungssituationen arrangieren**: Ältere sollen in solchermaßen arrangierten Bewegungssituationen die Erfahrung machen können, dass ihnen trotz Einschränkungen (die sie kennen und akzeptieren lernen sollen) noch vielfältige Bewegungsmöglichkeiten offen stehen, die sie für ein subjektiv befriedigendes Sporttreiben im Alter nutzen können.

Räume für zunehmende Mitbestimmung bis hin zur Selbstorganisation erschließen	**Rahmenbedingungen schaffen, in denen Möglichkeiten echter Partizipation bestehen**: Älteren sollte zunehmend mehr Mitbestimmungsmöglichkeit eingeräumt werden, die ihnen die Erfahrung zugänglich macht, ihre Bewegungsaktivitäten nach eigenen Maßgaben gestalten zu können. Dies kann bis hin zur Entwicklung von Strukturen gehen, in denen Ältere die Inszenierungsformen und Inhalte ihres Sporttreibens so weit wie möglich selbst mitgestalten bzw. ihr Sporttreiben sogar selbst organisieren und sich auch politisch für die Befriedigung eigener Bewegungsbedürfnisse einsetzen.
Zur Nutzung verbleibender Bewegungsspielräume ermutigen	**Älteren Gelingenserlebnisse vermitteln**: keine weiteren Angaben des Autors

Diese fünf Leitlinien zur Gestaltung einer Bewegungsbildung im Alter werden von Kolb nicht weiter konkretisiert – weder in Bezug auf ihren interdependenten Zusammenhang noch in Bezug auf ihre praktische Umsetzung. Sie zeichnen dadurch noch ein eher unscharfes Bild der anvisierten Bewegungsbildung. Dies betrifft insbesondere die Leitlinien „Zur Nutzung verbleibender Bewegungsspielräume ermutigen“ und „Mit dem alternden Körper leben lernen“, weil noch unklar ist, wie man Älteren Gelingenserlebnisse vermitteln bzw. explorative und spielerische Bewegungssituationen arrangieren kann.

Die intendierte Alterssportpraxis wird etwas konkreter, wenn man die didaktischen Hinweise hinzuzieht, die Kolb im Rahmen seiner Veröffentlichungen zur Praxis eines spielorientierten Alterssports (Kolb & Heckmann, 2001; Kolb, 2007b; Kolb, Kolb & Steininger, 2009) formuliert. Älteren wird dabei die Möglichkeit eingeräumt, ihre aktuellen Wünsche und Vorschläge bei der Spielauswahl einzubringen. Darüber hinaus folgen die in diesen Büchern gesammelten Spiele durchgängig der Grundidee, „durch eine Spielaufgabe bzw. eine Spielidee einen Erfahrungsraum zu öffnen, der durch Regeländerungen abgewandelt werden kann“ (Kolb, 2007b, S. 43).

Leitende wie Teilnehmende sollen herausgefordert werden, „die jeweilige Spielform ihren Bedürfnissen und Möglichkeiten anzupassen“ (ebd.). Intendiert ist, Räume für Mitbestimmung, aber auch für ermutigende Bewegungserfahrungen zu eröffnen, indem Teilnehmende mit Hilfe der Leitenden die Spiele so gestalten und einrichten, dass die im Spiel gestellten Anforderungen ihren eigenen Möglichkeiten entsprechen. In Kolbs Spielesammlungen werden zahlreiche Anregungen für das Arrangieren explorativer und spielerischer Bewegungssituationen gegeben. Für die Leitlinie „Bewegungsbiographien reflektieren“ hingegen finden sich allerdings keine vergleichbar ausgebauten methodisch-didaktischen Konkretisierungen.

Darüber hinaus formuliert Kolb (vgl. 1999, S. 262 ff.) methodisch-didaktische Inszenierungsformen, die er geeignet hält, ein gelingendes Altern zu unterstützen. In der nachfolgenden Tabelle werden diese Inszenierungsformen und damit verbundene Zielsetzungen von Kolb übersichtlich vorgestellt.

Tabelle 9: Inszenierungsformen von Bewegungsaktivitäten und damit korrespondierende Zielsetzungen (in Anlehnung an Kolb, 1999, S. 262 ff.)

Inszenierungsformen	Zielsetzungen
Ältere immer wieder in Situationen mit wechselnden Anforderungen stellen, um Lernprozesse durch Distanz- und Differenzerfahrungen zu fördern: Herstellung von Perspektivenvielfalt und -verfremdung durch Hinlenkung auf übersehene, provozierende, weiterführende und in Frage stellende, andere Sichtweisen Offene Aufgabenstellungen, Spielformen, Wahrnehmungssituationen, in denen gezielt Differenzen zu den gewohnten Bewegungs- und Wahrnehmungsmustern hergestellt und flexible Umgangsweisen provoziert werden.	Öffnung für neue Sicht- und Umgangsweisen in Bezug auf Bewegung und den eigenen Körper Größere Flexibilität und Öffnung für neue Erfahrungen
Systematisches Verändern und Variieren von Regeln für Bewegungsspiele, sodass permanent wechselnde Konstellationen entstehen, in denen Ältere die Erfahrung machen können, dass sie derartigen (wechselnden) Situationen gewachsen sind und sich auf sie einlassen können.	Stärkung des „adaptiven Potenzials" zur Auseinandersetzung mit diskontinuierlichen Gegebenheiten Stärkung des Vertrauens in die eigenen Fähigkeiten zur Bewältigung von Veränderungen
Gezieltes Herstellen diskrepanter Wahrnehmungen: Betont langsam ausgeführte Bewegungen, Berührungen, Formen der Entspannung, aber auch Atem-, Wahrnehmungs- und Balanceübungen sollen Ältere dazu veranlassen, intensiv in sich hinein zu spüren. Hierüber soll ihnen die (neue) Erfahrung des eigenen Leibes als Quelle des Wohlbefindens und angenehmer Empfindungen vermittelt werden.	Öffnung für positive Körpererfahrungen

Ähnlich wie die fünf Leitlinien der Bewegungsbildung bleiben auch die Inszenierungsformen damit auf einem eher abstrakten Niveau einer Praxisanregung, so dass diese eher als Richtungsweiser für eine konkrete Umsetzung in der Praxis gelten können. Zwar erlangen manche Leitlinien in den Praxisbüchern „Spiele für den Herz- und Alterssport" etwas mehr Kontur, doch bleibt das durch sie beschriebene methodische Vorgehen insgesamt noch ausbaubar. Dies betrifft insbesondere Fragen, wie und wann beispielsweise über Bewegungsbiographien reflektiert werden soll oder wie Älteren positive Bewegungs- und Gelingenserfahrungen eröffnet werden können. Kolb selbst begründet diese Unschärfe mit dem Hinweis auf den mangelnden Forschungsstand einer noch kaum etablierten Sportgeragogik und der Komplexität von Altern, was rezeptartige Handlungsanweisungen und einfache Regeln nicht sinnvoll erscheinen lässt (vgl. 1999, S. 259).

Rezeption dieses Konzepts

Die Habilitationsschrift „Bewegtes Altern – Grundlagen und Perspektiven einer Sportgeragogik" (1999) von Kolb gilt innerhalb der Sportwissenschaft als eine Art Grundlegung einer bis zu diesem Zeitpunkt nicht existenten „Sportgeragogik" (vgl. Pache, 2009, S. 400). Mit dieser Arbeit wird erstmalig der Versuch unternommen, die Theoriebildung der Sportpädagogik systematisch und differenziert (unter Einbeziehung des Erkenntnisstandes relevanter Bezugsdisziplinen wie Gerontologie, Pädagogik/Geragogik und Soziologie) auf die (Bewegungs-) Bildung älterer Menschen auszuweiten. Das in diesem Zusammenhang entstandene und in späteren Veröffentlichungen weiterentwickelte Konzept einer Bewegungsbildung im Alter kann als ein fundiertes sportpädagogisches Alterssportkonzept bezeichnet werden. Entsprechend ist Kolbs Konzept in einschlägigen sportpädagogischen Grundlagenwerken (Haag & Hummel, 2009, S. 400 f.; Balz & Kuhlmann, 2003, S. 110) und Publikationsorganen, wie den Bänden der dvs-Schriftenreihe oder in den Jahrbüchern „Bewegungs- und Sportpädagogik", zu finden (Kolb, 2001; 2004; Diketmüller, 2006). Da in diesem Rahmen praktisch keine weiteren sportpädagogischen Alterssportkonzepte vorgestellt werden, kann Kolbs Konzept als *das* Alterssport-Konzept der Sportpädagogik betrachtet werden.

Allerdings wird dieses Konzept außerhalb der Sportpädagogik, z. B. in der Gerontologie oder der Gesundheitsförderung (speziell in der Bewegungsförderung), kaum rezipiert. Stattdessen dominiert eine Orientierung am funktionsorientierten Alterssportkonzept. So findet sich beispielsweise im „Sportwissenschaftlichen Lexikon" (vgl. Röthig & Prohl, 2003, S. 34 ff.) weder unter der ergänzenden Auflistung relevanter Grundlagenliteratur noch unter dem Schlagwort „Alterssport" selbst ein Hinweis auf Kolbs Konzept bzw. auf eine sportpädagogische Ausrichtung des Alterssports. Auch im bislang einzigen Studienbuch für die Fachrichtung Alterssport, dem „Handbuch Alterssport", wird diesem Konzept – selbst im Kapitel zur pädagogisch-didaktischen Grundlegung des Alterssport – lediglich eine Fußnoten-Notiz zugebilligt (vgl. Denk, Pache & Schaller, 2003, S. 93).

Außerhalb des sportwissenschaftlichen Kontextes findet sich kein Hinweis mehr auf Kolbs Konzept. Aktuelle Übersichtswerke einer gesundheitswissenschaftlich orientierten Bewegungsförderung (vgl. Geuter & Hollederer, 2012) sowie gerontologische Betrachtungen des Alterssports (vgl. Rott, 2009; Rott & Cihlar, 2010; Kruse & Wahl, 2010) fokussieren das funktionsorientierte Alterssport-Konzept. Diskussionen zum Wert, der Zielsetzung und der Gestaltung körperlicher Aktivität im Alter werden ausschließlich vom FASK geprägt, das den Blick auf eine lohnende körperorientierte Altersintervention lenkt.

2.2.2 Konzept einer Gesundheitsbildung im Alter (Beckers)

Argumentationsgang

Beckers entwickelt sein Konzept einer Gesundheitsbildung im Alter aus dem Bestreben heraus, den funktionalen Ansatz des Sports für Ältere auszuweiten. Die Auslegung des „Alters“ als einen defizitären Zustand und der „Gesundheit“ als Abwesenheit von Krankheit betrachtet er als unzulässige Verengungen, die weder Gesundheit noch das Alter(n) mit ihren vielen Bedeutungsebenen zureichend erfasst (vgl. Beckers, 2006, S. 82 f.).

Entsprechend stellt Beckers die Notwendigkeit der Entwicklung eines integrativen Konzepts heraus, „das medizinische, soziologische, psychologische und pädagogische Gesichtspunkte zusammenfasst“ (ebd.). Eine kompetenzorientierte gerontologische Perspektive in Verbindung mit modernen Vorstellungen der Gesundheitsförderung erachtet er als geeignete Basis, um dies leisten zu können (vgl. Beckers, 2006, S. 75 ff.). Auf dieser Grundlage wird Altern als ein Prozess verstanden, der zwar durch (teils einschneidende) Veränderungen gekennzeichnet ist, der jedoch von Älteren prinzipiell über ihre Fähigkeit zur Kompensation verminderter Kompetenzen bzw. zum Erlernen neuer Kompetenzen, zur Neuorientierung und zur selbständigen und kreativen Gestaltung ihres Lebens, produktiv und sinnvoll bewältigt werden kann.

Um die eigene Gesundheit in diesem Prozess aufrecht erhalten zu können, reicht es nach dem zugrunde gelegten Gesundheitsverständnis nicht aus, die biologische Funktionsfähigkeit und die psychophysische Leistungsfähigkeit im Alter zu verbessern oder zu erhalten. Vielmehr gilt es, ältere Menschen bei der Entwicklung einer gesundheitsförderlichen, „individuellen Gestaltungsfähigkeit“ für ihr alltägliches Leben zu unterstützen (vgl. Beckers, 2006, S. 87 f.). Dies soll ihnen ermöglichen, ihr Leben nach gesundheitlichen Aspekten selbst gestalten zu können und zwar so, dass es ihnen gelingt, zwischen ihren sich im Alterungsprozess verändernden inneren Möglichkeiten (Können) und Bedürfnissen (Wollen) einerseits und den sich ebenso verändernden (äußeren) Anforderungen (Sollen) der Lebenssituation andererseits, ein für ihre Lebensphase individuell passendes und sinnvolles Gleichgewicht herzustellen (vgl. Beckers, 2006, S. 86 ff.; Beckers & Haase, 2007, S. 18 f.).

Um Ältere zur Entwicklung dieser Gestaltungsfähigkeit und damit zur Stärkung ihrer Gesundheit zu befähigen, bedarf es nach Beckers eines Bildungsprozesses (vgl. 2006, S. 85). In diesem wird dem Körper eine besondere Bedeutung zuerkannt, ist doch der Körper „das individuelle Empfindungs- und Ausdruckorgan, mit dem ich mich selber und meine Umwelt erfahren und mit dem ich mich mitteilen kann“ (ebd., S. 87). In diesem Verständnis soll der individuelle Umgang mit dem Körper zum „Schlüssel“ werden, um das Wollen (Ich), das Können (Ich) und Sollen (Welt) in Einklang zu bringen (vgl. ebd., S. 86 f.).

Um Gesundheitsbildung im Kontext von Bewegung und Sport erfolgreich umzusetzen, gilt es nach Beckers, den „meist nur funktionalen ‚Umgang mit dem Körper‘ in anderer Weise zu thematisieren“ (2006, S. 89). Entsprechend werden in einem so verstandenen Alterssport körperliche Empfindungs- und Ausdrucksweisen in das Zentrum gestellt, Körper- und Bewegungserfahrung sowie die Förderung der Wahrnehmungsentwicklung bewusst betont, um Ältere bei der Entwicklung einer (körpersensiblen) individuellen Gestaltungsfähigkeit für ihr alltägliches Leben zu unterstützen.

Es kann abschließend Folgendes festgehalten werden: Im Wesentlichen wird auf der Basis bildungstheoretischer Vorstellungen argumentiert. Argumentation und Konzeption werden kaum durch Gesundheitstheorien oder empirische Forschungsergebnisse gestützt, sodass die postulierte Balance zwischen „Sollen, Können und Wollen“ für ein gesundes Altern unbestimmt bleibt.

Ziele des BASK nach Beckers

Gesundheitsbildung im Alter ist maßgeblich von den Überlegungen der Weltgesundheitsorganisation (WHO) hinsichtlich „Gesundheit“ und „Gesundheitsförderung“ geprägt (vgl. Späker, Beckers & Matlik, 2009, S. 1 ff.). Die WHO vertritt ein erweitertes Verständnis von Gesundheit, als die „Fähigkeit des einzelnen Menschen, sein Leben unter gesundheitlichen Aspekten gestalten“ zu können (ebd.).

Diesem Verständnis folgend, kann nach Beckers eine komplexe „Lebensqualität Gesundheit“ nicht allein dadurch erreicht werden, dass die Teilbereiche der Gesundheit, „biologische Funktionsfähigkeit“ und „psychophysische Leistungsfähigkeit“, gefördert werden (vgl. Beckers, 2006, S. 87 ff.). Entsprechend ausgerichtete Sportprogramme rechnet Beckers folgerichtig dem Bereich der Gesundheitserziehung zu. Neben biologischer Funktionsfähigkeit und psychophysischer Leistungsfähigkeit bedürfe es darüber hinaus einer individuellen Gestaltungsfähigkeit für eine selbstbestimmte Bewältigung des Lebensalltags, in der Gesundheit letztlich ihren Ausdruck findet (vgl. Beckers & Haase, 2007, S. 13 ff.).

Eine Befähigung zur Verwirklichung von Gesundheit in der alltäglichen Lebenswelt muss nach Ansicht Beckers (2006) über einen Bildungsprozess gefördert werden, in dem älteren Menschen Hilfestellungen zur Entwicklung dieser individuellen Gestaltungsfähigkeit angeboten werden (S. 88). Dabei zeichnet sich die angestrebte „individuelle Gestaltungsfähigkeit" als zentrale Zieldimension dieses Konzepts durch mehrere Aspekte aus:

1. Die Fähigkeit des Menschen, sein Leben nach gesundheitlichen Aspekten gestalten zu können (vgl. Späker, Beckers, & Matlik, 2009, S. 6).
2. Die Fähigkeit, gesundheitlich nicht zuträgliches Verhalten ändern zu können (ebd.).
3. Die Fähigkeit, zwischen den im Alterungsprozess sich verändernden eigenen Bedürfnissen (Wollen), Ressourcen (Können) und den äußeren Anforderungen (Sollen) immer wieder aufs Neue eine individuell passende Balance herstellen zu können (vgl. Beckers, 2006, S. 86 ff.).
4. Die Fähigkeit, die eigenen gesundheitlichen Ziele im Lebensalltag zu realisieren (vgl. Späker, Beckers, & Matlik, 2009, S. 1).

Aus diesem übergeordneten Konstrukt der Gestaltungsfähigkeit werden sieben konkrete Teilziele abgeleitet (vgl. Späker, Beckers & Matlik, 2009, S. 9 ff.):

Ziel 1 Ich weiß, was Gesundheit/Gesundsein für mich bedeutet
→ Teilnehmer (TN) sollen ihr Gesundheitsverständnis überdenken und erweitern

Ziel 2 Ich kann mich und meinen Körper selber einschätzen und weiß, was gut (gesund) und was schlecht (ungesund) für mich ist
→ Wahrnehmung (Sinnes- und Selbstwahrnehmung) sensibilisieren

Ziel 3 Ich durchschaue (Verhaltens-)Muster in meinem Leben, kenne Alternativen und kann sie anwenden
→ ungesunde Lebensmuster erkennen – gesunde Alternativen erproben

Ziel 4	Ich erkenne (Verhaltens-)Regeln in meinem Leben und weiß, wie ich mit ihnen umgehen kann → Sensibilität der TN für Regeln („man sollte …") in ihrem Leben erhöhen
Ziel 5	Ich weiß, was ich kann und will und kann es mit dem in Einklang bringen, was meine Umgebung von mir erwartet → TN befähigen, ihr Können-Wollen-Sollen in Einklang zu bringen
Ziel 6	Ich habe Möglichkeiten gefunden, neue Verhaltensweisen auf meinen Alltag zu übertragen → TN sollen die Erfahrungen aus dem Sportangebot auf ihr „Privatleben" und ihren Alltag übertragen
Ziel 7	Sport und Bewegung kann ich immer machen (im Verein, im Alltag, in der Freizeit), dann bleibe ich (mein Ich) in Bewegung → TN zur dauerhaften Bindung an Bewegung anregen – auch außerhalb eines Sportkurses

Darüber hinaus wird die „Förderung persönlicher Kompetenzen" angestrebt, die zu einer eigenständigen und sinnerfüllten Lebensgestaltung im Alter befähigen sollen. Nachfolgende Kompetenzbereiche, deren Herleitung allerdings unklar bleibt, sollen dazu berücksichtigt werden (vgl. Beckers, 2006, S. 95 f.):

- Lebenspraktische Kompetenzen (z. B. Körperpflege, Bewältigung des Haushalts, Umgang mit Internet…)
- Leistungsrelevante Kompetenzen: die eigenen Fähigkeiten und das eigene Anspruchsniveau realistisch einschätzen zu können hinsichtlich Ausdauer, Ausführung und Regelmäßigkeit
- Kreative Kompetenzen: „Fertigkeiten" wie Einfallsreichtum, Flexibilität oder Neugier fördern
- Krisenbewältigungs- oder Problemlösungskompetenzen: nach Schicksalsschlägen ein neues psychisches Gleichgewicht erlangen können
- Soziale Kompetenzen, wie die Fähigkeit, Kontakte zu schaffen, aufrechtzuerhalten und zu lösen, Gefühle wahrzunehmen und Bedürfnisse und Wünsche zu äußern

Das sich in der Differenzierung als hoch komplex und vielschichtig erweisende Ziel der „individuelle Gestaltungsfähigkeit" versteht Beckers jedoch nur als ein Teilziel für den Alterssport. Er verfolgt mit seinem Konzept den „Anspruch einer umfassenden Gesundheitsförderung", den er nur erfüllt sieht, wenn alle drei

Zielstellungen - Erhaltung der biologischen Funktionsfähigkeit, der psychophysischen Leistungsfähigkeit und die Entwicklung einer individuellen Gestaltungsfähigkeit – im Sportangebot gemeinsam angestrebt werden (vgl. Späker, Beckers, & Matlik, 2009, S. 4). Das Ziel der Entwicklung einer individuellen Gestaltungsfähigkeit soll somit den „klassischen" Zielkatalog des Alterssports ergänzen.

Es kann festgehalten werden, dass Beckers in seinem Konzept ein sehr breites Spektrum an Zielen anstrebt. Diese lassen sich unter der übergeordneten Zielsetzung einer umfassenden Gesundheitsförderung Älterer durch Sport zusammenfassen. Geprägt von den Vorstellungen der WHO zielt das Konzept auf die Fähigkeit Älterer ab, Kontrolle über ihr Leben und ihre Gesundheit auszuüben (vgl. Späker, Beckers & Matlik, 2009, S. 8). Dazu wird der klassische Zielkatalog des gesundheitsorientierten Alterssports, der sich auf eine biologische Funktionsfähigkeit und psychophysische Leistungsfähigkeit bezieht, um die Dimension einer „individuellen Gestaltungsfähigkeit" ergänzt. Anspruch ist es, die Älteren zu befähigen, ihr Leben nach gesundheitlichen Aspekten selbstbestimmt gestalten zu können, was sich in der Fähigkeit beweist, im Alltag eine individuell stimmige Balance zwischen den im Lebenslauf sich verändernden eigenen Bedürfnissen (Wollen), Ressourcen (Können) und äußeren Anforderungen (Sollen) herstellen zu können. Die von Beckers aufgeführten Teilziele der „individuellen Gestaltungsfähigkeit" zeigen diesbezüglich, dass die Zielstellungen des funktionalen Konzepts deutlich überschritten werden. Nicht die Wirkungen eines regelmäßigen körperlichen Trainings stehen als übergeordnetes Ziel im Vordergrund, sondern die Befähigung zu einem Gesundheitsverhalten, das sich in der selbstbestimmten Gestaltung und der erfolgreichen Bewältigung des Alltags zeigt.

Inhalte des BASK nach Beckers

Beckers verweist in seinem Konzept auf den didaktischen Grundsatz, den Implikationszusammenhang von Zielen, Inhalten und Methoden zu beachten, wonach „für die Verwirklichung der formulierten Ziele geeignete Inhalte ausgesucht werden müssen" (Beckers, 2006, S. 97). Entsprechend der Zielvorstellung, die Entwicklung individuell angemessener und sinnvoller (und daher gesunder) Verhaltensmuster unterstützen zu wollen, wird der „Umgang mit dem Körper" zum zentralen Gegenstand dieses Konzeptes (vgl. ebd., S. 92). Um gesundheitsrelevante und körperbasierte Verhaltensmuster und entsprechende Verhaltensalternativen bewusst machen zu können, bedarf es einer Sensibilisierung, die über eine „Betonung von Körper- und Bewegungserfahrung sowie der Förderung entsprechender Wahrnehmungsentwicklung“ (Beckers & Haase, 2007, S. 15) angestrebt wird. Da die Befähigung zur Bewältigung des Alltags angezielt ist, soll „immer das alltägliche Verhalten den thematischen Ansatzpunkt bieten“ (ebd.), um so leitende Muster, Regeln und Normen des Verhaltens über einen körperorientierten Zugang zu erkennen und gegebenenfalls Alternativen zu erproben.

Wie Kolb sieht auch Beckers das Medium „Spiel“ als einen geeigneten Inhaltsbereich an, um diese Bildungsprozesse realisieren zu können. Spiele eröffnen die Möglichkeiten der Veränderung und Variation von (Spiel-) Regeln und die Erprobung alternativer Verhaltensweisen, machen diese erfahrbar und sind so ein (ideales) Feld, um die eigene Gestaltungsfähigkeit zu fördern (vgl. Beckers, 2006, S. 96). Des Weiteren stellen für Beckers explizite Reflexions- und Gesprächsphasen einen wesentlichen Inhaltsbereich dar, da in ihnen die Möglichkeit angelegt ist, das „in Kursen Erlebte zu einer Erfahrung zu machen, die im Alltag hilft“ (Beckers & Haase, 2007, S. 18).

Neben diesen Hinweisen werden Inhalte dadurch konkretisiert, dass jedem der sieben (im Kapitel „Ziele“ beschriebenen) Teilziele der „Förderung der individuellen Gestaltungsfähigkeit“ ein Inhaltsbereich zugeordnet wird. Damit ergeben sich folgende Inhaltsbereiche, zu denen jeweils zahlreiche Spiele und Übungen vorgeschlagen werden[13]:

(1) Gesundheitsverständnis
(2) Sensibilisierung der Wahrnehmung
(3) Muster des Verhaltens
(4) Regeln des Verhaltens
(5) Können-Wollen-Sollen
(6) Alltagsübertragung
(7) Dauerhaftigkeit (vgl. Späker, Beckers & Matlik, 2009, S. 5).

Bei näherer Durchsicht der Spiel- und Übungsformen fällt allerdings ihr größtenteils „unsportlicher Charakter“ auf (Haase, 2006, S. 179). So finden sich zahlreiche Schreib- und Zeichenaufgaben, Imaginationsübungen, Theater- und Pantomime-Übungen sowie weitere „wenig bewegungsintensive“ Übungsformen. Sie

13 Hier ein Beispiel zum Inhaltsbereich 4 „Regeln“ – das Spiel „Regelboykott“ (vgl. Späker, Beckers & Matlik, 2009, S. 62):
Die Teilnehmenden dürfen sich ein bekanntes Sportspiel aussuchen, welches sie so spielen sollen, dass möglichst viele Regeln dieses Spiels verletzt werden. Anschließend werden folgende Reflexionsfragen gestellt: Ist es schwierig, die bekannten Regeln zu missachten? Wann machen Regeln Sinn?

sind Beleg dafür, dass Bewegung als ein „Erfahrungs- und Erprobungsfeld zur Entwicklung veränderter individueller Handlungsmuster genutzt werden“ (Beckers, 2006, S. 93 f.) soll.

Methoden
Das methodisch-didaktische Vorgehen zur Verwirklichung der angestrebten Zielstellung umfasst drei Stufen (vgl. Beckers, 2006, S. 95 ff.; Beckers & Haase, 2007, S. 17 f.):

1. Stufe des Erkennens bestehender individueller und kultureller Muster des Verhaltens

Über eine Sensibilisierung der Wahrnehmung mit Hilfe ausgewählter Bewegungsübungen und Spielformen (z. B. „Schattenspiele“ oder „New Games“), die im Nachgang bezüglich Sinngehalt, aufgetretener Verhaltensmuster im Spiel (z. B. ehrgeiziges Spielverhalten) und deren Bezüge zu Verhaltensmustern im Alltag reflektiert werden, sollen Ältere für sie typische (gesundheitsgefährdende) Verhaltensmuster identifizieren, das Selbst- und Fremdbild im Hinblick auf das Älterwerden sowie den Einfluss gesellschaftlich vorgegebener Wertmaßstäbe für das eigene Verhalten erkennen.

2. Stufe des Suchens und Erprobens von Handlungsalternativen sowie Förderung persönlicher Kompetenzen

In Übungs- und Spielformen sollen andere (gesündere) Verhaltensweisen im Umgang mit Alltagsphänomenen spielerisch und ohne direkte Folgen (des öffentlichen Raumes) erprobt werden, die möglicherweise besser geeignet sind, Wollen, Können und Sollen zu vereinbaren. Dazu notwendige Kompetenzen sollen ebenso spielerisch erprobt und entwickelt werden.

3. Stufe des Gestaltens der individuellen Lebenssituation

Die erarbeiteten oder erweiterten Gestaltungsalternativen sollen in den Lebensalltag der Teilnehmer integriert werden und so zu einer individuell angemessenen und auch gesünderen Lebensgestaltung beitragen. Geleistet werden soll dies hauptsächlich mit dem Einsatz von Reflexions- und Gesprächsphasen, in denen sich die Älteren über das in den Kursen Erlebte sowie den möglichen Transfer in den individuellen Lebensalltag austauschen.

Nachfolgende Abbildung veranschaulicht diesen methodischen Dreischritt in Beckers Konzept.

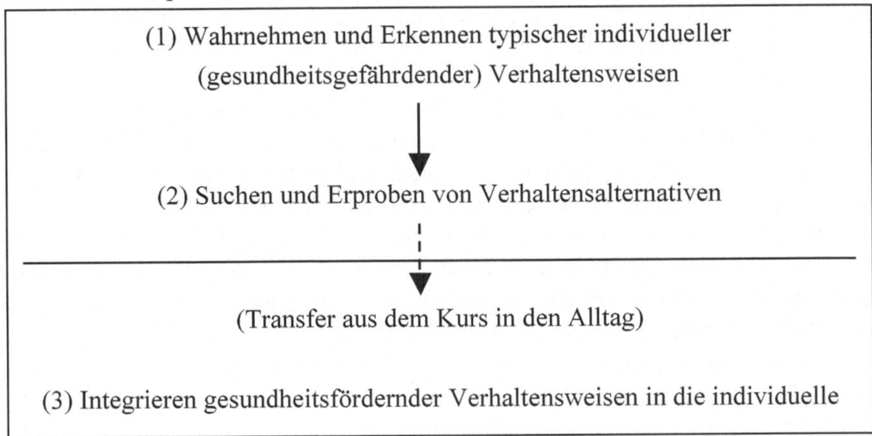

Abb. 1: Stufen der methodischen Umsetzung (modifiziert nach Beckers & Haase, 2007, S. 17)

Beckers & Haase bezeichnen den dritten Schritt in diesem Ablauf als den „schwierigsten", aber zugleich „wesentlichsten" Schritt. Gemeint ist der Transfer der im Sport-Kurs gemachten Erfahrungen in den individuellen Alltag. Die Realisierung dieser Zielsetzung hängt in entscheidendem Maß davon ab, inwiefern es den Teilnehmern gelingt, einen Transfer zwischen den in den Spielen und Übungen gemachten Erfahrungen und dem Alltag der Älteren herzustellen.

Als Mittel werden hierzu „im Anschluss an die Bewegungsaufgaben konkrete Fragen gestellt, die als Anregung zur Reflexion des Alltagsbezuges dienen sollen" (Späker, Beckers & Matlik, 2009, S. 80). Mit dem Austausch der Älteren sollen sich die im Bewegungs-Kontext gemachten Erfahrungen verfestigen und „in ihren aktiven Wissensbestand übergehen, den sie in den Alltag mitnehmen" (ebd.).

Bei der Betrachtung der Reflexionsfragen, die in der Praxishilfe zur Umsetzung dieses Konzeptes für jede aufgeführte Übung beispielhaft gegeben werden (vgl. Späker, Beckers & Matlik, 2009, S. 21 ff.), stellt sich jedoch die Frage, inwiefern über diese ein erfolgreicher Lerntransfer in den Alltagskontext geleistet werden kann. Der Bezug zwischen bewegungsbezogenen Erfahrungen und den pädagogischen Fragen erscheint – zumindest mir – oftmals sehr „konstruiert": Beispielsweise sollen Ältere mit einem Gymnastikstab einen Rhythmus auf den Boden klopfen und werden anschließend gefragt, ob ihr Alltagsrhythmus von ihnen selbst oder von außen gesteuert wird (vgl. Späker, Beckers & Matlik, 2009, S. 75). Oder sie werden nach einem Ballspiel und der Einführung einer Spielregel, welche die Verlierer belohnt, danach gefragt, was es in ihrem Alltag für Regeln gibt, die sie für gesundheitsfördernd bzw. gesundheitsgefährdend halten (vgl. ebd., S. 61).

An diesen Beispielen wird deutlich, dass sich dieses Konzept weitgehend auf die Transferhoffnung stützt, im Bewegungskontext gesammelte Erfahrungen über kognitive Reflexionsphasen verfestigen und generalisieren zu können, so dass sie im Alltagskontext in gesundheitsförderlicher Weise handlungsleitend werden: „D.h. die TN sollen es nicht bei der Erfahrung belassen: ‚In-der-Turnhalle-kann-ich-mit-Hilfestellung-balancieren‘. Vielmehr sollen sie generalisiert erfahren: ‚Schwierige-Dinge-kann-ich-auch-im-Alltag-mit-Hilfestellungen-gut-schaffen‘“ (Späker, Beckers & Matlik, 2009, S. 7).

Es wird deutlich, dass dem Konzept ein Lernverständnis zugrunde liegt, bei dem reflexive Bezüge zwischen Sportkurs und Alltag bzw. Verhaltensänderungen durch Bewusstmachen hergestellt werden sollen.[14]

Als eine weitere Maßnahme zur Förderung der Alltagstransfers kommen Übungsformen zum Einsatz, „in denen der Alltag sozusagen in den Kurs geholt wird“ (ebd., S. 80). Dazu wird in Entspannungseinheiten der Verlauf der letzten Woche visualisiert oder es werden „Gesundheitsprotokolle“ über den eigenen Morgen- oder Tagesablauf erstellt und anschließend in Reflexionsphasen überlegt, was daran gesundheitsförderlich oder -schädlich ist. Eine andere Variante sieht vor, dass von den Teilnehmern zu Beginn einer Stunde aufgeschrieben wird, was sie von den bisherigen Inhalten schon auf ihren Alltag übertragen haben (vgl. ebd., S. 78 f.).

Es bleibt (kritisch) festzuhalten, dass der wesentliche (dritte) Schritt dieses Konzeptes von weitreichenden Transferhoffnungen ausgeht, über Reflexionsgespräche Erlebnisse aus Bewegungsspielen und -übungen generalisieren und verfestigen zu können, sodass biographisch etablierte Verhaltensmuster im Alltagskontext aufgegeben und alternative (gesündere) Verhaltensweisen dauerhaft integriert werden. Ob dies auf diesem Weg gelingen kann, ist letztlich nur empirisch zu klären. In einer von Beckers und Haase (2007, S. 43) vorgelegten Kursevaluation mit 631 Teilnehmern findet sich diesbezüglich allerdings nur eine Frage, nämlich ob die Teilnehmer durch den Kurs neue Möglichkeiten im Um-

---

14 Solche Bezüge zur Alltagswirklichkeit ließen sich körper- und bewegungsorientierter auch darüber herstellen, dass innerhalb des Alterssportkurses körperliche Fertigkeiten zur Lösung von Aufgaben des täglichen Lebens (z. B. das Aufstehen von einem Stuhl, reichen und greifen oder Treppen steigen) geübt und so ihre motorisch sichere Anwendung im Alltag gefördert werden (vgl. Schlicht & Schott, 2013, S. 151).

gang mit Alltagsproblemen erfahren haben. Knapp die Hälfte der Kursteilnehmer verneint dies (18,9 % „stimme ich nicht zu"; 28,7% „stimme ich eher nicht zu"). Diese Antworten erhärten den Verdacht, dass die Transfererwartungen mit Hilfe von Reflexionsgesprächen nicht vollständig erfüllt werden können.

Rezeption von Beckers Konzept

Während Kolbs Konzept zumindest im Rahmen einschlägiger sportpädagogischer Publikationsorgane Verbreitung findet, stößt Beckers Konzept auch in diesem Kontext kaum auf Resonanz. Im Rahmen seiner Habilitationsschrift befasst sich Kolb zwar mit frühen Entwürfen (Beckers, 1993; Beckers & Mayer, 1991), die in zentralen Punkten mit der aktuellen Konzeption übereinstimmen. Doch Kolb beurteilt dieses Konzept als äußerst anspruchsvoll und (zu) stark kognitiv akzentuiert. Bilanzierend legt er Beckers eine bescheidenere Umformulierung seiner ambitionierten Bildungsziele nahe, um diese für einen größeren Personenkreis (nicht nur gebildeter) Älterer attraktiv und zugänglich zu machen (vgl. 1999, S. 204 f.). Im Landessportbund NRW wurde Beckers Altersportkonzept unter dem Titel „Mit Haltung in eine neue Lebensphase" über sechs Jahre lang in ausgewählten Sportvereinen praktisch erprobt und evaluiert (vgl. Haase, 2006, S. 178 ff.). Bei dem Versuch einer landesweiten Umsetzung sind jedoch laut eigener Aussage „Schwierigkeiten [...] unübersehbar" (Beckers, 2006, S. 90). Sowohl Sportverbände als auch Vereinsleitungen hegen Bedenken gegenüber diesem Konzept, weil es das traditionelle Sportverständnis (weit) übersteige und durch die vorgesehenen Reflexionsphasen stark kognitiv ausgerichtet sei (vgl. ebd.; Beckers & Haase, 2007, S. 82). Befürchtet wird eine Überforderung der Übungsleiter (bezüglich der Umsetzung der anspruchsvollen Bildungsziele) und eine mangelnde Akzeptanz aufgrund kognitiv akzentuierter Bewegungsangebote auf Seiten der Älteren.

Kurzcharakteristik des BASK

Die wesentlichen Ergebnisse der durchgeführten Analyse werden abschließend in einer „Kurzcharakteristik“ dargestellt.

Tabelle 10: Kurzcharakteristik bildungsorientierter Alterssport-Konzepte

BASK-Dimensionen	Kolb: Bewegungsbildung im Alter	Beckers: Gesundheitsbildung im Alter
Argumentation	Auf der Basis aktueller Gesellschaftsanalysen und Vorstellungen zu einer modernen Altenbildung in der Geragogik weist Kolb auf die große Herausforderung des Alterns hin, das weitere Leben ohne wesentliche Unterstützungssysteme eigenständig planen und gestalten zu müssen. Da diese Kompetenz bei Älteren nicht durchgängig erwartet werden kann, entsteht ein Bedarf an Bildungsmaßnahmen, die bei Älteren die Potenziale zur Bewältigung dieser Gestaltungsaufgabe stärken. Bewegungsbildung, verstanden als Teil einer umfassenden Altenbildung, kann hierzu einen spezifischen Beitrag leisten. Theoretische Basis der Argumentation sind bildungstheoretische Überlegungen. Diese werden kaum durch empirische Forschungsbefunde gestützt.	Vor dem Hintergrund bildungstheoretischer Vorstellungen entwickelt Beckers ein mehrdimensionales Gesundheitsverständnis, wonach eine „Lebensqualität Gesundheit“ im Alter nicht darüber erreicht werden kann, dass lediglich die biologische Funktions- und Leistungsfähigkeit erhalten wird. Vielmehr müssen Ältere bei der Entwicklung einer „individuellen Gestaltungsfähigkeit“ unterstützt werden. Diese befähigt Ältere, das eigene Können, Wollen und das äußere Sollen in Einklang miteinander zu bringen, was für den Erhalt der Gesundheit wesentlich ist. Bewegung und Sport stellen ein besonders geeignetes Erfahrungs- und Erprobungsfeld dar, um die individuelle Gestaltungsfähigkeit zu fördern. Theoretisch wird die Argumentation hauptsächlich auf bildungstheoretische Vorstellungen gestützt. Eine empirische Fundierung zentraler Kernannahmen bleibt unklar.
Ziele	**Allgemein:** Empowerment: Ältere durch eine Stärkung ihrer Potenziale zu handlungsfähigen Subjekten ihres eigenen Alterns machen, die dieses gemäß ihrer Interessen und Bedürfnisse selbstbestimmt gestalten können.	**Allgemein:** Gesundheitsförderung/-bildung: Entwicklung einer individuellen Gestaltungsfähigkeit für das alltägliche Leben, die dazu befähigt, den Alltag so zu bewältigen, dass Können, Wollen und Sollen immer wieder neu in Einklang gebracht werden für eine individuell angemessene, sinnvolle Lebensbewältigung.

BASK-Dimensionen	Kolb: Bewegungsbildung im Alter	Beckers: Gesundheitsbildung im Alter
Ziele Fortsetzung	**Körper- und bewegungsbezogen:** Befähigung zu einer eigenverantwortlichen Gestaltung des persönlichen Sporttreibens gemäß eigener Bedürfnisse: • Bewegungsbedürfnisse analysieren und umsetzen • Bewegungsbiographien reflektieren • Mit dem alternden Körper leben lernen • Räume für Mitbestimmung und Selbstorganisation des Sporttreibens erschließen • Zur Nutzung verbleibender Bewegungsspielräume ermutigen **Den (engen) Bewegungskontext überschreitend:** • Öffnung der Persönlichkeit • veränderte / sensiblere Wahrnehmung der eigenen Person und der Umwelt • gewohnte Perspektiven erweitern • Flexibilität schaffen in Auseinandersetzung mit dem eigenen Altern • Eine eigenständige Lebensführung entwickeln	**Körper- und bewegungsbezogen:** • Sensibilisierung der Körperwahrnehmung • Den individuellen Umgang mit dem Körper bewusst machen **Den (engen) Bewegungskontext überschreitend:** • Gesundheitsverständnis erweitern • Wahrnehmung sensibilisieren • Bewusstmachung bestehender Verhaltensmuster im Alter • (gesunde) Verhaltensalternativen entwickeln und erproben • Handlungsstrategien entwickeln, um Können-Wollen-Sollen in Einklang zu bringen • Alltagsübertragung neuer (gesünderer) Verhaltensweisen
Inhalte	• Offenheit für Inhaltswünsche der Älteren • Explorative, wahrnemungsorientierte und spielerische Bewegungssituationen • offen vorstrukturierte Bewegungsspiele, die Ältere nach ihren Bedürfnissen verändern und gestalten können	• „Umgang mit dem Körper“: bestehende (inadäquate) Verhaltensmuster im Alter bewusst machen und Alternativen erproben Hierzu notwendig: • Reflexions- und Gesprächsphasen • Spiele und Übungen zur Förderung von Körper- und Bewegungserfahrung sowie der Wahrnehmungsentwicklung

BASK-Dimensionen	Kolb: Bewegungsbildung im Alter	Beckers: Gesundheitsbildung im Alter
Fortsetzung Inhalte	**Bereiche:** • Ankommen und in Bewegung kommen • Spiele im Kreis • Spiele zum Laufen oder Gehen • Spiele zum Fangen und Werfen • Spiele mit Stäben, Reifen und Seilen • Darstellungsspiele • Spiele mit dem Gleichgewicht • Spiele ohne zu sehen • Spiele für das Gedächtnis • Spiele mit der Wahrnehmung • Spiele zur Lockerung, Entspannung und Konzentration • Spiele um zum Ende zu kommen.	**Bereiche:** • Gesundheitsverständnis • Sensibilisierung der Wahrnehmung • Regeln und Muster des Verhaltens • Können-Wollen-Sollen • Alltagsübertragung • Dauerhaftigkeit
Methoden	**Methodisch-didaktische Leitlinien nach Kolb:** • an Bewegungsbedürfnissen ansetzen • Bewegungsbiographien reflektieren • mit dem alternden Körper leben lernen • zunehmende Mitbestimmung fördern • zur Nutzung verbleibender Bewegungsspielräume ermutigen	**Methodischer Dreischritt nach Beckers:** 1. Wahrnehmungssensibilisierung für die typischen, eigenen Verhaltensmuster im Alter (durch Bewegungsübungen und Spielformen) 2. Suchen und Erproben von Verhaltensalternativen (in Spielformen) 3. Übertragung und Integration gesundheitsfördernder Verhaltensweisen in den eigenen Lebensalltag (über Reflexionsphasen)
Rezeption	• Keine Rezeption außerhalb der Sportpädagogik • Innerhalb der Sportpädagogik – nach eigener Analyse – das (theoretisch) fundierteste und am besten etablierte Konzept	• Keine Rezeption außerhalb der Sportpädagogik • In Sportpädagogik und Praxis teilweise kritisiert aufgrund seiner (zu) anspruchsvollen Bildungsziele und seiner (zu) starken kognitiven Ausrichtung

Fazit

Die Alterssport-Konzepte von Kolb und Beckers weisen in einigen Bereichen große Gemeinsamkeiten auf. Ausgangsbasis sind bildungstheoretische Überlegungen, die aus „zeitgemäßen" Bildungsvorstellungen der Geragogik (Kolb) oder aus „modernen" Vorstellungen der Gesundheitsbildung im Sinne einer Gesundheitsförderung (Beckers) gewonnen werden. Konsequent wird dann jeweils ein Konzept entworfen, das mit Hilfe von (v. a. spielerischen) Bewegungsaktivitäten Bildungsprozesse initiieren soll, die Ältere zu einer selbstbestimmten Gestaltung und (gesundheitsförderlichen) Veränderung ihres alltäglichen Lebens befähigen.

Mit dieser Ausrichtung rückt das BASK in die Nähe aktueller Gesundheitsförderung, insoweit Gesundheitsförderung neben der Krankheits-Prävention die grundlegende Strategie zur Verbesserung und Erhaltung der Gesundheit darstellt (vgl. Kaba-Schönstein, 2011, S. 137). Verstanden wird *Gesundheit* als „Kompetenz zur selbstbestimmten Lebensgestaltung und -bewältigung" (ebd., S. 143), zu der Menschen über die Gesundheitsförderungs-Strategien „Kompetenzförderung" und „Empowerment" befähigt werden sollen.

Vor diesem Hintergrund wird deutlich, dass sich das BASK bezüglich Ausrichtung, Zielsetzung und Vorgehen der Strategie der Gesundheitsförderung zuordnen lässt. Das Gesundheitsverständnis – als Kompetenz zur selbstbestimmten Lebensgestaltung – deckt sich mit der Zielsetzung der beiden sportpädagogischen Alterssportkonzepte, Ältere dabei zu unterstützen, ihr Altern weitgehend in eigener Regie selbstbestimmt (und gesundheitsförderlich) zu gestalten. Trotz der aufgezeigten Nähe bleibt die Anbindung des BASK an die Gesundheitsförderung, die als „eine wichtige Basis für konzeptionelle und inhaltliche Absicherung von Maßnahmen" (Beckers, 2006, S. 82) erachtet wird, eher lose. Sie beschränkt sich hauptsächlich auf das umfassende Gesundheitsverständnis der WHO (vgl. Späker, Beckers & Matlik, 2009, S. 1). Es werden keine Gesundheits-Theorien sowie daraus abgeleitete (sprich: theoriegeleitete) gesundheitsbezogenen Maßnahmen aus dem Kontext der Gesundheitsförderung herangezogen, um die konzeptionelle Ausgestaltung abzusichern oder zu ergänzen. Alleinige Basis hierfür bilden allgemeine Bildungsvorstellungen, die insbesondere bei Beckers direkt auf den Gesundheits-Kontext übertragen werden (vgl. Beckers, 2006). Die daraus resultierende (ausbaubare) gesundheitstheoretische Fundierung des BASK führt beispielsweise dazu, dass ohne weitere empirische Absicherung das eher abstrakte Gleichgewicht von Können, Wollen und Sollen zur zentralen Voraussetzung von Gesundheit erklärt wird, das es über Bildungsprozesse zu fördern gilt (vgl. Beckers, 2006, S. 86 ff.).

Mit der bildungstheoretischen Zielsetzung, Ältere bei der Entwicklung einer individuellen Gestaltungsfähigkeit für ihr alltägliches Leben unterstützen zu wollen, verfolgt das BASK eine anspruchsvolle und weitreichende Zielsetzung. Unter diese übergeordnete Zielsetzung wird eine große Zahl von Teilzielen subsumiert, die den unmittelbaren Körper- und Bewegungs-Kontext (weit) überschreiten und die auf die Veränderung von Einstellungen, Haltungen und Verhaltensmustern bezüglich „Alter“ und „Lebensgestaltung“ abzielen. Sie sind von der Hoffnung getragen, dass die im Kontext von körperlicher Aktivität und Sport gesammelten Einsichten von den Älteren über reflexive Selbstklärungsvorgänge generalisiert und verinnerlicht werden, sodass sie im Kontext ihrer alltäglichen Lebensgestaltung handlungsleitend werden.

Inwiefern solche Zielsetzungen tatsächlich eingelöst werden können, ist empirisch noch weitestgehend ungeklärt. Weder Kolb noch Beckers können empirische Daten vorlegen, welche ihre weitreichenden Transferhoffnungen stützen. Bisherige (Ergebnis-) Evaluationen von Kursen, die auf der Basis von Kolbs (vgl. Diketmüller, 2006) oder Beckers Konzept (vgl. Beckers & Haase, 2007, S. 40 ff.) durchgeführt wurden, entsprechen nicht den selbst gesetzten Standards, die zur Klärung der zentralen Frage, ob durch diese Kurse tatsächlich die Gestaltungsfähigkeit Älterer für ihr alltägliches Leben gefördert wurde, notwendig wären. So stellt Kolb (vgl. 1999, S. 213 f.) selbst fest, dass im Hinblick auf die angestrebten bildungsorientierten Zielsetzungen ein qualitatives, lebensweltlich orientiertes, längsschnittliches Forschungsvorgehen erforderlich sei. Stattdessen beruhen die vorliegenden Projekt-Evaluationen weitgehend auf Teilnehmerbefragungen, die während des Projekts bzw. zu Projektende durchgeführt und quantitativ ausgewertet wurden (vgl. Diketmüller, 2006, S. 162 f.; Beckers & Haase, 2007, S. 40 ff.).

Bezüglich der empirischen Evidenz muss man Kolb beipflichten, der bereits 1999 zu der Einschätzung gelangte, dass der sportgeragogische „Kenntnisstand um mögliche Effekte verschiedener Inszenierungsformen des Alterssports noch wenig abgesichert ist“ (1999, S. 259). Umso mehr erstaunt es, welche weitreichenden Bildungswirkungen, Zielsetzungen und Transfereffekte postuliert und angestrebt werden. Die von Kolb erhobene Mahnung, „die Möglichkeiten, durch Bewegung bei Älteren eine Weiterentwicklung in Gang zu setzen, in ihren realistischen Grenzen zu sehen“ (1999, S. 261), scheint im BASK selbst kaum beachtet zu werden.

Diese Konstellation aus weitreichenden Zielsetzungen und ausbaubedürftiger empirischer Evidenz dürfte einer der wesentlichen Gründe dafür sein, dass das BASK sowohl im weiteren Kontext der Sportwissenschaft (außerhalb der Sportpädagogik) als auch in den relevanten Bezugsfeldern der Gerontologie und der Bewegungsförderung (als Teil der Gesundheitsförderung) bisher noch wenig Rezeption erfahren hat und erfährt.[15]

Auf inhaltlicher Ebene erweist sich das BASK als ein vorwiegend „spielorientierter Alterssport". Sowohl Kolb als auch Beckers erkennen im (explorativen und wahrnehmungsorientierten) Bewegungs-Spiel eine geeignete Form, um angestrebte Bildungsprozesse zu initiieren. Über die Möglichkeiten der Regelveränderung und die Erprobung alternativer Verhaltensweisen sollen Spiele einen großen Gestaltungs-Spielraum eröffnen, den Ältere für die Entwicklung und Erprobung ihrer Gestaltungsfähigkeit nutzen können. Darüber hinaus stellen kognitive Gesprächs- und Reflexionsphasen (über Gesundheitsverständnis, Verhaltensmuster, Kursbewertung, …) das zentrale Charakteristikum des BASK dar, die als „unbedingt notwendig" erachtet werden, um die bildungsorientierten Zielsetzungen realisieren zu können (vgl. Haase, 2006, S. 193).

Auf methodisch-didaktischer Ebene zeichnet sich das BASK eher durch allgemeine und anspruchsvolle Prinzipien aus. Kolbs „Leitlinien einer Bewegungsbildung im Alter" können dabei aufgrund ihres Abstraktionsgrades lediglich als grobe Richtungsweiser für eine konkrete Umsetzung in der Praxis gelten. Konkrete Inszenierungsformen für die Umsetzung finden sich kaum.

Für Beckers Konzept gibt es dagegen in der Zwischenzeit eine Praxishilfe (vgl. Späker, Beckers & Matlik, 2009), die für die sieben Teilziele der Gestaltungsfähigkeit verschiedene Inhalte, Gestaltungsbeispiele und Erläuterungen präsentiert. Die methodisch-didaktische Umsetzung wird damit wesentlich konkreter behandelt, als dies bei Kolb der Fall ist.

Anzumerken bleibt, dass der von Beckers geforderte methodisch-didaktische Dreischritt, Ältere für ihre „Muster des Verhaltens" zu sensibilisieren, mit ihnen spielerisch Verhaltensalternativen zu erproben und deren Übertragung in ihren jeweiligen Alltag durch Reflexionsphasen anzubahnen, insbesondere für die Übungsleiter äußerst anspruchsvoll zu sein scheint.[16]

---

15 Bezüglich der in meiner Arbeit im Mittelpunkt stehenden Motivationsthematik bleibt nachzutragen, dass auf der Zielebene des BASK der Motivation Älterer bzw. der Bindung an regelmäßige körperliche Aktivität keine zentrale Bedeutung beigemessen wird. Mögliche Anknüpfungspunkte, wie beispielsweise die didaktische Leitlinie „zur Nutzung verbleibender Bewegungsspielräume ermutigen" (vgl. Kolb 2006b, S. 190) oder das Teilziel der „Dauerhaftigkeit" der Teilnahme an Bewegungsangeboten (vgl. Späker, Beckers & Matlik, 2009, S. 81 ff.), werden lediglich angedeutet und methodisch-didaktisch kaum ausgeführt.

16 Eine Evaluation deutet darauf hin, dass Übungsleiter Schwierigkeiten hatten, die (abstrakten) bildungstheoretischen Hintergründe und die (anspruchsvollen) Intentionen des Konzeptes zu erfassen (vgl. Beckers & Haase, 2007, S. 83). Entsprechend setzten sie das Konzept in der Praxis „sehr uneinheitlich" um und folgten durchaus auch „der klassischen Vermittlung des Sports der

Insgesamt können folgende Merkmale für die methodisch-didaktische Umsetzung des BASK als kennzeichnend gelten:

- **Subjektorientierung**: Der zentrale Bezugspunkt ist nicht der Körper, sondern der ältere Mensch in seinem spezifischen Gewordensein und seiner besonderen Lebenssituation: Anknüpfend an den biographischen Erfahrungen und konkreten Lebenssituationen der Älteren geht es um wachsende Selbst- und Mitbestimmung (Beteiligung Älterer an Inhaltsentscheidungen, Übungs- und Kursdurchführung ...) sowie um die Förderung der (Selbst-) Wahrnehmung eigener Bedürfnisse und Emotionen als Entscheidungsgrundlage für die eigene Sport- und Alltagsgestaltung.
- **Aufwertung kognitiver Bezüge**: Der Einbau kognitiver Gesprächs- und Reflexionsphasen gilt als ein wichtiges methodisches Mittel, um intendierte Prozesse, wie Selbstklärung, Herstellung eines Alltagsbezugs, Erweiterung des bestehenden Gesundheitsverständnisses, realisieren zu können.
- **Ressourcen- und Kompetenzorientierung:** Um eine subjektiv befriedigende Lebens- und Sportgestaltung im Alter verwirklichen zu können, werden bestehende, verbleibende oder neu zu entwickelnde (körperliche) Fähigkeiten fokussiert und aktiviert.
- **Methoden- und Inhaltsvielfalt**: Älteren sollen vielfältige Anregungen gegeben werden, ihre Perspektiven zu erweitern bzw. neue Perspektiven zu entwickeln.

Insgesamt kann folgende Bilanz formuliert werden: BASK erweitert und ergänzt die bislang dominierende Präventionsstrategie des Alterssports (im FASK) mit der Strategie der Gesundheitsförderung. Damit einher geht die Überwindung einer eher objektiven Körper- und Funktionsorientierung im Alterssport, die sich in einer verstärkten Ausrichtung am älteren Menschen und dessen Bedürfnissen und Ressourcen zeigt. Zudem fordert das BASK, dass eine Förderung des Gesundheits- und Bewegungsverhaltens in pädagogische Lernprozesse eingebunden werden muss, um erfolgreich zu sein.

Kritisch angemerkt werden muss, dass das BASK sowohl bezüglich der Herleitung und Realisierbarkeit seiner Zielsetzungen als auch seiner methodisch-didaktischen Gestaltungsvorschläge weitgehend ohne empirische Absicherung entworfen wird. Empirische Befunde zu Problemlagen, Bedürfnissen, Wünschen etc. der Älteren werden weder von Kolb noch von Beckers einbezogen, um ihr

Älteren mit geringer Berücksichtigung der spezifischen Projektinhalte und -ziele“ (vgl. ebd., S. 34).

Konzept empirisch zu fundieren. Maßgebliche Grundlage für sie sind, trotz des Gesundheitsbezugs, vorwiegend bildungstheoretische Überlegungen. Auf dieser Basis wird ein (Bildungs-) Ziel formuliert, das aufgrund seiner Komplexität und seines Anspruchsniveaus wenig griffig ist. Für dessen Realisierung werden methodisch-didaktische Prinzipien entworfen, deren abstrakter und/oder anspruchsvoller Charakter eine (hohe) Herausforderung für ihre adäquate Praxis-Umsetzung darstellt.

Ein empirisches Desiderat

Obwohl das BASK für sich in Anspruch nimmt, die älteren Menschen mit ihren Bedürfnissen und Wünschen in den Blick zu nehmen, werden diese bislang empirisch nicht untersucht. Die Konzeption des BASK (Zielsetzung, Methoden) wird noch ohne eine empirische Fundierung hinsichtlich der bewegungsbezogenen Bedürfnisse Älterer entworfen. Dabei stellte Kolb selbst bereits 1999 die Erforschung der subjektiven Bedürfnisse Älterer im Kontext körperlicher Aktivität als ein zentrales Forschungsdesiderat des (bildungsorientierten) Alterssports heraus (vgl. S. 214). Vor diesem Hintergrund scheint insbesondere die Erforschung der „psychischen Grundbedürfnisse“ Älterer im Zusammenhang mit körperlicher Aktivität lohnend, gilt doch deren Befriedigung als wesentliche Grundlage für den Aufbau und Erhalt einer (intrinsischen) Motivation (vgl. Ryan & Deci, 2007, S. 3).

Ein theoretisches Desiderat

Die Hauptziele des BASK haben einen engen Bezug zu zentralen Zielstellungen moderner Gesundheitsförderung. Trotz dieser konzeptionellen Nähe bleibt die Anbindung des BASK an die Gesundheitsförderung allerdings eher lose. Bislang werden keine einschlägigen Gesundheits-Theorien oder gesundheitsbezogenen Maßnahmen aus dem Kontext der Gesundheitsförderung herangezogen, um die bildungstheoretische Ausgestaltung abzusichern und zu ergänzen. Dies wäre in meinen Augen aber sinnvoll und nötig, um eine überzeugende pädagogische Argumentationslinie für einen gesundheitsorientierten Alterssport zu entwerfen. Insbesondere betrachte ich die Anknüpfung an die Leitidee der Bedürfnisbefriedigung moderner Gesundheitsförderung (vgl. Becker, 2006, S. 235) als lohnend. Diese Basis eröffnet nicht nur den Anschluss an zentrale Zielstellungen moderner Gesundheitsförderung (Bedürfnisbefriedigung), sondern auch die Möglichkeit, die offensichtliche Motivationsproblematik des Alterssports fundierter angehen zu können.

Ein methodisches Desiderat

Die Motivierung Älterer zu regelmäßiger körperlicher Aktivität stellt noch kein Kernthema des BASK dar. Es wird aber zumindest im Rahmen von Teilzielen („Dauerhaftigkeit“; Beckers) bzw. didaktischen Leitlinien („zur Nutzung verbleibender Bewegungsspielräume ermutigen“; Kolb) reflektiert. Darüber hinaus finden sich bei Kolb und Beckers allerdings kaum Anhaltspunkte.

2.3 Sportpädagogische Ergänzungen

Die beiden bildungsorientierten Alterssport-Konzepte unterscheiden sich in ihrer Ausrichtung (insbesondere bezüglich Zielsetzung und Gestaltung) beträchtlich vom FASK. Diese Differenz wird bewusst aufgebaut, denn die Verengung des FASK auf die körperliche Dimension bzw. die (Über-) Betonung der Bedeutung der körperlichen Funktionsfähigkeit wird kritisch gesehen (vgl. Beckers, 2006, S. 81 ff.; Kolb, 2006b, S. 185 f.).

Darüber hinaus gibt es im sportpädagogischen Kontext weitere Beiträge, die den (gesundheitsförderlichen) Sinn und Wert einer funktionsorientierten Ausrichtung (an-)erkennen. Sie sehen die pädagogische Aufgabe darin, Menschen beim Aufbau und der Aufrechterhaltung eines funktionsorientierten körperlichen Aktivitätsverhaltens zu unterstützen und ihnen beim Abbau möglicher Barrieren zu helfen. Zwei sportpädagogische Texte sind an dieser Stelle auszumachen, deren zentralen Überlegungen und Empfehlungen zunächst skizziert und danach kommentiert werden.[17]

„Leistung“ und „Training“ als Kernbegriffe sportlicher Bildung im Alter (Denk & Pache)

Denk und Pache (2003; 2004) wollen die pädagogischen Aspekte von Leistung und Training im Sport der Älteren klären. Dazu stellen sie zunächst heraus, dass das dominierende Zuwendungsmotiv Älterer zum Sport Gesundheit ist (vgl. 2004, S. 225 ff.). Gerade unter dieser Perspektive soll – so argumentieren Denk und Pache – „Leistung" und „Training“ einen „eminent pädagogischen Aspekt“ (S. 228) darstellen, da sie unverzichtbare Voraussetzung dafür sind, dass sich die gesundheitsorientierten Erwartungen der Ältere erfüllen: Nur wer sich über län-

17 Da es sich hierbei um keine ausgearbeiteten Alterssportkonzepte mit detaillierten Aussagen zu Zielen, Inhalten und Methoden handelt, kommt das zuvor (für das FASK und das BASK) verwendete Analyseschema hier nicht zum Tragen.

gere Zeit regelmäßig und systematisch (**Training**) einer ausreichend intensiven körperlichen Anstrengung und Belastung aussetze und so einen **Leistungs**-Fortschritt erziele, könne etwas zum Erhalt bzw. zur Verbesserung seiner Gesundheit beitragen (vgl. S. 232). Entsprechend wird das kontinuierliche, systematische Training „als die Grundlage eines erfolgreichen Alterssports angesehen“ (S. 227 f.). Die Herausforderung für Ältere besteht nun darin, diesen Trainings- und Leistungsaspekt zu realisieren, indem sie ihre häufig vorhandenen Ängste, Bedenken und Widerstände gegenüber (als zu hoch empfundener) Belastung/Leistung und kontinuierlichem Training überwinden und eine regelmäßige körperliche Aktivität ausüben. Älteren bei diesen „selbsterzieherischen Bemühungen“ Hilfe zu geben, wird dabei zum zentralen pädagogischen Auftrag dieses Ansatzes erhoben (vgl. Denk & Pache, 2004, S. 228 f.).

Methodisch-didaktisch soll dies durch eine umfassende Informationsvermittlung über Möglichkeiten und Grenzen des Alterssports geleistet werden, die Älteren insbesondere verdeutlicht, dass die gewünschte gesundheitliche Wirkung „grundsätzlich nur erwartet werden kann, wenn über längere Zeit die Bereitschaft zu regelmäßiger Teilnahme besteht und auch angemessene Belastungen (d.h. Anstrengungen) akzeptiert werden“ (Denk & Pache, 2003, S. 90). Um diese Bereitschaft bei Älteren nachhaltig zu stärken, wird es als unverzichtbar herausgestellt, deren oftmals monokausale Gesundheits-Orientierung um sportliche Sinngehalte, wie Spaß, Freude und Geselligkeit, zu erweitern (vgl. ebd., S. 91). Ergänzend werden Differenzierungsmaßnahmen als weiteres bedeutsames Trainingsprinzip betont, um für die (bezüglich Leistungsfähigkeit, -bereitschaft und Motivation) heterogene Gruppe der Älteren individuell adäquate Belastungsreize setzen zu können (vgl. Denk & Pache, 2004, S. 231).

Als Neuerung bringen Denk und Pache die Idee ein, die dominierende Gesundheitsorientierung Älterer hinsichtlich körperlicher Aktivität durch die Vermittlung weiterer sportlicher Sinngehalte (v.a. Spaß, Freude und Geselligkeit) aufzubrechen und zu erweitern, um eine stabilere Bindung zum Alterssport aufzubauen. Allerdings wird nicht aufgezeigt, wie dies in die konkrete Praxis des Alterssports übersetzt werden kann.

Orientierung an einer sinnvollen und motivierenden Belastungsgestaltung (Brehm & Buskies)

Brehm und Buskies (2009) entwickeln einen für alle Altersstufen geltenden sportpädagogischen Grundgedanken, dass Erziehung im Sport im Kern auf körperliche Entwicklungsförderung (z. B. gesundheitliche Förderung, Förderung eines positiven Körper-/Selbstkonzepts) abzielt. Eine gesundheitliche Förderung bedürfe zwingend einer zielgerichteten, Schwellenwerte überschreitenden (Intensität, Dauer) und vor allem regelmäßig über längere Zeiträume hinweg durchgeführten Belastung (vgl. S. 271). Entsprechend könne Belastung „als zentraler Sinn jeder sportlichen Aktivität begründet werden" (ebd.), da nur über sie körperliche Entwicklungsprozesse zu realisieren sei. Zahlreiche wissenschaftliche Belege finden sich laut Brehm und Buskies dafür, dass für viele der sich nicht in einem gesundheitsförderlichen Umfang belastenden Erwachsene (mindestens 80% der Erwachsenen!), „Belastung" eine Barriere vor einer Durchführung gesundheitswirksamer körperlicher Aktivitäten darstellt (vgl. S. 273): Diese bringen nicht genügend Selbstmotivation für die notwendige Belastung auf, haben Ängste vor der Belastung bzw. kein Selbstvertrauen, diese leisten zu können und sie erleben die Belastung eher emotional negativ.

Aus diesen Ergebnissen folgern Brehm und Buskies, „dass Belastungsgestaltung von und bei sportlicher Aktivität mehr sein muss als das Einhalten physiologisch effektiver Trainingsregeln" (S. 273). Die (ergänzende) pädagogische Aufgabe wird darin gesehen, Menschen beim Prozess der Annäherung an und Etablierung von eine(r) gesundheitsförderliche(n) Bewegungsaktivität zu unterstützen. Zudem gilt es, (bewegungswilligen) Menschen Hilfe zu geben, die in diesem Zusammenhang existierenden und auftretenden Barrieren zu überwinden bzw. gar nicht erst entstehen zu lassen. Entsprechend muss die häufig rein nach sportmedizinisch- / trainingswissenschaftlichen Prinzipien ausgerichtete Belastungsgestaltung um pädagogische Maßnahmen und Prinzipien ergänzt werden, für die Brehm und Buskies einige Vorschläge unterbreiten (vgl. S. 273):

- Dosierung von Belastungsintensität und -umfang in einem noch als angenehm erlebten Bereich
- Wissensvermittlung zur Stärkung der Sinnhaftigkeit der Belastung
- Stimmungsmanagement zur Förderung positiven Belastungserlebens
- Vermeidung von Überforderung zur Stärkung des Selbstvertrauens.

Die Überlegungen von Brehm und Buskies sind für die Alterssportdiskussion insofern von Bedeutung, als sie sowohl eine sportpädagogische Brücke zu funktionsorientierten Sportkonzepten wie dem FASK schlagen, als auch methodische Anregungen geben, dass und wie diese stärker pädagogisch akzentuiert werden müssen, um das angestrebte Ziel der körperlichen Entwicklungsförderung tatsächlich realisieren zu können. Allerdings können die von den Autoren selbst gegebenen Empfehlungen hinsichtlich (geringer) Zahl und (abstrakter) Ausformulierung als erste Hinweise gewertet werden, wie eine solche pädagogische Akzentuierung aussehen kann.

Fazit

Auch wenn die beiden zuletzt dargestellten sportpädagogischen Beiträge hinsichtlich der Ausdifferenzierung von Zielen, Inhalten und Methoden nicht die konzeptionelle Komplexität von Kolbs oder Beckers Konzept erreichen, lassen sich weitergehende Einsichten bezüglich der Ausrichtung und der Gestaltung eines pädagogisch akzentuierten Alterssports formulieren:

Ein (gesundheits-) pädagogisch ausgerichteter Alterssport lässt sich nicht nur auf das relativ abstrakte und „bewegungsferne" Bildungsziel der Förderung einer Gestaltungsfähigkeit für das alltägliche Leben gründen, sondern kann auch am sportpädagogischen Grundgedanken der Förderung der körperlichen Entwicklung angebunden werden. Diese pädagogische Fokussierung baut eine Brücke zum weithin anerkannten und etablierten FASK, dessen Kernelemente – (ausreichende) Belastung, Leistung (-serhaltung bzw. -steigerung) und Training (im Sinne einer systematischen, zielgerichteten und regelmäßigen körperlichen Aktivität) – unabdingbare Voraussetzung für eine nachhaltige körperliche Entwicklungsförderung in jeder Lebensphase sind. Zugleich weist die pädagogische Annäherung an das FASK dieses als ergänzungsbedürftig aus:

Für viele (ältere) Menschen stellen nämlich körperliche Belastung, Leistung und Training mit negativem emotionalem Erleben, mit Ängsten, mangelnder Motivation und Selbststeuerungsfähigkeit verbundene Barrieren dar. Die an der Einhaltung effektiver Trainingsregeln orientierte FASK-Konzeption bedarf daher, wenn man diese Barrieren ernst nimmt, der Ergänzung um eine pädagogische Ausrichtung. Deren zentrale Zielsetzung müsste es sein, Ältere beim Überwinden dieser Hürden zu unterstützen, um den Weg zur Etablierung eines regelmäßigen körperlichen Aktivitätsverhaltens zu ebnen.

Den skizzierten Beiträgen zufolge, sind hierfür folgende Interventionsstrategien hilfreich:

- Korrektur überzogener Erwartungen bzw. eines überkommenen (abschreckenden) Sport- und Trainingsverständnisses und Stärkung der Sinnhaftigkeit körperlicher Aktivität (vgl. Denk & Pache, 2004, S. 230).
- Vermittlung eines breiten (die Gesundheitsorientierung erweiterndes) Spektrums sportlicher Sinngehalte – v.a. Spaß, Freude und Geselligkeit (vgl. Denk & Pache, 2003, S. 91) …
- Stimmungsmanagement zur Förderung eines positiven Erlebens körperlicher Aktivität – z. B. über Einsatz von Musik oder soziale Interaktionen (vgl. Brehm & Buskies, 2009, S. 273).
- Stärkung des Selbstvertrauens, insbesondere über das Vermeiden von Überforderungen bzw. das Finden individuell als „machbar" und „an-

genehm“ erlebter Belastungen – z. B. über innere Differenzierung der Belastungsgestaltung (vgl. ebd.).

Diese Empfehlungen liefern schon Anregungen zur Behebung der am Ende von Kapitel 2.1 identifizierten Desiderate des FASK. Allerdings müssten sie vor dem Hintergrund des aktuellen (psychologischen) Erkenntnisstandes zur effektiven Unterstützung des Aufbaus eines körperlich aktiven Lebensstils weiter gedacht werden.

So wird z. B. die als Kernstrategie einer sportpädagogischen Einwirkung auf die Älteren ausgewiesene Informations- und Wissensvermittlung (vgl. Denk & Pache, 2004, S. 230) in aktuellen Modellen der Verhaltensänderung zwar als eine notwendig, jedoch keinesfalls als hinreichende Strategie der Bewegungsförderung erachtet. Vielmehr müssten weitere Strategien zur Stärkung der Motivation und v. a. zur Förderung der „volitionalen Umsetzungskompetenz“ ergänzt werden (vgl. Baaken & Fuchs, 2012, S. 85 ff.). Angesprochen wird damit die Fähigkeit zur effektiven Selbststeuerung (im Sinne eines „Barrierenmanagements“), trotz auftretender Hindernisse das angestrebte (Bewegungs-) Ziel umsetzen zu können (vgl. ebd., S. 86).

Überraschender Weise wird bislang im Alterssport-Kontext kaum auf die existierenden und empirisch gut abgesicherten Theorien und daraus abgeleiteten Interventionsstrategien zur Stärkung der Motivation und der volitionalen Umsetzungskompetenz (vgl. Göhner & Fuchs, 2007; Knörzer, Amler & Rupp, 2011) zurückgegriffen.

Ein theoretisches Desiderat

Die theoretische Basis der Beiträge von Denk & Pache und Brehm & Buskies erscheint ausbaubar. Über eine stärkere Einbeziehung theoretischer Erklärungsansätze könnte deren Ausrichtung weiter fundiert werden und so Orientierung für die Auswahl und Ableitung geeigneter Gestaltungempfehlungen für die Alterssportpraxis geleistet werden. In diesem Zusammenhang drängen sich insbesondere motivations- und/oder volitionspsychologische Theorien auf. Diese haben eine thematische Nähe zu zentralen Zielsetzungen der pädagogischen Vorschläge und ermöglichen es, motivationsförderliche Vermittlungsvorschläge theoretisch fundiert abzuleiten, aufeinander abzustimmen und zu systematisieren. Die zentrierende und fundierende Kraft solcher Theorien wird momentan in meinen Augen noch zu wenig genutzt.

Ein methodisches Desiderat

Die Vorschläge zur pädagogischen Unterstützung des Aufbaus und der Festigung einer Bindung Älterer an körperliche Aktivität sind ein wertvoller Beitrag zur Behebung des diagnostizierten Mangels an motivationsförderlichen Vermittlungsvorschlägen für den Alterssport. Jedoch sind diese noch eher grundsätzlich formuliert und bedürfen deshalb einer Ergänzung und Konkretisierung, um die Alterssportpraxis konkret anleiten zu können.

2.4 Fazit

Die aus der Analyse der aktuellen sportwissenschaftlichen Alterssportkonzepte gewonnenen Erkenntnisse sollen nun genutzt werden, um die folgenden Arbeitsschritte meiner Studie zu begründen. Zunächst wird auf der Basis der herausgearbeiteten Ausrichtungen zur Gestaltung des Alterssports eine eigene Positionierung begründet. Anschließend werden vor dem Hintergrund der eigenen Verortung bedeutsame Desiderate exponiert, um diese im weiteren Verlauf meiner Arbeit zu bearbeiten.

Eigene Positionierung innerhalb diskutierter Alterssport-Ansätze

In der aktuellen sportwissenschaftlichen Auseinandersetzung mit dem Alterssport wurden drei maßgebliche Positionen identifiziert, die (umfassende) Empfehlungen zur praktischen Gestaltung des Alterssports geben. Diese Positionen werden nachfolgend noch einmal pointiert zusammengefasst, um auf dieser Basis eine eigene Positionierung vorzunehmen.

Die FASK-Position empfiehlt, dass sich Ältere mäßig, aber regelmäßig körperlich belasten, um damit etwas zur Verbesserung bzw. Stabilisierung ihrer psychophysischen Leistungsfähigkeit beizutragen. Auf der Basis gesicherter Trainingsprinzipien wird eine Belastungsstruktur vorgeschlagen, die geeignet ist, die allgemeine Fitness Älterer auf einem gesundheitsförderlichen Niveau zu halten. Damit sollen inaktivitätsbedingte frühe Altersverluste vermieden und zentralen Altersrisiken (z. B. Demenz) wirksam vorgebeugt werden. Vertreten wird die empirisch gesicherte Auffassung, dass körperliche (Alltags-) Aktivitäten, die einen gewissen Belastungsgrad (Umfang, Intensität) erreichen, zum Funktionserhalt und der Gesundheit Älterer beitragen können. Der Aufbau einer aktiven „Körperkultur" im Alter wird entsprechend als ein zentraler Schlüssel zu einem gesunden Altern ausgewiesen.

Im Mittelpunkt der BASK-Position steht die Absicht, Ältere beim Aufbau einer Gestaltungsfähigkeit für ihr alltägliches Leben zu unterstützen. Körperliche Aktivität gilt (v. a. in Form des Bewegungsspiels) als ein geeignetes Medium, um Bildungsprozesse zu initiieren, die Ältere dazu befähigen, ihr Altern selbstbestimmt und nach eigenen Wünschen und Bedürfnissen zu gestalten. Diese Fähigkeit soll im Sinne des Empowerment-Ansatzes der Gesundheitsförderung als eine wesentliche Voraussetzung für Gesundheit dienen und über einen auf Verständigung und kognitive Reflexionsphasen angelegten, spielorientierten Alterssport eingelöst werden, in dem Ältere angeregt werden, ihre im Bewegungskontext gewonnenen Einsichten auf ihren Alltag zu übertragen.

Die sportpädagogischen Hinweise von Denk/Pache und Brehm/Buskies betonen die Notwendigkeit, Ältere beim Aufbau einer stabilen Bindung an ein gesundheitsförderliches körperliches Aktivitätsverhalten zu unterstützen. Es werden die vielfältigen Herausforderungen und Barrieren benannt, die insbesondere Älter auf dem Weg zu einer regelmäßigen und ausreichend intensiven körperlichen Belastung zu bewältigen haben. Folglich solle die Gestaltung des Alterssports um pädagogische Maßnahmen (z. B. Wissensvermittlung oder Stärkung des Selbstvertrauens) ergänzt werden.

Während sich die drei Positionen in ihren spezifischen Zielsetzungen stark voneinander unterscheiden (Funktionserhalt, Gestaltungsfähigkeit, Bindung an körperliche Aktivität), eint sie doch, mit Hilfe von Bewegung und Sport etwas zur Gesundheit Älterer beitragen zu wollen. Bewegung und Sport sind dabei primär als Gesundheitssport zu verstehen. Vor diesem Hintergrund ist es allerdings erstaunlich, dass der motivationalen Bindung Älterer an körperliche Aktivität eher wenig Beachtung geschenkt wird, denn Bindung an gesundheitsförderliche Aktivität – verstanden als regelmäßige Durchführung körperlicher Aktivität sowie das langfristige Dabeibleiben – gilt in einschlägigen Grundlagenwerken des Gesundheitssports als notwendige Voraussetzung für die Realisierung zentraler gesundheitssportlicher Zielstellungen wie die Prävention von Risikofaktoren oder die Stärkung physischer Ressourcen (vgl. Brehm & Bös, 2006, S. 27). Entsprechend wird dieser Bindungsaufbau zu einem Kernziel bzw. zu einem Qualitätsmerkmal für den Gesundheitssport erhoben (vgl. ebd., S. 21).

Damit werden sowohl die Ergänzungsbedürftigkeit der Alterssportkonzepte als auch die Relevanz der bislang eher randständigen sportpädagogischen Vorschläge von Denk/Pache und Brehm/Buskies für einen gesundheitsorientierten Alterssport erkennbar: Während das FASK trotz seiner Ausrichtung auf die Risiko-Prävention und die Stärkung physischer Ressourcen das Ziel der Bindung an regelmäßige körperliche Aktivität fast völlig außer Acht lässt, fokussieren Denk /

Pache sowie Brehm / Buskies die Umsetzung des Bindungsaufbaus und -erhalts, um damit zunächst einmal die notwendige Voraussetzung für die Realisierung der FASK-Ziele zu schaffen.

Mit meiner Suche nach motivationsförderlichen Gestaltungswegen für den Alterssport schließe ich mich dieser sportpädagogischen Position an. Dabei stütze ich mich auf zentrale Erkenntnisse der Konzeptanalyse:

- Regelmäßige, aber moderate körperliche Aktivität ist ein Schlüsselverhalten für ein gesundes Altern. Es kann maßgeblich zur Erhaltung von Funktionsfähigkeit, Gesundheit und Selbständigkeit im Alter beitragen.
- In keiner anderen Altersgruppe ist jedoch der Anteil der regelmäßig körperlich Aktiven so gering wie in der Altersgruppe 60+ (ca. 10%).
- Sowohl in der Gerontologie, der Gesundheitsförderung, der (Sport-) Medizin als auch in der Sportwissenschaft gelten Motivierung und Bindung Älterer an ein regelmäßiges körperliches Aktivitätsverhalten als Kernziel zur Förderung gesunden Alterns.
- Die derzeit dominierenden sportwissenschaftlichen Alterssport-Konzepte (FASK und BASK) greifen diese Herausforderung kaum auf.
- Überlegungen von Denk und Pache, Brehm und Buskies machen auf die Notwendigkeit einer pädagogischen Unterstützung dieses Bindungsaufbaus aufmerksam.

In Kombination beider Zielsetzungen – der (1.) regelmäßigen Ausübung einer (2.) ausreichend intensiven körperlichen Aktivität – können die angestrebten Gesundheitsziele (Prävention von Altersrisiken, Erhalt der Funktionsfähigkeit) realisiert werden.

In diesem Zusammenhang scheint mir insbesondere ein integrativer Vermittlungsweg am aussichtsreichsten, der nach Lösungen sucht, wie Alterssport gestaltet werden kann, sodass er zugleich die rahmengebenden Trainingsprinzipien realisiert und (dennoch) die Motivation Älterer zur regelmäßigen Ausübung des entsprechenden Aktivitätsverhaltens stärkt.[18]

Diese Verortung der eigenen Position beinhaltet zugleich eine tendenzielle Reduktion des weitreichenden Bildungsanspruchs des BASK. Den bereichernden Wert, neben einer psychophysischen Funktions- und Leistungsfähigkeit auch eine individuelle Gestaltungsfähigkeit für das alltägliche Leben unterstützen zu wollen, erkenne ich an, folge aber der Orientierung, über körperliche Aktivität

18 Ein ähnliches Vorgehen hat wohl auch Grupe (2009) im Sinn, wenn er bezüglich des Alterssports die folgende Frage stellt: „Welches sind die richtigen Bewegungs- und Übungsformen, die gleichermaßen Motivationen ansprechen und hinreichende Belastungen auferlegen?“ (S. 23)

die psychophysische Funktions- und Leistungsfähigkeit Älterer stärken und erhalten zu wollen. Denn diese Ausrichtung gilt in Wissenschaftskontexten (wie Gerontologie oder Gesundheitswissenschaften) als eine der bedeutsamsten und erfolgversprechendsten Strategien, um die Gesundheit Älterer zu fördern und zu bewahren. Nichtsdestotrotz können ausgewählte im BASK postulierte didaktische Leitlinien Anregung geben, wie die Bindung an körperliche Aktivität auch in einem funktionsorientierten Kontext pädagogisch unterstützt werden kann.

Abschließend kann die eigene Positionierung im Rahmen bestehender sportwissenschaftlicher Alterssportkonzepte und -ansätze folgendermaßen pointiert zusammengefasst werden: Da ich das FASK als einen pädagogisch ergänzungsbedürftigen Weg zur Förderung eines gesunden Alterns (an-)erkenne, besteht mein Anliegen darin, diesen funktionsorientierten Zugang mit dem sportpädagogisch-motivationsorientierten Zugang (Denk/ Pache und Brehm/ Buskies) zu verknüpfen. Nachfolgend werden auf Basis der Gesamtanalyse markante Desiderate herausgestellt, deren Bearbeitung den weiteren Verlauf meiner Arbeit konturiert.

Bedarf an theoretischer Grundlegung

Die theoretische Fundierung gilt in der Gesundheits- und Bewegungsförderung als ein zentrales Kriterium für die Qualität einer Intervention (vgl. Kolip, 2012, S. 117). In diesem Zusammenhang stellt sich die Frage, welche theoretische Basis sich als geeignet erweist, um das skizzierte Bindungs- und Motivationsproblem im Alterssport einer Lösung näher zu bringen. Im Hinblick auf die drei Alterssport-Ansätze sind bisher unterschiedliche Orientierungen zum Vorschein gekommen:

- Im FASK stellen sportmedizinische und trainingswissenschaftliche Erkenntnisse die theoretische und empirische Basis dar.
- Das BASK stützt sich weitgehend auf bildungstheoretische Annahmen, die im Rahmen der Geragogik entwickelt werden. Ihr gemeinsamer Ausgangs- und Zielpunkt liegt darin, „Prozesse einer produktiven Auseinandersetzung mit dem eigenen Altern zu fördern“ (Kolb, 2006a, S. 15).
- Der sportpädagogische Ansatz von Denk/Pache und Brehm/Buskies rückt sportpädagogische Überlegungen in den Mittelpunkt, die dem Grundgedanken der körperlichen Entwicklungsförderung durch Sport folgen.

Insgesamt sollte damit deutlich geworden sein, dass sich zur Fundierung eines motivationsorientierten Alterssports kaum geeignete Theoriestücke finden. Es bedarf somit einer motivationstheoretischen Ergänzung, die es ermöglicht, die pädagogische Aufgabe der Förderung und Stabilisierung der Bindung an körperliche Aktivität zu fundieren und dienliche praxisbezogene Gestaltungsempfehlungen für den Alterssport zu generieren. Demnach soll Kapitel 3 die Selbstbestimmungstheorie der Motivation als eine hierfür geeignete Theoriebasis ausweisen.

Bedarf an empirischer Klärung

Daneben gilt insbesondere eine Orientierung an den Bedürfnissen der Zielgruppe als wichtige Grundlage für die Qualität von Interventionen, die eine Bewegungsförderung von Menschen anstreben (vgl. Kolip, 2012, S. 117 f.). Klärung und Berücksichtigung der spezifischen Bedürfnissituation (Älterer) ermöglichen es, (Alters-)Sportangebote motivational ansprechend und adressatengerecht zu gestalten. Allerdings wurde im Kontext der untersuchten Ansätze und Konzepte bislang kaum eine empirische Klärung der spezifischen Bedürfnissituation Älterer in Bezug auf körperliche Aktivität betrieben: Während sich das FASK unter weitgehender Ausblendung des konkreten älteren Menschen „objektivierend" auf die körperliche Dimension des Trainierens und Alterns fokussiert, rückt das BASK zwar „subjektivierend" den alternden Menschen mit seine Bedürfnissen in den Mittelpunkt seiner Überlegungen, verbleibt dabei jedoch meist auf einer theoretisch-reflexiven Ebene. Ausnahme hiervon bildet der sporadisch verfolgte Ansatz, Ältere ganz einfach nach ihren Wünschen, Vorstellungen oder Erwartungen hinsichtlich der Gestaltung eines konkreten Bewegungsangebotes zu befragen (vgl. Denk & Pache, 1996; Kolb 2012, S. 20 f.). Zu differenzierteren Zugängen gelangt man, wenn man auf der Basis einschlägiger (Bedürfnis-) Theorien agiert. So erkenne ich vor dem Hintergrund der Selbstbestimmungstheorie der Motivation die Notwendigkeit, die Klärung der bewegungsbezogenen Bedürfnissituation Älterer auch in Richtung der „psychischen Grundbedürfnisse" (nach Autonomie-, Kompetenz- und Bindungserleben) voranzutreiben. Deren Befriedigung gilt im sportpsychologischen Kontext als eine wesentliche Voraussetzung für den Aufbau und den Erhalt einer stabilen (autonomen) Bewegungsmotivation (vgl. Ryan & Deci, 2007, S. 3). Mit einer explorativen Pilotstudie zur Bedürfnissituation körperlich aktiver Älterer soll dieses empirische Desiderat in Kapitel 4 meiner Arbeit angegangen werden.

Bedarf an konkreten Gestaltungsideen

Die vorausgegangene Analyse hat drittens aufgezeigt, dass vor dem Hintergrund der Motivationsproblematik des Alterssports auch ein Desiderat im methodisch-didaktischen Bereich besteht. Die Vermittlungsvorschläge zur Förderung des Motivations- und Bindungsaufbaus bewegen sich zumeist auf der Ebene noch unsystematisch und unverbindlich zusammengestellter Grundideen. Weitestgehend fehlen theoretisch fundierte, systematisierte Gestaltungsideen, die es ermöglichen, den Bereich der Motivation ähnlich zielgerichtet ansteuern zu können wie beispielsweise den Bereich der Trainingsmethoden (vgl. Peters, Sudeck & Pfeifer, 2013, S. 213). Aufgabe von Kapitel 4 und 5 ist es, solche Gestaltungsideen zu entwickeln.

3 Ausgangspunkte eines bedürfnisorientierten Alterssports – die Selbstbestimmungstheorie der Motivation (SDT[19])

Die vorausgegangene Analyse veranschaulicht, dass im sportwissenschaftlichen Kontext bisher kaum theoretische Grundlagen für die motivationsorientierte Ausrichtung des Alterssports geschaffen wurden. Weder die sportmedizinisch-trainingswissenschaftlichen Erkenntnisbestände des FASK noch die bildungstheoretischen Überlegungen des BASK und des sportpädagogischen Ansatzes (Denk & Pache) scheinen hinreichend, um eine pädagogisch-motivationsorientierte Ausrichtung des Alterssports fundieren zu können. Hierfür wird eine (motivations-) spezifischere Theorie-Basis benötigt, die in diesem Kapitel mit der Selbstbestimmungstheorie (SDT) der Motivation von Ryan & Deci gelegt werden soll. Die Fokussierung auf die SDT lässt sich mehrfach begründen:

- Diese Theorie stellt weltweit eine der einflussreichsten Motivationstheorien der vergangenen dreißig Jahre dar.
- Ihre Grundsätze sind empirisch breit abgesichert – auch im Kontext von Bewegung und (Gesundheits-) Sport (vgl. Hagger & Chatzisarantis, 2007).
- Mit ihrer Ausrichtung auf Selbstbestimmung, Autonomie, soziales Eingebundensein, Wohlbefinden und die Schaffung positiver psychosozialer Kontexte rückt die Selbstbestimmungstheorie Aspekte in den Mittelpunkt, die im Alterssport-Kontext als zentrale pädagogisch-didaktische Gesichtspunkte bei der Verbreitung und Durchführung von Alterssport hervorgehoben werden (vgl. Weineck, 2010b, S. 1049; Denk & Pache, 2003, S. 90 ff.).
- Die Befriedigung der drei von der SDT postulierten psychischen Grundbedürfnisse nach Autonomie, Kompetenz und Eingebundensein stellt nicht nur eine zentrale Voraussetzung für die Entwicklung von nachhaltiger (selbstbestimmter) Motivation dar, sondern gilt zugleich als wesentliches Kriterium für ein von Wohlbefinden geprägtes „gelingendes Altern“ (vgl. Schlicht, 2010, S. 27).

---

19 Im Folgenden wird der Begriff „Selbstbestimmungstheorie“ durch eine gängige Abkürzung „SDT“ (für Englisch: Self-Determination Theory) ersetzt.

- Im pädagogischen und geragogischen Kontext wird die SDT bereits als Grundlagentheorie herangezogen, um auf ihrer Basis Lernkontexte gestalten zu können, die die Bereitschaft zur Lern- und Verhaltensänderung fördern und die Lernmotivation Älterer steigern (vgl. Bubolz-Lutz et al., 2010, S. 142 ff.; Holtz, 2008, S. 113; Deci & Ryan, 1993).
- Aktuell wird die SDT im Kontext der Bewegungsförderung Älterer als eine lohnende Grundlagentheorie zur Veränderung des Bewegungsverhaltens im Alter vorgeschlagen (vgl. Bucksch, Finne & Geuter, 2010, S. 23 ff.).

Vor dem Hintergrund der dargelegten Rezeption erscheint es lohnend, eine pädagogische Ausrichtung des Alterssports auf der SDT zu gründen. Als eine Bedürfnistheorie fokussiert die SDT einen Zugang über grundlegende psychische Bedürfnisse des Menschen.[20] Zunächst suche ich nach bereits existierenden Anknüpfungspunkten für solch ein bedürfnisorientiertes Vorgehen im Kontext von Alter, körperlicher Aktivität und Gesundheit. Anschließend werden die für meine Problemstellung relevanten Grundlagen der Selbstbestimmungstheorie dargelegt. Auf dieser Basis wird abschließend ein spezifischer Zuschnitt der Diskussion auf die Themen Alter und körperliche Aktivität vorgenommen.

3.1 Anknüpfungspunkte für eine SDT-Orientierung

Ein bedürfnisorientierter Zugang ist in den für die vorliegende Arbeit relevanten Feldern, wie Gerontologie oder Sportwissenschaft kein neues Phänomen. Deshalb sollen zunächst Anknüpfungspunkte für eine SDT-Orientierung aufgezeigt werden. Neben der (weiteren) Legitimierung der Fokussierung auf die SDT geben die zu präsentierenden Ansätze wichtige Impulse für die eigenen Überlegungen hinsichtlich der Gestaltung eines motivationsfördernden Alterssports.

20 Neben der SDT stellt auch die Konsistenztheorie von Grawe (2004) den zentralen Einfluss psychischer Grundbedürfnisse auf Verhalten und Motivation der Menschen heraus. Obwohl beide Theorien unabhängig voneinander entwickelt wurden, decken sie sich bezüglich ihrer motivationsbezogenen Kernannahmen weitgehend. Dass sich grundsätzlich auch aus der Konsistenztheorie handlungsleitende Ideen für die Gestaltung einer motivationsförderlichen Sportpraxis ableiten lassen, zeigen Knörzer & Rupp (2010) allgemein sowie Schlicht & Thiel (2008) und Rupp (2011) für den spezifischen Kontext des Alterssports auf. Da die SDT jedoch ihre Kernaussagen auch im Kontext von Bewegung und (Gesundheits-) Sport empirisch breit absichert und etabliert, wohingegen die Konsistenztheorie bislang vorwiegend im psychotherapeutischen Kontext überprüft und angewandt wird, wird die SDT für die Ausrichtung der vorliegenden Arbeit als anschlussfähiger erachtet und entsprechend bevorzugt.

3.1.1 *Das bio-psycho-soziale Modell gelingenden Alterns*

Jüngst stellen Kanning & Schlicht ein „bio-psycho-soziales Modell gelingenden Alterns" vor, das zur Erhellung der Gelingensfaktoren im Alterungsprozess beitragen soll (vgl. 2008). Sie erheben dabei das subjektive Wohlbefinden der Älteren zum Schlüsselkriterium gelingenden Alterns, das Ältere dadurch positiv beeinflussen können, indem sie ihre psychischen Grundbedürfnisse befriedigen (vgl. 2008, S. 80).[21]

Zur theoretischen Untermauerung greifen Schlicht et al. auf die Selbstbestimmungstheorie von Ryan und Deci zurück (vgl. Kanning & Schlicht, 2008, S. 80; Schlicht & Thiel, 2008, S. 53). Diese weise empirisch gesichert drei psychische Grundbedürfnisse aus (Autonomie-, Kompetenz- und Zugehörigkeitserleben), die das Verhalten der Menschen (aller Altersstufen) im Sinne oberster Handlungsziele motivational leiten und deren Befriedigung Gesundheit, Wohlbefinden und Lebenszufriedenheit fördern würden (vgl. Ryan & Deci, 2000, S. 68 ff.). Für Schlicht & Thiel sind diese Bedürfnisse daher „so etwas wie ein Kompass, der uns die Richtung auf dem Weg zum gelingenden Altern vorgibt" (2008, S. 53). Entsprechend wird das Setzen und Verfolgen persönlich bedeutsamer Ziele, welche die psychischen Grundbedürfnisse befriedigen bzw. Bedürfnisbefriedigung während der Zielverfolgung erlauben, als besonders bedeutsam herausgestellt, um „gelingendes Altern" zu fördern (vgl. Kanning & Schlicht, 2008, S. 80). Der Bezug zwischen „gelingendem Altern" und körperlicher Aktivität wird im bio-psycho-sozialen Modell dadurch hergestellt, dass Kanning und Schlicht (2008) davon ausgehen, dass körperliche Aktivität die Befriedigung der psychischen Grundbedürfnisse auf zwei unterschiedlichen Wegen fördern kann (vgl. S. 80):

1. Zum einen belegen inzwischen zahlreiche Studien, dass körperliche Aktivität im Alter zu einer großen Bandbreite an positiven Effekten im physiologischen und kognitiven Bereich (psychophysische Leistungsfähigkeit) führen kann, die wiederum in einer erhöhten Vitalität und Mobilität resultieren. Diese gute Verfassung ermöglicht es Älteren, eigeninitiativ zu leben und eine größere Bandbreite an persönlich bedeutsa-

21 In diesem Modell wird davon ausgegangen, dass Ältere beim Setzen und Verfolgen bedürfnisbefriedigender Ziele von **biologischen** (z. B. körperliche Verfassung), **psychischen** (z. B. Ausprägungsgrad der Selbstwirksamkeitsüberzeugung) und **sozialen** (z. B. dem gesellschaftlich dominierenden Altersbild) Faktoren beeinflusst und entsprechend in ihrem Streben nach Wohlbefinden tangiert werden (vgl. Kanning & Schlicht, 2008, S. 80).

men, bedürfnisbefriedigenden Zielen zu verfolgen (z. B. Freunde besuchen oder mit den Enkeln in einen Zoo gehen).

2. Ein älterer Mensch kann seine psychischen Grundbedürfnisse aber auch während der körperlichen Aktivität befriedigen – z. B. indem er gemeinsam mit anderen aktiv ist und so sein Bindungsbedürfnis befriedigt; oder indem er sich während der körperlichen Aktivität als leistungsfähig erlebt und so sein Kompetenzbedürfnis steigert.

Die postulierten Wirkungsweisen sollen in der folgenden Abbildung veranschaulicht werden:

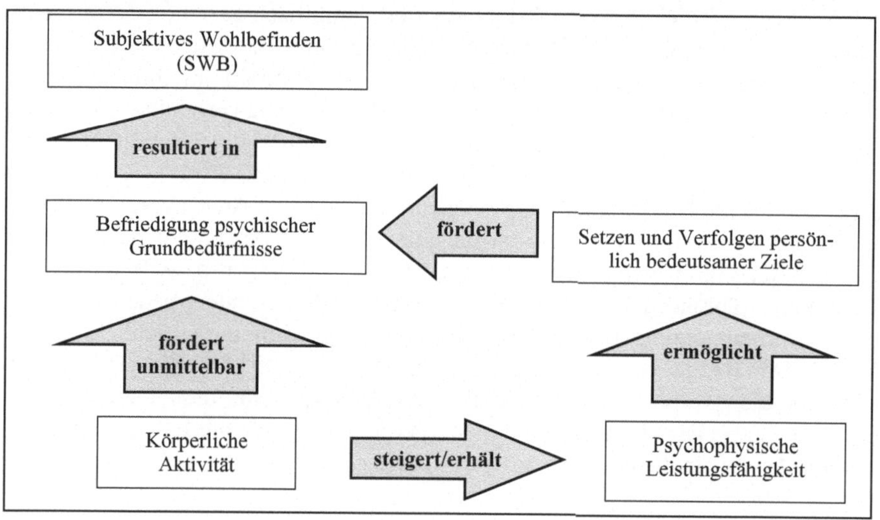

Abb. 2: Wirkungswege körperlicher Aktivität zur Förderung gelingenden Alterns (in Anlehnung an Kanning & Schlicht 2008, S. 80)

Subjektives Wohlbefinden (SWB) wird somit als ein Indikator für erfolgte Bedürfnisbefriedigung herangezogen (vgl. Schlicht, 2010, S. 34). Inzwischen existieren wissenschaftliche Einzelstudien und Meta-Analysen, die belegen, dass sich körperliche Aktivität positiv auf das SWB Älterer auswirkt (vgl. ebd.). Entsprechend der empirischen Belege, die die beiden in der obigen Abbildung aufgezeigten Wirkrichtungen der körperlichen Aktivität (Förderung der psychophysischen Leistungsfähigkeit und des SWB) stützen, beurteilen Kanning und Schlicht körperliche Aktivität als „Schlüsselverhalten" und als zentrale Bedingung für ein gelingendes Altern (vgl. 2008, S. 83).

Die wesentlichen Postulate des bio-psycho-sozialen Modells werden nachfolgend nochmals stringent benannt:

1. SWB ist ein Schlüsselkriterium für gelingendes Altern.
2. SWB resultiert hauptsächlich aus der Befriedigung psychischer Grundbedürfnisse. Diese Bedürfnisse sind daher als eine Art „Kompass“ zu verstehen, der die Richtung auf dem Weg zum gelingenden Altern vorgibt.
3. Ältere Menschen haben die Möglichkeit, ihr SWB zu beeinflussen, indem sie sich persönlich bedeutsame Ziele setzen und verfolgen, die ihre psychischen Grundbedürfnisse befriedigen.
4. Körperliche Aktivität ist eine lohnende Zielsetzung, da sie die Befriedigung der psychischen Grundbedürfnisse (und damit „gelingendes Altern“) gleich auf zwei Wegen unterstützen kann: (1.) positive psychophysische Effekte der körperlichen Aktivität; (2.) Bedürfnisbefriedigung während der körperlichen Aktivität.
5. Physische, psychische und soziale Faktoren beeinflussen Ältere in ihrer Entscheidung, welche persönlich bedeutsamen (bedürfnisbefriedigenden) Ziele sie sich setzen und verfolgen (z. B. körperlich aktiv zu sein). Daraus folgt, dass die Möglichkeiten, SWB und gelingendes Altern zu fördern, von personalen Dispositionen und sozio-strukturellen Umständen abhängig sind und davon begrenzt werden.

Festzuhalten ist, dass die Selbstbestimmungstheorie bereits in den Kontext von (gelingendem) Altern und körperlicher Aktivität eingeführt wurde. Schlicht nutzt diese Theoriebasis, um erklären zu können, wie ein „gelingendes Altern“, gekennzeichnet durch Wohlbefinden, gefördert werden kann, indem Ältere ihre psychischen Grundbedürfnisse befriedigen. In diesem Zusammenhang stellt Schlicht das zweifache Bedürfnisbefriedigungs-Potenzial der körperlichen Aktivität und damit ihren besonderen Wert für die Unterstützung eines gelingenden Alternsprozesses heraus.

Allerdings fokussiert dieser Zugang kaum, wie die Motivation Älterer zu regelmäßiger körperlicher Aktivität gestärkt werden kann. Postuliert wird, dass körperliche Aktivität zur Befriedigung der psychischen Grundbedürfnisse Älterer beitragen kann: Die SDT-Forschung hat vielfach belegt, dass die Befriedigung der psychischen Grundbedürfnisse gleichermaßen eine notwendige Voraussetzung für menschliches Wohlbefinden und das Auftreten selbstbestimmter Motivation ist (vgl. Krapp & Ryan, 2002, S. 72 f.). Entsprechend kann in der Bedürfnisbefriedigung Älterer durch körperliche Aktivität eine zentrale Schnittstelle gesehen werden, um gelingendes Altern **und** die Motivation zur körperlichen Aktivität zu fördern. Dies soll durch die nachfolgende Abbildung veranschaulicht werden.

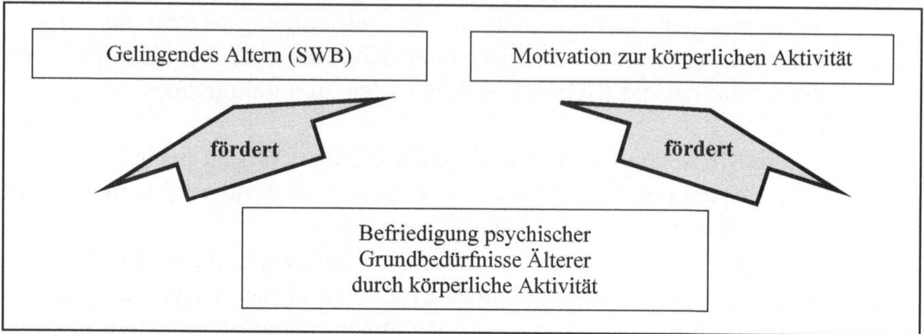

Abb. 3: Die Befriedigung psychischer Grundbedürfnisse Älterer im Kontext körperlicher Aktivität als gemeinsamer Ausgangspunkt einer Förderung „gelingenden Alterns“ und der Motivation zur körperlichen Aktivität

Um diese Aspekte realisieren zu können, bedarf es methodisch-didaktischer Wege, die eine Befriedigung der psychischen Grundbedürfnisse Älterer im Kontext von körperlicher Aktivität unterstützen. Für einen der beiden von Kanning und Schlicht angenommenen Bedürfnisbefriedigungswege, der über die Förderung/Erhaltung der psychophysischen Leistungs- und Funktionsfähigkeit verläuft, scheint dieser methodisch-didaktische Weg bereits hinreichend geklärt. Das FASK zeigt dazu dezidiert und empirisch gesichert auf, wie die Funktions- und Leistungsfähigkeit auf einem gesundheitsförderlichen Niveau erhalten werden kann (vgl. Kap. 2.1). Damit trägt das FASK nicht nur zum Erhalt der Gesundheit, sondern auch zu einem gelingenden Altern und zur Förderung der Motivation zur körperlichen Aktivität bei.

Auf diesem Weg stellt sich allerdings der bedürfnisbefriedigende Effekt erst relativ spät ein, „da ein adäquates Training der körperlichen Fähigkeiten lange Zeiträume in Anspruch nimmt“ (Brehm & Bös, 2006, S. 27). Das bedeutet, dass der ältere Mensch bereits einen langen Zeitraum (Monate bis Jahre) regelmäßig trainiert haben muss, bevor er von den sich allmählich einstellenden positiven körperlichen Veränderungen – bedürfnisbefriedigend – profitiert. Aus motivationstheoretischer Sicht ist dies eine ungünstige Konstellation, die die Gefahr eines „motivationalen Verhungerns“ auf dem (langen) Weg dorthin in sich birgt.

Lohnend erscheint es deshalb, ergänzend einen zweiten Bedürfnisbefriedigungs-Weg zu beschreiten, der über die unmittelbare Befriedigung der psychischen Grundbedürfnisse während der körperlichen Aktivität verläuft (vgl. Kanning & Schlicht, 2008, S. 80). Anzuzielen ist eine motivationale Stärkung der Bindung an körperliche Aktivität, insofern es gelingt, Älteren ein wohlbefindens- und bedürfnisbefriedigendes Erleben während des körperlichen Aktivitätsverhaltens zu eröffnen. Gelingt dies, beinhaltet bereits jede Bewegungsepisode einen motivationsfördernden Impuls, der die Bindung Älterer an die körperliche Aktivität (weiter) festigen kann. Auf diese Weise dürfte es wahrscheinlicher werden, dass Ältere die körperliche Aktivität über Zeiträume regelmäßig ausüben, so dass sich positive physiologische Effekte einstellen können. Dies kann nach den aufgezeigten Modellvorstellungen wiederum das Bedürfnisbefriedigungs-Erleben und damit die Bindungs-Stärke an körperliche Aktivität weiter steigern.

Diese Zusammenhänge legen damit einen integrativen Alterssport-Ansatz nahe, der den trainingsorientierten (FASK) mit dem bedürfnisorientierten Zugang zusammenführt. So müsste es gelingen, die objektivierende, an Belastungsnormen und Trainingsprinzipien ausgerichtete Perspektive des FASK, mit der subjektivierenden, an Bedürfnisbefriedigung und subjektivem Wohlbefinden ausgerichteten SDT-Perspektive zu verschränken. Ähnliche Bestrebungen gibt es im Kontext der Gesundheitserziehung im Schulsport bereits seit knapp 30 Jahren (vgl. Balz, 1995, S. 66 ff.). Die in diesem Zusammenhang formulierte Prämisse zur Gestaltung präventiven Trainings kann folglich lohnend adaptiert werden: Die Älteren sollen sich gesundheitsförderlich belasten lernen **und** wohlfühlen können, wobei die Normen der Belastungsdosierung und der Trainingsgestaltung (des FASK) unter die kritische Prüfinstanz der psychischen Bedürfnisbefriedigung und damit des eigenen (Wohl-) Befindens gestellt werden.

Eine ausreichend intensive und zugleich bedürfnisbefriedigende Belastungsgestaltung, die gleichermaßen die Motivation stärkt und die Gesundheit fördert, muss das integrative Ziel darstellen. Wie zuvor aufgezeigt, würde solch eine Ausrichtung sowohl eine aktuelle (unmittelbare Bedürfnisbefriedigung) als auch eine mittel- und langfristige (gesundheitsförderliches Fitnessniveau) Befriedigungs- und damit Motivations-Dimension beinhalten, die eine nachhaltige Bindung an körperliche Aktivität fördern könnte.[22]

Allerdings liegen bislang kaum empirische Erkenntnisse und Gestaltungshinweise für die Praxis vor, wie speziell Ältere ihre psychischen Grundbedürfnisse während der körperlichen Aktivität befriedigen können. Um dies zu ändern

22 Ein ähnliches Vorgehen hat wohl auch Grupe (2009) im Sinn, wenn er bezüglich des Alterssports folgende Frage stellt: „Welches sind die richtigen Bewegungs- und Übungsformen, die gleichermaßen Motivationen ansprechen und hinreichende Belastungen auferlegen?“ (S. 23)

und Älteren einen bedürfnisbefriedigenden Zugang zur körperlichen Aktivität eröffnen zu können, müssen mögliche Bedürfnisbefriedigungswege während der körperlichen Aktivität empirisch geklärt und aus dieser Erkenntnisbasis praktische Gestaltungshinweise abgeleitet werden. Dieser Weg wird in Kapitel 4 dieser Arbeit gegangen.

3.1.2 Zur Leitidee der Bedürfnisbefriedigung in der Gesundheitsförderung

Wie im Kapitel 2 deutlich wurde, legen die derzeit den sportwissenschaftlichen Diskurs dominierenden Konzepte den Alterssport weitgehend als Gesundheitssport aus. Daher stellen „moderne Vorstellungen der Gesundheitsförderung eine wichtige Basis für [deren] konzeptionelle und inhaltliche Absicherung" (Beckers, 2006, S. 82) dar. Diese Vorstellungen werden maßgeblich von der Weltgesundheitsorganisation (WHO) geprägt. Diese formulierte in der „Ottawa-Charta zur Gesundheitsförderung" (1986), einem gesundheitspolitischen Grundsatz-Dokument, Ziele, Prinzipien und Leitideen der Gesundheitsförderung, die inzwischen als Richtlinien für die Gesundheitsförderung und die Prävention weltweit akzeptiert werden (vgl. Kaba-Schönstein, 2011, S. 137 ff.). In diesem Dokument heißt es einleitend: „Um ein umfassendes körperliches, seelisches und soziales Wohlbefinden zu erlangen, ist es notwendig, dass sowohl einzelne als auch Gruppen ihre Bedürfnisse befriedigen" (zit. nach Faltermaier, 2005, S. 297).

Diese „Betonung der Bedürfnisbefriedigung" wird als eine klare Akzentverschiebung gegenüber dem klassischen Verständnis der Gesundheitsförderung und Prävention gewertet (vgl. Becker, 2006, S. 235): Während sich letztere vorwiegend durch eine Risikofaktorenorientierung und -bekämpfung auszeichnet und dabei häufig mit negativ besetzten Warnungen (z. B. vor Gefahren des Bewegungsmangels), „Einschränkungen und Appellen an Vernunft und Verzichtsbereitschaft operiert" (ebd.), werden unter der Akzentsetzung der Bedürfnisbefriedigung ressourcenorientiert Zugewinnmöglichkeiten eines angestrebten Gesundheitsverhaltens fokussiert und betont. Hinter dieser Förder-Strategie steht die Erkenntnis, dass ein rein vernunftorientierter und Risiken betonender Zugang die Menschen kaum zu einer nachhaltigen gesundheitsförderlichen Verhaltensänderung motivieren kann und dass es daher eines ergänzenden Vorgehens bedarf, bei dem „das Element der Bedürfnisbefriedigung bzw. des ‚Spaßes bei der Sache' nicht zu kurz kommt" (Becker, 2006, S. 264).

Theoretisch fundiert wird eine solche Strategie zur Veränderung gesundheitsrelevanten Verhaltens u. a. durch motivationspsychologische Anreiztheorien.

Diese unterscheiden grundlegend zwischen zwei unterschiedlichen Zieltypen: *Annäherungsziele* (z. B. „Ich treibe Sport, um mich wohler und leistungsfähiger zu fühlen") und *Vermeidungsziele* (z. B. „Ich treibe Sport, um dem Demenzrisiko im Alter vorzubeugen) (vgl. Schlicht & Brand, 2007, S. 112).

Der grundlegende Tenor der Anreiztheorien ist, „dass Annäherungsziele eher geeignet sind, ein bestimmtes Verhalten zu motivieren und die Verhaltensanstrengung zielkongruent aufrecht zu erhalten" (ebd.). Dies wird darauf zurückgeführt, dass das Verfolgen von Annäherungszielen (z. B. Spaß an der Bewegung) mit positiven affektiven Zuständen assoziiert ist, „die man gerne erlebt und die man gerne auch wieder erreichen möchte" (ebd.). Während das Verfolgen von Vermeidungszielen (z. B. Demenzprophylaxe durch Bewegung) eher von negativ besetzten Gefühlen wie Angst begleitet wird. Entsprechend setzt sich in der „modernen Gesundheitsförderung" die Erkenntnis durch, dass die an Risikofaktoren orientierte Prävention einer dringenden Ergänzung um eine auf positive Anreize setzenden Strategie bedarf (vgl. Becker, 2006, S, 235).

Vor diesem Hintergrund wird die Bedürfnisbefriedigung zu einer zentralen Leitidee für die Gesundheitsförderung, um mehr Menschen für ein gesundheitsförderliches Verhalten nachhaltig motivieren zu können (vgl. ebd.). Dabei wird insbesondere die Förderung der Bereitschaft zu mehr körperlicher Aktivität als ein lohnendes Praxisfeld erkannt. Körperliche Aktivität sollte dabei so gestaltet werden, dass Menschen ihre Bedürfnisse befriedigen können (vgl. Becker, 2006, S. 266).

Allerdings stellt Becker (2006) auch heraus, dass die letztlich nur auf einem gesundheitspolitischen Dokument (der Ottawa-Charta der WHO) beruhende Leitidee der Bedürfnisbefriedigung eines weiterführenden theoretischen Unterbaus bedarf, der sie fundiert und aus dem sich theoriegeleitet konkrete gesundheitsbezogene Maßnahmen ableiten lassen (vgl. S. 234). Eine hierfür geeignete theoretische Basis erkennen Brand und Schlicht (2009), insbesondere für den Kontext der Bewegungsförderung, in der Selbstbestimmungstheorie nach Ryan und Deci (vgl. S. 199 f.). Die von ihnen vorgebrachten Argumente für eine SDT-Fundierung gesundheitsfördernder Interventionen zur Förderung von körperlicher Aktivität werden von mir deshalb im Folgenden auf den spezifischen Kontext des Alterssports übertragen (vgl. Brand & Schlicht, 2009, S. 199 ff.):

Die Fokussierung auf das SWB und die psychischen Grundbedürfnisse erweitert die bisher den Alterssport-Diskurs und die Alterssport-Forschung dominierende Sichtweise, körperliche Aktivität im Alter lediglich unter dem Präventionsgedanken zu betrachten (vgl. Brand & Schlicht, 2009, S. 200). Vielmehr werden unter einem wohlbefindensorientierten Blickwinkel die positiven Zugewinnmöglichkeiten betont, „die durch regelmäßige körperliche Aktivität alltäglich erreicht werden können" (ebd.): Wie können durch und während körperliche(r) Aktivität positive Gefühle und Erlebnisse, wie das Erleben von Wohlbefinden und Kompetenz oder sozialem Eingebundensein (psychische Grundbedürfnisse), gefördert werden? Durch diese Neuausrichtung prägen nicht mehr (ausschließlich) extrinsisch motivierte, funktionale Erwartungen den Zugang zur körperlichen Aktivität (z. B. „Ich treibe Sport, um körperliche Beschwerden zu lindern"), die häufig zum Abbruch der Aktivität führen, wenn sie nicht rasch erfüllt werden. Vielmehr wird ein intrinsisch motivierter Zugang zur körperlichen Aktivität gebahnt, der den unmittelbar bedürfnisbefriedigenden und lebensbereichernden Eigenwert (z. B. „Ich treibe Sport, weil ich mich dabei einfach wohl fühle") in den Mittelpunkt rückt. Damit kann die Chance auf den Aufbau einer stabilen Bindung zur körperlichen Aktivität wesentlich erhöht werden, wird doch eine aktive Lebensweise „umso wahrscheinlicher, je stärker das Tun an sich den Gewinn definiert" (Brand & Schlicht, 2009, S. 200).

3.1.3 Fazit

Ziel dieses Kapitels war es, mögliche Anknüpfungspunkte für eine SDT- und Bedürfnisorientierung im Alterssport aufzudecken. Mit der Leitidee der Bedürfnisbefriedigung in der Gesundheitsförderung und dem sportwissenschaftlichen Modell gelingenden Alterns von Kanning und Schlicht konnten zwei lohnende Anknüpfungspunkte identifiziert werden. Beide Ansätze zeigen den Wert einer Orientierung an den psychischen Grundbedürfnissen im Kontext von (gelingendem) Altern und der Förderung der körperlichen Aktivität auf und legen eine Orientierung an der SDT nahe. Sie begründen damit die in dieser Arbeit vorgenommene Fokussierung auf die SDT und einen bedürfnisorientierten Zugang zum Alterssport. Insbesondere mit dem bio-psycho-sozialen Modell gelingenden Alterns wurde in der Sportwissenschaft bereits ein grundbedürfnisorientierter Zugang zum Alterssport angebahnt, an den unter der Zielsetzung der Motivations- und Bewegungsförderung Älterer lohnend angeknüpft werden kann.

Ein weiteres Ziel dieses Kapitels war es, erste Impulse für eigene Umsetzungsideen zu erhalten. Diesbezüglich kann Folgendes festgehalten werden: Die derzeit dominierende präventions- und funktionsorientierte Ausrichtung der Alterssportkonzepte kann (auch) vor dem Hintergrund des bio-psycho-sozialen Modells gelingenden Alterns und der Leitidee der Bedürfnisbefriedigung prinzipiell als sinnvoll bewertet werden. Über den angestrebten Erhalt der Funktions-

und Leistungsfähigkeit und das Reduzieren zentraler Altersrisiken (z. B. Demenz) hinaus tragen diese Konzepte zur Vitalität und Mobilität der Älteren bei, was es diesen wiederum ermöglicht, auch im Alter noch eine große Bandbreite persönlich bedeutsamer Ziele zu verfolgen. Dem bio-psycho-sozialen Modell zufolge ist dies eine grundlegende Voraussetzung für die Befriedigung der psychischen Grundbedürfnisse (Autonomie, Kompetenz und Zugehörigkeit) Älterer und somit für Wohlbefinden und gelingendes Altern. Das FASK kann damit nicht nur einen Beitrag zu einem „gesunden", sondern auch zu einem von Wohlbefinden geprägten „gelingenden" Altern leisten.

Aus dem Blickwinkel der Gesundheitsförderung und ihrer Leitidee der Bedürfnisbefriedigung ist das FASK dennoch ergänzungsbedürftig. Der Leitidee der Bedürfnisbefriedigung liegt die Erkenntnis zugrunde, dass Menschen nur dann zu einer gesundheitsförderlichen Verhaltensänderung (hier regelmäßige körperliche Aktivität) nachhaltig motiviert werden können, wenn ihnen die unmittelbare positive (bedürfnisbefriedigende) Anreizqualität und die Zugewinnmöglichkeiten des angestrebten Verhaltens erlebbar gemacht werden können. Diesbezüglich setzt das FASK allerdings kaum positive Anreize, denn verfolgt werden motivational eher ungünstige „Vermeidungsziele" (Funktionsabfall vermeiden bzw. hinauszögern), die häufig mit negativ besetzten Gefühlen assoziiert werden und die nur mittel- bis langfristig erreicht werden können. Dazu kommt, dass die Gestaltung weitgehend sachorientiert ist und im Wesentlichen auf das „Einhalten physiologisch effektiver Trainingsregeln" (Brehm & Buskies, 2009, S. 273) ausgerichtet wird. Folgt man aber der Leitidee der Bedürfnisbefriedigung, müsste unter motivationalen Gesichtspunkten eine Ergänzung dieser Präventionsstrategie angestrebt werden. Dabei müsste das Vorgehen stärker am Subjekt und dessen psychischen Bedürfnissen ausgerichtet, das unmittelbare Wohlbefinden und der „Spaß bei der Sache" (körperliche Aktivität) stärker betont und fokussiert werden.

Vor diesem Hintergrund zeichnet sich für den Alterssport ein integratives Vorgehen ab: Die erwiesenermaßen effektive und sinnvolle Präventions- und Funktionsorientierung im Alterssport müsste um eine Orientierung an den psychischen Grundbedürfnissen der Älteren ergänzt und zusammengeführt werden. Alterssport wäre nach diesem Verständnis nicht mehr ausschließlich darauf ausgerichtet, altersassoziierte Erkrankungen und Funktionsabfälle zu vermeiden bzw. diese hinauszuzögern. Vielmehr bekäme die Zielsetzung, über körperliche Aktivität zur unmittelbaren Befriedigung der psychischen Grundbedürfnisse und somit zum Erleben von Spaß und Wohlbefinden beizutragen, einen gleichrangigen Stellenwert. Zentrale Zielvorstellung und Forderung ist, dass sich Ältere hinreichend (gesundheitsförderlich) belasten **und** dabei wohlfühlen.

Bevor nach geeigneten Vermittlungswegen für den Alterssport gesucht wird, ist es notwendig, die Selbstbestimmungstheorie der Motivation als theoretische Bezugsbasis genauer darzustellen.

3.2 Einordnung und Diskussion der SDT im Rahmen der Motivationstheorie

Was Menschen motiviert, sich zu bewegen, wird aktuell auf Basis zahlreicher Theorien zum Gesundheitsverhalten zu erklären versucht. Diese beschreiben „die wichtigsten Einflussfaktoren auf das Bewegungsverhalten und vor allem deren Zusammenspiel“ (Bucksch, Finne & Geuter, 2010, S. 15). Deshalb wird die SDT in diesen Theorienkomplex eingeordnet und hinsichtlich ihrer Diskussion im Kontext der Motivationstheorie einleitend skizziert.

Die von den unterschiedlichen Theorien postulierten Einflussfaktoren auf das körperliche Aktivitätsverhalten können anhand eines sozial-ökologischen Rahmenmodells zur Erklärung des Bewegungsverhaltens verschiedenen Person- und Umweltebenen zugeordnet werden (vgl. Bucksch et al., 2010, S. 11 f.). Dieses Modell geht davon aus, dass konkretes menschliches Bewegungsverhalten komplex beeinflusst wird: „sowohl durch personenbezogene Faktoren als auch durch soziokulturelle und physische Umweltfaktoren sowie gesellschaftlich-politische Rahmenbedingungen“ (ebd.).

Trotz dieser Erkenntnis prägen bis heute vorwiegend psychologische Theorien zum Gesundheitsverhalten die Diskussion darüber, wie man Menschen dazu motivieren kann, sich zu bewegen. Diese psychologischen Theorien, zu denen auch die SDT zu zählen ist, fokussieren hauptsächlich auf die Ebene personenbezogener Einflussfaktoren (wie Einstellungen oder Motivation). Sie werden im sportpsychologischen Kontext drei verschiedenen Modellen der Gesundheitsverhaltensänderung zugeordnet, welche die Grundlage für Interventionen bilden, „die körperlich inaktive Personen zu einem aktiveren Lebensstil motivieren sollen“ (Brand, 2010, S. 72). Nach Pfeffer (vgl. 2010a, S. 223) können diese Modelle folgendermaßen skizziert werden:

- **Motivationsmodelle**: Sie fokussieren die wechselseitigen Beziehungen der motivationalen Faktoren, welche die Entscheidung für oder gegen die Ausführung körperlicher Aktivität beeinflussen.
- **Modelle der Handlungsausführung**: Sie beschäftigen sich mit willentli-

chen (volitionalen) Handlungskontrollprozessen, mit deren Hilfe einmal gefasste Bewegungsvorsätze – „Ich möchte mich zukünftig mehr bewegen“ – tatsächlich auch in konkretes Handeln überführt und realisiert werden und eben nicht in der „Motivations-Handlungs-Lücke“ stecken bleiben.

- **Prozess- und Stadienmodelle**: Sie beschreiben Verhaltensänderung als Prozess, dem mehrere qualitativ unterschiedliche (motivationale und volitionale) Stadien zugrunde liegen, die für eine erfolgreiche Veränderung des Bewegungsverhaltens durchlaufen werden müssen.

Vor diesem Hintergrund kann die SDT im Komplex der Theorien und Modelle zur Erklärung und zur Beeinflussung des Gesundheitsverhaltens (hier als Bewegungsverhalten spezifiziert) folgendermaßen verortet werden:

Tabelle 11: Verortung der SDT hinsichtlich unterschiedener Einflussebenen auf körperliche Aktivität und Modelle der Gesundheitsverhaltensänderung

Einflussebenen auf körperliche Aktivität	**Modelle der Gesundheitsverhaltensänderung**	**Psychologische Theorien zum Gesundheitsverhalten (exemplarische Aufzählung)**
Gesellschaftlich-politische Umwelt (z. B. Investitionen, Bebauungspläne)		
Physikalische und natürliche Umwelt (z. B. Grünflächen, Klima)		
Soziokulturelle Umwelt (z. B. soziale Unterstützung, Kultur)		
Personenbezogene Faktoren (z. B. Einstellungen, Motivation)	Motivationsmodelle	Theorie des geplanten Verhaltens (Ajzen, 1985)
		Sozial-kognitive Theorie (Bandura, 2000)
		Selbstbestimmungstheorie (Ryan & Deci, 2007)
	Modelle der Handlungsausführung	Theorie der Implementierungsintentionen (Gollwitzer, 1999)
	Prozess- und Stadienmodelle	Motivations-Volitions-Modell MoVo (Fuchs, 2007)
		Transtheoretisches Modell TTM (Prochaska & DiClemente, 1983)

Wie in der Tabelle angedeutet, gelten in der Sportpsychologie momentan die Theorie des geplanten Verhaltens, die sozialkognitive Theorie und die Selbstbestimmungstheorie der Motivation als die drei wichtigsten theoretischen Ansätze unter den Motivationsmodellen (vgl. Pfeffer, 2010a, S. 224; Bucksch et al., 2010, S. 15 ff.; Brand, 2010, S. 57 ff.; Brand & Schlicht, 2009, S. 198). Sie beschäftigen sich mit der Klärung der inneren Antriebskraft zu zielgerichtetem Verhalten (Motivation) und beschreiben dabei die „wichtigsten Einflussfaktoren auf die Bewegungsmotivation und das Bewegungsverhalten und ihr Zusammenwirken“ (Bucksch et al., 2010, S. 15). Sie setzen jeweils spezifische Schwerpunkte, wie die folgende schlaglichtartige Beleuchtung der drei Motivationstheorien zeigen soll (vgl. Bucksch et al., 2010, S. 20 ff.):

Die sozial-kognitive Theorie fokussiert als zentralen Einflussfaktor auf das Bewegungsverhalten die „Selbstwirksamkeitserwartung“: Das Vertrauen in die eigenen Fähigkeiten, körperliche Aktivität selbst dann regelmäßig ausüben zu können, wenn Hindernisse auftreten. Als weitere Einflussfaktoren werden konkrete Bewegungsziele, positive Konsequenzerwartungen bezüglich des Bewegungsengagements (z. B. Gesundheitsgewinne) sowie die Wahrnehmung von Hindernissen und günstigen Gelegenheiten für die Aufnahme des Bewegungsverhaltens herausgestellt. Diese Faktoren sind abhängig vom Ausmaß der Selbstwirksamkeitserwartung.

Die Theorie des geplanten Verhaltens betrachtet eine stark ausgeprägte Bewegungsabsicht als wesentliche Voraussetzung für körperliche Aktivität. Für die Bildung und Ausprägungsstärke dieser Absicht werden drei Faktoren als entscheidend angesehen: „Positive Erwartungen an die Folgen regelmäßiger Bewegung [Einstellungen; Anmerkung RR], optimistische Erwartungen, das Bewegungsverhalten umsetzen zu können [wahrgenommene Verhaltenskontrolle; Anmerkung RR] sowie die Überzeugung, dass wichtige Bezugspersonen dies von einem erwarten [subjektive Normen; Anmerkung RR]“ (Bucksch et al., 2010, S. 23).

Die Selbstbestimmungstheorie geht davon aus, dass eine nachhaltige Motivation zur körperlichen Aktivität vor allem daraus resultiert, dass Menschen diese Aktivität hinsichtlich ihrer angeborenen psychischen Grundbedürfnisse nach Autonomie, Kompetenz und Zugehörigkeit als befriedigend erachten und erleben. Dann fühlen sie sich in diesem Kontext wohl und entwickeln selbstbestimmte (nicht von außen kontrollierte) Motivationsformen, sodass das Aktivitätsverhalten nachhaltig beibehalten wird.

Bei einer vergleichenden Betrachtung dieser Theorien fällt auf, dass sich drei zentrale Einflussfaktoren auf das Bewegungsverhalten in allen drei Motivationstheorien wiederfinden (vgl. Bucksch et al., 2010, S. 50 f.): Selbstwirksamkeit[23], Absicht und erwartete Konsequenzen. Diese gelten in der wissenschaftlichen Literatur als die zentralen Einflussfaktoren, wobei „insbesondere die Selbstwirksamkeit und die Konsequenzerwartungen in zahlreichen Studien als zentrale Steuerungsgrößen des Sport- und Bewegungsverhaltens empirisch gut belegt werden konnten" (Baaken & Fuchs, 2012, S. 85). Auffällig ist bei der Betrachtung der herausgestellten Einflussfaktoren die stark kognitive Ausrichtung der Motivationspsychologie bzw. „die geringe Berücksichtigung des Faktors ‚Spaß und Freude an Bewegung und Sport', obwohl er einen der zentralen Einflüsse auf das Dabeibleiben und die Aufrechterhaltung von Bewegung darstellt" (Bucksch et al., 2010, S. 50). Diese mangelnde Berücksichtigung von Emotionen im Motivationsgeschehen wird von renommierten Vertretern der Sportpsychologie zunehmend erkannt (vgl. Baaken & Fuchs, 2012, S. 89; Schlicht & Brand, 2007, S. 155 ff.). Schlicht und Brand heben in diesem Zusammenhang den Wert einer Fokussierung der psychischen Grundbedürfnisse hervor, deren Befriedigung einen direkten Bezug zu emotionalem Wohlbefinden hat (vgl. Schlicht & Brand, 2007, S. 115 ff.; Brand & Schlicht, 2009, S. 199 f.).

In der Tat gilt die Selbstbestimmungstheorie unter den drei zentralen Motivationstheorien als einzige, die den Einflussfaktor „Spaß / Freude (intrinsische Motivation)" explizit aufgreift und in den Mittelpunkt ihrer Überlegungen rückt (vgl. Bucksch et al., 2010, S. 51). Denn die Selbstbestimmungstheorie bezweifelt die Tragfähigkeit einer rein kognitiven Rekonstruktion des Motivationsgeschehens und betont die Bedeutung einer emotionalen Ebene der Verhaltenssteuerung (vgl. Krapp & Ryan, 2002, S. 76). Diese emotionale Ebene der Verhaltenssteuerung wird innerhalb der Selbstbestimmungstheorie dem Modell der psychischen Grundbedürfnisse zugeordnet, wonach Bedürfnisbefriedigung und -verletzung in einem unmittelbaren Zusammenhang mit emotionalem Wohlbefinden stehen (vgl. Ryan & Deci, 2002, S. 22; Krapp & Ryan, 2002, S. 76).

Resümierend kann festgehalten werden, dass die Selbstbestimmungstheorie im Kontext der sport- und gesundheitsbezogenen Motivationstheorien als eine der (drei) zentralen Grundlagentheorien erachtet wird. Wie die beiden anderen relevanten Motivationstheorien auch, fokussiert sie mit Selbstwirksamkeit und Konsequenzerwartung diejenigen kognitiven Variablen, die nach empirischen

23 In der Selbstbestimmungstheorie wird zwar nicht explizit der Begriff der Selbstwirksamkeit gebraucht, jedoch bezieht sich das in ihr postulierte psychische Grundbedürfnis nach Kompetenzerleben auf das identische Gefühl, sich in der Lage zu sehen, vorgegebenen oder selbstgewählten Bewegungsanforderungen gerecht werden zu können (vgl. Krapp & Ryan, 2002, S. 72). Entsprechend wird dieser Aspekt auch in der Selbstbestimmungstheorie als ein wesentlicher Einflussfaktor auf das (Bewegungs-)Verhalten herausgestellt (vgl. ebd.).

Befunden als wesentliche Steuerungsgrößen des Bewegungsverhaltens gelten. Darüber hinaus berücksichtigt sie mit dem Modell der psychischen Grundbedürfnisse jedoch auch emotionale Aspekte des Motivationsgeschehens, deren stärkere Berücksichtigung bei der Erklärung und Beeinflussung des Sport- und Bewegungsverhaltens innerhalb der Sportpsychologie zunehmend eingefordert wird. Die Selbstbestimmungstheorie erscheint vor diesem Hintergrund als eine geeignete theoretische Grundlage, um die Motivationsproblematik des Alterssports angehen zu können.

Allerdings wurde in diesem Kapitel auch deutlich, wie ausschnitthaft und „unvollständig" das Bestreben ist, das Bewegungsverhalten Älterer – hin zu mehr körperlicher Aktivität – rein auf der Basis von Motivationsmodellen beeinflussen zu wollen. Neben der Berücksichtigung weiterer Einflussebenen (z. B. der soziokulturellen Umwelt) müssten auf der Ebene der personenbezogenen Faktoren noch weitere Aspekte, wie die der biographischen Vorerfahrungen, der volitionalen Handlungsausführung und der Prozesshaftigkeit der Motivationsentwicklung, berücksichtigt werden, um dem aktuellen Erkenntnisstand bezüglich relevanter Einflussfaktoren auf das Motivationsgeschehen gerecht werden zu wollen. Im Folgenden wird die Strategie verfolgt, einen (zentralen) der zahlreichen möglichen Ansatzpunkte zur Beeinflussung des menschlichen Bewegungsverhaltens konzentriert und vertieft zu behandeln – den personenbezogenen Einflussfaktor der Motivation –, wohl wissend, dass perspektivisch weitere Faktoren Berücksichtigung finden müssen, um das Bewegungsverhalten von Älteren wirksam und nachhaltig verändern zu können.

3.3 Kernaussagen und Kernannahmen der SDT

Nach der Einordnung der Selbstbestimmungstheorie (SDT) von Ryan & Deci wird diese in ihren Grundzügen dargestellt.

Psychische Grundbedürfnisse des Menschen

Als Motivationstheorie beschäftigt sich die Selbstbestimmungstheorie (SDT) insbesondere mit dem „Warum" des menschlichen Verhaltens. Als wesentliche Triebfedern des Verhaltens werden grundlegende psychologische Bedürfnisse ausgemacht, die alle Menschen aufweisen und die nach Befriedigung streben (vgl. Deci & Ryan, 2012, S. 101). Im Sinne einer „Energiequelle" liefern sie die „motivationale Handlungsenergie", die menschliches Verhalten im Kern antreibt und ausrichtet (vgl. Deci & Ryan, 1993, S. 229).

In der SDT werden diese psychologischen Grundbedürfnisse als angeborene und universelle (in allen Kulturen und Entwicklungsphasen relevante) Ansprüche der menschlichen Natur konzipiert, deren Befriedigung eine unabdingbare Voraussetzung für menschliches Wohlbefinden, psychische Gesundheit und das Auftreten positiver (selbstbestimmter) Motivation darstellt (vgl. Ryan & Deci, 2002, S. 7; Krapp & Ryan, 2002, S. 72 f.). Als wichtigstes Definitionsmerkmal psychischer Grundbedürfnisse wird deren direkte Beziehung zum menschlichen Wohlbefinden herausgestellt: „Needs, when satisfied, promote well-being, but when thwarted, lead to negative consequences“ (Ryan & Deci, 2002, S. 22). Auf dieser Grundlage identifiziert die SDT auf empirischem Weg drei psychische Grundbedürfnisse (vgl. Ryan & Deci, 2002, S. 7 f.; Deci & Ryan, 2012, S. 87; Krapp & Ryan, 2002, S. 72):

- Das **Bedürfnis nach Kompetenzerleben** bezieht sich auf das Gefühl, sich selbst als wirksam zu erleben und persönlich bedeutsame Resultate erzielen zu können. Es schlägt sich in dem Wunsch nieder, mit seinem Handeln und Verhalten etwas bewirken und persönlich bedeutsame Ereignisse der internen und externen Lebens(um)welt kontrollierend beeinflussen zu können. Das Kompetenzbedürfnis veranlasst Menschen dazu, bezogen auf ihr jeweiliges Kompetenzniveau „optimale“ Herausforderungen aktiv aufzusuchen und in deren Bewältigung ihre Fähigkeiten und Fertigkeiten auszudrücken, zu verbessern und zu erhalten.[24]
- Das **Bedürfnis nach sozialer Eingebundenheit** manifestiert sich in dem Wunsch, mit anderen Menschen verbunden zu sein und in dieser Gemeinschaft Geborgenheit, Zugehörigkeit, Akzeptanz und Anerkennung zu erfahren, wie auch zu spenden.
- Das **Bedürfnis nach Autonomie oder Selbstbestimmung** bezieht sich auf die motivationale Tendenz des Menschen, „sich selbst als die primäre Ursache des [eigenen; Anmerkung RR] Handelns erleben zu wollen“ (Krapp & Ryan, 2002, S. 72). Der Mensch möchte den „Ort der Verursachung“ eigenen Handelns in sich selbst wahrnehmen und „sich nicht durch heteronome Kräfte kontrolliert fühlen“ (ebd.). Dies gelingt, wenn das Verhalten des Menschen seine eigenen Interessen und integrierten Werte widerspiegelt. Trifft dies zu, kann selbst ein von außen angestoßenes Verhalten als „autonom“ erlebt werden.

24 „Kompetenz“ wird in diesem Verständnis weniger als eine erworbene Fähigkeit oder Fertigkeit sondern vielmehr als ein Gefühl des Selbstvertrauens und der eigenen Wirksamkeit im Handeln aufgefasst.

Grundsätzlich geht die SDT davon aus, „dass der Mensch die angeborene motivationale Tendenz hat, sich mit anderen Personen in einem sozialen Milieu verbunden zu fühlen, in diesem Milieu effektiv zu wirken [...] und sich dabei persönlich autonom und initiativ zu erfahren“ (Deci & Ryan, 1993, S. 229). Gelingt ihm dies, erlebt der Mensch eine „inhärente (intrinsische) menschliche Befriedigung“ (Krapp & Ryan, 2002, S. 72), die mit zahlreichen positiven Konsequenzen assoziiert ist: Förderung der Entstehung und Aufrechterhaltung von Wohlbefinden, Motivation, Interesse, Leistung, psychischer Gesundheit und positiver Erlebensqualitäten (vgl. Ryan & Deci, 2002, S. 27; Deci & Ryan, 2012, S. 87; Krapp & Ryan, 2002, S. 72 f.).

Zahlreiche SDT-Forschungsbefunde belegen diese „funktionale Bedeutung“ der psychischen Grundbedürfnisse und ihrer Befriedigung für das Auftreten und die Aufrechterhaltung der aufgezählten positiven Konsequenzen. Entsprechend dieser positiven Konsequenzen der Bedürfnisbefriedigung sind Menschen permanent darauf ausgerichtet, Situationen aufzusuchen, die solch eine Bedürfnisbefriedigung ermöglichen, und sie vermeiden Situationen, die einer Bedürfnisbefriedigung im Wege stehen (vgl. Deci & Vansteenkiste, 2004, S. 25; Ryan & Deci, 2002, S. 7). Die Entstehung einer Annäherungs- bzw. Vermeidungsmotivation gegenüber bestimmten Themen, Inhalten oder Situationen gründet damit im Wesentlichen darauf, zu welchem Grad eine Person in der früheren oder aktuellen Auseinandersetzung mit diesen Gegenständen Befriedigung bzw. Verletzung der psychischen Grundbedürfnisse erlebt (hat).

Qualitative Ausprägungen menschlicher Motivation

Der zuvor beschriebene Aspekt, der für die inhaltliche Ausrichtung der menschlichen Motivation so bedeutsam ist, spiegelt sich auch in der folgenden, empirisch bestätigten Kernannahme der SDT wider, die besagt, dass:

a. eine Befriedigung der psychischen Grundbedürfnisse die Entstehung und Aufrechterhaltung einer „autonomen“ oder „selbstbestimmten Motivation“ fördert.
b. eine Deprivation dieser Bedürfnisse das Auftreten einer „kontrollierten Motivation“ oder einer „Amotivation“ (d. h. fehlender Motivation) begünstigt (vgl. Deci & Ryan, 2012, S. 85 ff.).

Die vorgenommene Unterscheidung unterschiedlicher „Qualitäten“ menschlicher Motivation ist ein wesentliches Charakteristikum und Kernelement der SDT. Während die meisten Motivationstheorien die menschliche Motivation als ein einheitliches Konzept behandeln und dabei allenfalls Unterschiede in der Motivationsstärke annehmen, geht die SDT davon aus, dass „sich motivierte Handlungen nach dem Grad ihrer Selbstbestimmung bzw. nach dem Ausmaß ihrer Kontrolliertheit unterscheiden lassen" (Deci & Ryan, 1993, S. 225). Es wird ein Kontinuum der Motivationsqualität angenommen, das sich zwischen den Endpunkten „autonome/selbstbestimmte" und „kontrollierte Motivation" aufspannt (vgl. ebd.; Deci & Ryan, 2012, S. 87 f.).

Je stärker eine motivierte Handlung als frei gewählt erlebt wird, desto näher ist sie dem Endpunkt „selbstbestimmte/autonome Motivation" zuzuordnen; je stärker sie jedoch als aufgezwungen erlebt wird, desto näher ist sie am Pol der „kontrollierten Motivation" anzusiedeln. Zahlreiche SDT-Studien in unterschiedlichen Feldern (z. B. Hochschule/Lernen, Gesundheit/Verhaltensänderung, Sport/Leistung) und zu verschiedenen Altersstufen belegen, dass autonomere Motivationsformen gegenüber kontrollierten Motivationsformen erhebliche Vorteile aufweisen (vgl. Deci & Ryan, 2012, S. 89 f.). Diese schlagen sich v.a. in einer stärkeren Persistenz des motivierten Verhaltens, einer positiveren emotionalen Erlebensqualität und in besseren Handlungsergebnissen (z. B. Prüfungsleistungen) nieder (vgl. ebd.; Krapp & Ryan, 2002, S. 58 ff.). Zurückgeführt wird das Entstehen dieser positiven Konsequenzen auf die Annahme, dass die autonome Motivation gegenüber der kontrollierten Motivation in einem engen Zusammenhang mit den psychischen Grundbedürfnissen (insbesondere dem Autonomiebedürfnis) steht (vgl. Deci & Ryan, 2012, S. 88).

Nach dem Grad der Autonomie/Selbstbestimmung bzw. Kontrolliertheit des motivierten Handelns unterscheidet die SDT auf dem bereits angesprochenen Motivations-Kontinuum fünf typische Varianten der Motivation: „Die intrinsische Motivation und vier Formen der extrinsischen Motivation" (Krapp & Ryan, 2002, S. 58).

Die *intrinsische Motivation* repräsentiert den Prototyp der autonomen Motivation, die sich in der „active nature" des Menschen offenbart, ohne äußere Veranlassung (Aufforderung oder Belohnung) seine Fähigkeiten aktiv zu entwickeln und zu erproben und Herausforderungen zu suchen und zu meistern (vgl. Ryan & Deci, 2007, S. 2). Sie ist definiert „als eine Form der Motivation, die auf der inhärenten Befriedigung des Handlungsvollzugs beruht" (Krapp & Ryan, 2002, S. 58). Was eine frei gewählte, intrinsische Aktivität charakterisiert, antreibt und aufrechterhält, ist das unmittelbare innere Erleben von Freude an der Tätigkeit oder einem „intrinsischen Interesse" an der Sache, wie sie im kindlichen Neugier- und Explorationsverhalten oder bei sportlichen Aktivitäten ohne weitreichendere (Gesundheits- oder Leistungs-) Ambitionen in Erscheinung treten (vgl. ebd.). Diese inhärente Befriedigung (unmittelbar erlebt als Freude und Interesse) entspringt nach Annahmen der SDT primär aus dem Erleben eigener Kompetenz und Autonomie wie auch, in manchen Fällen, aus dem Erleben sozialen Eingebundenseins (vgl. Deci & Ryan, 2012, S. 88).[25]

Die SDT postuliert daher, dass die Befriedigung dieser Bedürfnisse eine notwendige Bedingung für die Entstehung, die Aufrechterhaltung und die Steigerung der intrinsischen Motivation darstellt und dass umgekehrt die Verletzung dieser Bedürfnisse das Zustandekommen intrinsischer Motivation be- und verhindert (vgl. Ryan & Deci, 2007, S. 3).

Darüber hinaus werden vier Formen der *extrinsischen Motivation* unterschieden. Dieser Begriff bezieht sich auf all jene motivierten Handlungen, die nicht (ausschließlich) „wegen ihrer intrinsischen Befriedigung ausgeübt werden, sondern wegen der mit der Handlung erzielbaren Folgen, die außerhalb des eigentlichen Handlungsvollzugs liegen" (Krapp & Ryan, 2002, S. 61). Die „instrumentelle Funktion" des Handelns – z. B. die Ausübung körperlicher Aktivität zur Gesunderhaltung – ist damit das entscheidende Definitionskriterium für die extrinsische Motivation (vgl. Ryan & Deci, 2007, S. 6).

Die SDT vertritt die Auffassung, dass die extrinsische Motivation hinsichtlich des Ausmaßes erlebter Autonomie bzw. Selbstbestimmung variieren kann (vgl. ebd., S. 7). Sie unterscheidet auf der Basis dieses Kriteriums vier „Stufen" extrinsischer Motivation, „wobei die unterste Stufe die völlig fremdbestimmte Form der extrinsischen Motivation repräsentiert und die anderen Stufen unterschiedliche Ausprägungsgrade einer zunehmend selbstbestimmten extrinsischen Motivation beschreiben" (Krapp & Ryan, 2002. S. 61). Eine Kurzbeschreibung dieser vier extrinsischen Motivationsformen (external, introjiziert, identifiziert und integriert) erfolgt in nachstehender Abbildung.

25 Entsprechend wird konstatiert, dass die psychischen Grundbedürfnisse (Autonomie, Kompetenz, Eingebundensein) und die intrinsische Motivation in einem „integralen Zusammenhang" stehen: „Intrinsische Verhaltensweisen sind auf die Gefühle der Kompetenzerfahrung und Autonomie angewiesen; gleichzeitig tragen sie zur Entstehung dieser Gefühle bei" (Deci & Ryan, 1993, S. 230).

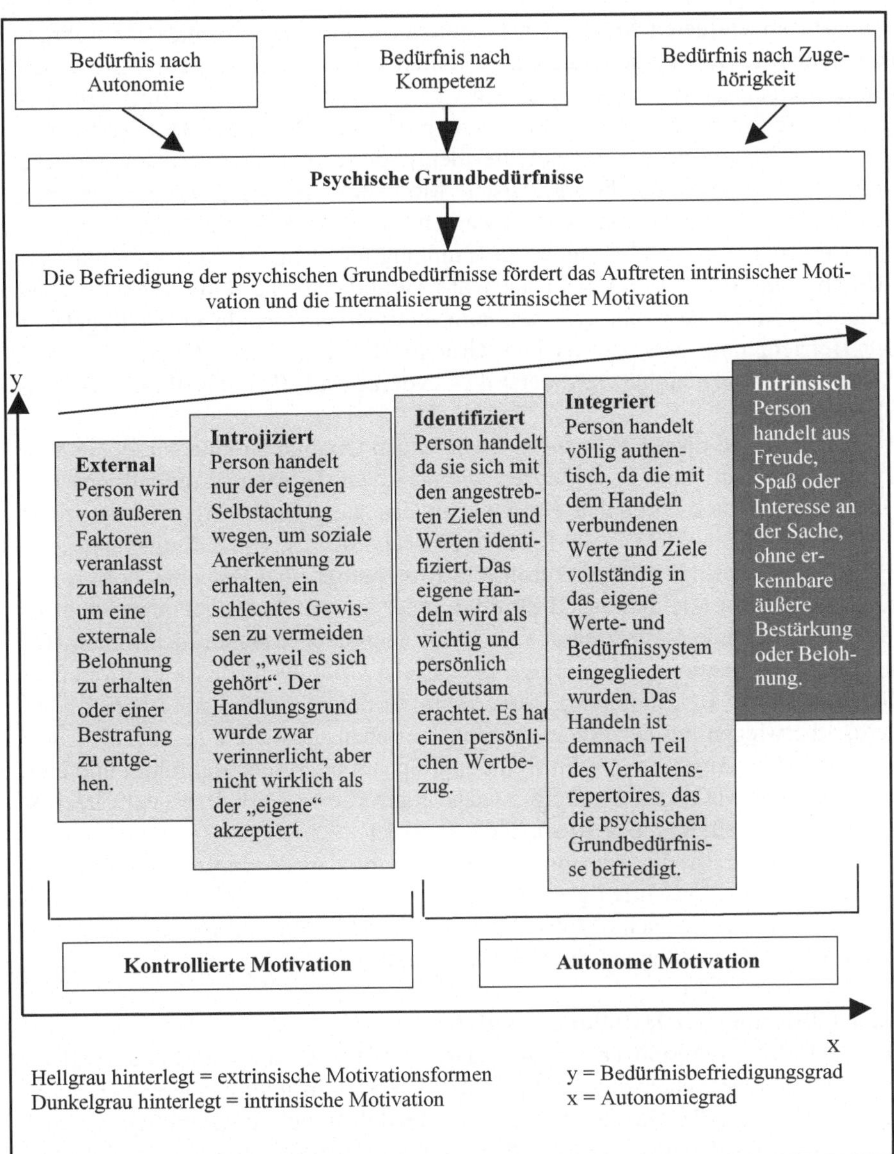

Abb. 4: Modell der Selbstbestimmungstheorie (modifiziert nach Ryan & Deci 2007, S. 8)

Auf dem abgebildeten Motivationskontinuum nimmt das Ausmaß der wahrgenommenen Autonomie des Handelns von links nach rechts stetig zu. Der Mensch handelt selbstbestimmt („aus sich selbst heraus") auf der Basis seiner grundlegenden Werte und Bedürfnisse (vgl. Krapp & Ryan, 2002, S. 63). Dies trifft in gradueller Abstufung sowohl auf die identifizierte und integrierte extrinsische Motivation als auch auf die intrinsische Motivation zu, die daher als Subtypen der „autonomen Motivation" gefasst werden (vgl. Deci & Ryan, 2012, S. 89). Da eine Person selbst eine frei gewählte Handlung nur dann ausführt, wenn sie zusätzlich zum Autonomieerleben auch das Gefühl hat, die dafür erforderlichen Kompetenzen zu besitzen, geht autonom motiviertes Handeln in der Regel mit der Befriedigung der psychischen Grundbedürfnisse nach Autonomie- und Kompetenzerleben einher bzw. setzt diese voraus (vgl. Krapp & Ryan, 2002, S. 61 ff.).

Entsprechend dieser bedürfnisbefriedigenden Qualität ist eine autonome Motivation mit positiven Konsequenzen wie positivem Erleben, Wohlbefinden und einer stabilen motivationalen Bindung an das ausgeübte Verhalten assoziiert (vgl. Deci & Ryan, 2012, S. 89 f.; Ryan & Deci, 2002, S. 18 f.). Entgegengesetzte Wirkungen zeitigt eine „kontrollierte Motivation", bei der eine Person nur aufgrund äußerer (Belohnung, Bestrafung) oder innerer (Selbstachtung) Kontrolle zu einem Handeln „veranlasst wird", mit dem sie sich kaum identifiziert. Da auf dieser Motivationsstufe zentrale psychische Grundbedürfnisse kaum befriedigt werden (v. a. Autonomie), bzw. kaum zu deren Befriedigung beigetragen wird, überwiegen in der Regel negative Erlebensqualitäten (z. B. niedriges Wohlbefinden, Angst, innere Entfremdung, Scham oder Schuldgefühle) und eine schwache motivationale Bindung an das kontrollierte Verhalten (vgl. Deci & Ryan, 2012, S. 89; Krapp & Ryan, 2002, S. 61 f.).

Zu ergänzen ist die Annahme, dass menschliches Verhalten zugleich von mehreren Motivationsstufen gespeist werden kann, also intrinsische Anreize und instrumentelle extrinsische Motive gleichzeitig auftreten und ein Verhalten gemeinsam antreiben können (vgl. Deci & Ryan, 2012, S. 89).

Internalisierung der Handlungsregulation

Die SDT geht weiterhin davon aus, dass der Mensch „die natürliche Tendenz hat, Regulationsmechanismen der sozialen Umwelt zu internalisieren" (Deci & Ryan, 1993, S. 227). Das heißt, Menschen bemühen sich, ursprünglich external kontrollierte (und daher extrinsisch motivierte) Verhaltensweisen in selbstbestimmte Handlungen zu überführen (vgl. ebd.). Diese Tendenz liefert eine Erklärung dafür, warum Menschen Verhaltensweisen in ihr Verhaltensrepertoire integrieren, die für sie eigentlich uninteressant bzw. für die sie nicht intrinsisch motiviert sind (vgl. Ryan & Deci, 2002, S. 15). Angetrieben wird dieser Internalisierungsprozess im Kern von den beiden psychischen Grundbedürfnissen nach Autonomie- und Zugehörigkeitserleben: „Im Bemühen, sich mit anderen Personen verbunden zu fühlen und gleichzeitig die eigenen Handlungen autonom zu bestimmen, übernimmt und integriert die Person also [sozial vermittelte; Anmerkung RR] Ziele und Verhaltensnormen in das eigene Selbstkonzept" (Deci & Ryan, 1993, S. 227). Der Gewinn der Internalisierung und Ausübung eines von anderen Personen geforderten und/oder wertgeschätzten Verhaltens liegt damit zum einen in der Aussicht auf soziale Anerkennung und Zugehörigkeit zu „signifikanten Anderen" und zum anderen in dem Gefühl der „eigenen" Handlungsverursachung.

Zentrale Bedeutung erlangt dieser Internalisierungsprozess für all jene Kontexte, in denen Menschen versuchen, andere Menschen zu bestimmten „uninteressanten" (nicht intrinsisch motivierten), aber für sie dennoch förderlichen Verhaltensweisen zu motivieren und dabei, zum Zwecke einer möglichst dauerhaften Bindung daran, die Selbstregulation dieses Verhaltens anstreben. In solchen Kontexten (z. B. Schule oder Gesundheitssport) drängt sich die Frage auf, wie dieser Internalisierungsprozess gefördert werden kann. Die SDT antwortet darauf, empirisch fundiert, folgendermaßen: „People will accept and internalize a new behavioral regulation or guiding value to the extent that they feel support for relatedness, autonomy and competence in the context of behaving" (Ryan & Deci, 2007, S. 10 f.). Dabei wird der Wert der Befriedigung jedes einzelnen psychischen Grundbedürfnisses für den Internalisierungsprozess von Ryan und Deci gesondert herausgestellt (vgl. ebd.):

- Erleben eigener Kompetenz gilt als grundlegende Voraussetzung für motivationales Handeln, sei es externaler, introjizierter, identifizierter, integrierter oder intrinsischer Natur. Ohne die Überzeugung, dass „man es auch tun kann", bleibt motiviertes Handeln aus.
- Damit ein Mensch ein Verhalten zumindest auf der Stufe der Introjektion verinnerlicht und reguliert, muss er sich nicht nur kompetent, sondern darüber hinaus auch in irgendeiner Form sozial verbunden fühlen (oder zumindest den Wunsch nach Zugehörigkeit hegen): Das Streben nach sozialer Zugehörigkeit und Anerkennung veranlasst Menschen typischerweise dazu, Verhaltensweisen zu introjizieren – selbst dann, wenn diese nicht die eigenen Interessen und Werte widerspiegeln.

- Damit ein Verhalten noch stärker internalisiert und durch „identifizierte“ oder gar „integrierte Motivation“ angetrieben und reguliert wird, ist mehr als die Unterstützung von Kompetenz- und Zugehörigkeitserleben notwendig: Der Mensch muss zusätzlich Autonomie (ein Gefühl eigener Zustimmung und Wahlmöglichkeit) erleben.

Die Förderung einer tiefergehenden Internalisierung der Verhaltensregulation bis auf die Stufen identifizierter und integrierter extrinsischer Motivation ist damit grundlegend an die Förderung und Unterstützung aller drei psychischen Grundbedürfnisse gebunden. Die Befriedigung der psychischen Grundbedürfnisse ist entsprechend die Basis dafür, dass Menschen ursprünglich extrinsisch motiviertes (kontrolliertes) Verhalten zunehmend internalisieren und in selbstbestimmtes Verhalten überführen.

Da selbstbestimmtes Verhalten gegenüber kontrolliertem Verhalten zahlreiche Vorteile aufweist – „hinsichtlich Persistenz, Qualität des emotionalen Erlebens und Art der Handlungsergebnisse“ (Krapp & Ryan, 2002, S. 58) –, stellt die SDT immer wieder die Bedeutung sozialer Umwelten heraus, die eine Befriedigung der psychischen Grundbedürfnisse ermöglichen und damit Selbstbestimmung befördern. Dieser Zusammenhang wird im Folgenden näher ausgeführt.

Die Bedeutung der sozialen Umwelt für den Motivationsprozess

Unter einem *organismischen* Blickwinkel wird die „active nature“ des Menschen fokussiert, sich mit seiner Umwelt aktiv auseinanderzusetzen, Herausforderungen aufzusuchen, seine Fähigkeiten zu entwickeln und Informationen und Anreize der Umwelt (z. B. Wissen, Werte, Einstellungen) zu integrieren. Die psychischen Grundbedürfnisse werden hierbei als „Energielieferanten“ für diese die menschliche Entwicklung vorantreibenden Tendenzen betrachtet (vgl. Ryan & Deci, 2002, S. 3 ff.).

Unter einem *dialektischen* Fokus wird eine permanente interaktive Beziehung zwischen den beschriebenen organismischen Tendenzen und den Einflüssen der sozialen Umwelt unterstellt (vgl. ebd.). Es wird davon ausgegangen, dass die dem Menschen inhärente „active human nature“ mit all ihren positiven Auswirkungen auf Entwicklung, Gesundheit und Wohlbefinden nur in solchen sozialen Umwelten voll zur Geltung kommen kann, in denen Menschen ihre grundlegenden psychischen Bedürfnisse nach Autonomie, Kompetenz und Zugehörigkeit befriedigen können: These needs [...] provide the basis for categorizing aspects of the environment as supportiv versus antagonistic to integrated and vital human functioning“ (Ryan & Deci, 2002, S. 6).

Das Konzept der psychischen Grundbedürfnisse umschreibt demnach zentrale Umweltbedingungen, die gegeben sein müssen, um „optimale Wirkungen“ bezüglich Persönlichkeitsentwicklung, Qualität des Verhaltens (selbstbestimmt statt kontrolliert) und dem (positive) Erleben innerhalb einer spezifischen Situation erzielen zu können (vgl. ebd.). Fokussiert auf das Motivationsgeschehen bedeutet dies, dass soziale Umweltfaktoren, je nachdem, ob sie die Befriedigung der Bedürfnisse nach Autonomie, Kompetenz und Zugehörigkeit unterstützen oder behindern, das Auftreten intrinsischer Motivation und die Integration extrinsischer Motivation befördern oder hemmen (vgl. Ryan & Deci, 2007, S. 4; Deci & Ryan, 1993, S. 229 f.). Die Bedeutung der sozialen Umwelt für den Motivationsprozess wird noch deutlicher, wenn man sich die folgenden Zusammenhänge vor Augen führt: (1.) motivierte Individuen sind zu jedem gegebenen Zeitpunkt in nähere (z. B. Familie oder Sportgruppe) oder fernere (z. B. Gesellschaft und deren Normen) soziale Umwelten eingebettet; (2.) diese Umwelten variieren beträchtlich bezüglich des Ausmaßes, zu dem sie die Befriedigung der psychischen Grundbedürfnisse fördern oder verletzen (vgl. Deci & Ryan, 2012, S. 86). Der Gestaltung eines bedürfnisunterstützenden sozialen Kontextes kommt damit für die Förderung des Auftretens einer autonomen Motivation (intrinsisch, integriert oder identifiziert) eine herausragende Bedeutung zu. Dies stellt die SDT insbesondere für den pädagogischen Kontext heraus, der maßgeblich von der Absicht geprägt wird, bei Menschen Interesse und Motivation für bestimmte (Lern-) Gegenstände zu wecken (vgl. Deci & Ryan, 1993, S. 229 ff.; Krapp & Ryan, 2002, S. 73). Damit dies gelingt, müssen entsprechende Settings so gestaltet werden, dass Menschen darin soziale Verbundenheit, eigene Kompetenz bzw. Wirksamkeit und echte Wahlmöglichkeit bezüglich des eigenen Handelns (Autonomie) erleben können (vgl. Deci & Ryan, 1993, S. 236).

Zusammenfassung wesentlicher Kernannahmen der SDT

Abschließend sollen die für den weiteren Verlauf der Studie relevanten Kernannahmen der SDT nochmals stringent dargestellt werden:

- Die SDT postuliert drei angeborene, universelle (jeden Kulturkreis und jede Altersstufe gleichermaßen betreffende) psychische Grundbedürfnisse nach Autonomie-, Kompetenz- und Zugehörigkeitserleben, die menschliches Verhalten antreiben.
- Die Befriedigung dieser Bedürfnisse gilt als zentrale Bedingung für die Entstehung, Förderung und Aufrechterhaltung von Motivation, Wohlbefinden und psychischer Gesundheit. Eine Deprivation dieser Bedürfnisse ist mit negativen Konsequenzen in den aufgeführten Dimensionen

verbunden (z. B. fehlende Motivation, beeinträchtigtes Wohlbefinden oder Abneigung gegenüber bestimmten Inhalten/Gegenständen).

- Menschen sind permanent darauf ausgerichtet, Situationen aufzusuchen, die solch eine Bedürfnisbefriedigung ermöglichen und Situationen zu meiden, die einer Bedürfnisbefriedigung im Wege stehen.
- Differenziert werden unterschiedliche qualitative Ausprägungen menschlicher Motivation: die selbstbestimmte/autonome Motivation und die kontrollierte Motivation.
- Die autonome Motivation gilt als „optimale" Motivationsform, da sie zur Befriedigung der psychischen Grundbedürfnisse beiträgt und sich (daher) durch eine hohe Persistenz (stabile Bindung) des motivierten Verhaltens und positives emotionales Erleben auszeichnet.
- Die Befriedigung der psychischen Grundbedürfnisse fördert das Auftreten dieser wünschenswerten autonomen Motivation.
- Die intrinsische Motivation ist die autonomste Form menschlicher Motivation. Was sie charakterisiert, antreibt und aufrechterhält, ist das unmittelbare innere Erleben von Freude an der Tätigkeit oder einem „intrinsischen Interesse" an der Sache, was wiederum primär aus der Befriedigung der psychischen Grundbedürfnisse erwächst.
- Menschen tendieren dazu, ursprünglich kontrollierte Formen der extrinsischen Motivation zu internalisieren und so in selbstbestimmte Motivationsformen zu überführen. Dieser Internalisierungsprozess ist in all jenen Kontexten bedeutsam, in denen Menschen dauerhaft zu nicht intrinsisch motivierten Verhaltensweisen motiviert werden sollen.
- Die Förderung einer Internalisierung der Verhaltensregulation hin zu wachsender Selbstregulation ist grundlegend an die Förderung und Unterstützung der drei psychischen Grundbedürfnisse gebunden.
- Je nachdem ob Faktoren der sozialen Umwelt die Befriedigung der Bedürfnisse nach Autonomie, Kompetenz und Zugehörigkeit unterstützen oder behindern, befördern oder hemmen sie das Auftreten intrinsischer Motivation und die Integration extrinsischer Motivation.
- Motivationsfördernde (pädagogische) Settings zeichnen sich entsprechend durch soziale Bedingungen aus, die das Bestreben der Menschen nach Autonomie, Kompetenz und Verbundenheit unterstützen.

Die Befriedigung der psychischen Grundbedürfnisse kann nach der dargelegten Betrachtungsweise der Selbstbestimmungstheorie eine zentrale funktionale Bedeutung für das motivationale Geschehen haben.

3.4 SDT im Hinblick auf Alter und körperliche Aktivität

Die bisherige Darstellung der SDT wurde ohne einen Bezug zu bestimmten Altersphasen oder Anwendungsfeldern geführt. Im Hinblick auf das spezifische Feld des Alterssports stellen sich die beiden Fragen, (1) ob das Postulat der psychischen Grundbedürfnisse auch für die späte Lebensphase Gültigkeit besitzt und (2) welche Konsequenzen sich gegebenenfalls daraus für die Gestaltung des Alterssports ableiten lassen. Die SDT beantwortet die erste Frage folgendermaßen:

> „At all ages, and in all cultures, needs for autonomy, competence, and relatedness both play a role in energizing developmental proactivity and are critical to optimal behavioral functioning and well-being. Although the means trough which they are satisfied change as a function of both age- and culture-related factors, these basic needs supply a source of continuity throughout development" (Ryan & La Guardia, 2000, S. 165).

Diese Betonung eines „gemeinsamen Kerns der menschlichen Natur" (die psychischen Grundbedürfnisse), der über alle Entwicklungsphasen hinweg Gültigkeit besitzt und entsprechend für Kontinuität im Entwicklungsverlauf sorgt, stellt eine kühne Behauptung dar, wird doch in der aktuellen Fachdiskussion vorwiegend eine konträre Sichtweise vertreten. So vermeiden nahezu alle jüngeren Theorien der Entwicklungspsychologie und der Gerontologie „Anspruch auf eine generalisierende Gültigkeit ihrer Aussagen" (Denk & Pache, 2003, S. 65). Unter Verweis auf die bis ins hohe Alter hinein existierende Plastizität und Anpassungsfähigkeit des Menschen betonen diese vielmehr die Formbarkeit und Flexibilität des Entwicklungsprozesses (vgl. Ryan & La Guardia, 2000, S. 146 f.). Diese Theorien verstehen sich als „Beiträge zu einer Differentiellen Gerontologie, die die mit dem Alter offensichtlich steigende interindividuelle Variabilität physiologischer und psychologischer Funktionen beschreiben" (Denk & Pache, 2003, S. 65).

Gestützt auf eine breite empirische Basis, welche die lebenslange Bedeutung der psychischen Grundbedürfnisse für die Entwicklung, die Motivation und das Wohlbefinden der Menschen unterstreicht, mahnt die SDT an, diese „sehr offenen" Variabilitätsvorstellungen der Differentiellen Gerontologie zu überdenken (vgl. Ryan & La Guardia, 2000, S. 146). Sie setzt diesem allgemeinen Trend, das Alter ausschließlich aus einer Vielfaltsperspektive zu betrachten, die Behauptung eines „common core of human nature" (ebd.) entgegen, der (auch) die älteren Menschen eint.

Diese SDT-Vorstellung eines allen Menschen gemeinsamen Kerns ist faszinierend und handlungsrelevant zugleich. So hat die Verabschiedung von solchen generalisierten Aussagen im Kontext einer Differentiellen Gerontologie „die Interventionsgerontologie vor nicht zu unterschätzende Probleme gestellt“ (Denk & Pache, 2003, S. 66). Dies zeigen Denk & Pache (ebd.) am Beispiel des Alterssports auf:

> Auch der Alterssport, der sich als Interventionsmaßnahme i.w.S. verstehen kann, steht vor dem Hintergrund des Wissens um die individuelle Vielfalt des Alternsprozesses vor dem Dilemma, quantitativ ausreichende Angebote auf die jeweiligen persönlichen Bedürfnisse der Sportinteressierten abzustimmen und dabei zwischen der undifferenzierten Gruppe und dem ‚personal training‘ einen ökonomisch und fachlich gangbaren Weg zu finden.

Die Selbstbestimmungstheorie erweist sich bei der Suche nach einem fundierten Lösungsweg für diese Problemstellung als wertvoller Wegweiser. Sie legt die Interventionsstrategie nahe, die Gestaltung der Situationen im Alterssport an den universellen Bedürfnissen der Menschen (Autonomie, Kompetenz, Eingebundensein) auszurichten, „die bei nahezu allen Personen in hinreichender Stärke vorliegen“ (Rheinberg, 2006a, S. 510). Auf diese Weise ist trotz bestehender interindividueller Variabilität der jeweiligen persönlichen Bedürfnisse Älterer eine „breite Wirksamkeit“ der Intervention hinsichtlich der Förderung von Motivation und Wohlbefinden im und zum Alterssport wahrscheinlich (vgl. ebd., S. 511). Damit zeichnet sich eine vielversprechende Antwort auf die zentrale Fragestellung des gesundheitsorientierten Alterssports ab, wie es vor dem Hintergrund der großen Variabilität der persönlichen Bedürfnisse, Vorlieben, Erfahrungen, (Ab-)Neigungen „gelingen kann, mehr ältere Menschen [...] für die regelmäßige Durchführung von körperlichem Training zu begeistern“ (Kruse & Wahl, 2010, S. 260).

Auf der Basis der SDT, die den psychischen Grundbedürfnissen über die gesamte Lebensspanne hinweg eine gleich hohe Relevanz bezüglich der Förderung von Wohlbefinden, intrinsischer Motivation und der Internalisierung von Werten und Verhaltensweisen zuspricht (vgl. Ryan & LA Guardia, 2000, S. 152 ff.), lässt sich die Antwort hierauf folgendermaßen formulieren:

Maßnahmen zur Motivationsförderung im Alterssport sollten insbesondere daraufhin ausgelegt werden, die bei nahezu allen Älteren hinreichend ausgeprägten psychischen Grundbedürfnisse nach Autonomie-, Kompetenz- und Zugehörigkeitserleben zu befriedigen.

Zu der gleichen Folgerung kommen Bucksch, Finne & Geuter (2010, S. 26), die aktuell zu den wenigen wissenschaftlichen Autoren zählen, welche die SDT auf das Feld der Bewegungsförderung Älterer beziehen [26]. Zwar wird die Selbstbestimmungstheorie im Kontext des Sports intensiv beforscht und aus daraus resultierenden Erkenntnissen zahlreiche Praxisempfehlungen zur Befriedigung der psychischen Grundbedürfnisse im Sport abgeleitet, doch fokussieren sich diese Bestrebungen bislang vorwiegend auf Kinder, Jugendliche und Erwachsene in den Feldern Sportunterricht, Leistungssport und gesundheitsorientiertes Sporttreiben (vgl. Hagger & Chatzisarantis, 2007).

Nachfolgend werden die von Bucksch et al. (2010, S. 26 f.) formulierten Vorschläge zur Erfüllung der drei psychischen Grundbedürfnisse im Kontext der Bewegungsförderung Älterer systematisierend dargestellt.

Tabelle 12: Praxisempfehlungen für Übungsleiter zur Erfüllung der psychischen Grundbedürfnisse im Alterssport (in Anlehnung an Bucksch et al., 2010, S. 26 f.)

Kompetenzerleben	Autonomie	Eingebundensein
Angebotene Aktivitäten auf die Fähigkeiten der Teilnehmer zuschneiden.	Wahlmöglichkeiten eröffnen – z. B. was die Art und Geschwindigkeit von Übungen betrifft.	Möglichkeiten zu gemeinsamen Bewegungsaktivitäten anbieten.
Realistische und erreichbare Ziele setzen	Teilnehmer sollten an möglichst vielen Punkten Entscheidungen bzgl. des Trainings zugunsten eigener Bedürfnisse und Interessen selbst treffen dürfen.	Ein persönliches Interesse an den Teilnehmern und ihren Fortschritten zeigen
(Positive) Rückmeldungen anbieten.	Teilnehmern sollte keine bestimmte Form der Bewegung aufgezwungen werden.	Für Teilnehmer auch persönliche Worte finden
	Es sollten Gelegenheiten für individuelle Zielsetzungen angeboten werden.	
	„Kontrollierende“ Ausdrucksweisen – wie: „Sie müssen …“ oder „Sie sollen …“ – vermeiden und stattdessen offenere Formulierungen wählen – wie: „Sie könnten …“ oder „Wenn Sie mögen, können Sie …“	
	Erklärungen bzgl. der Relevanz der gewählten Übungsinhalte geben, um die Befürwortung der Teilnehmer bzgl. der Inhalte zu fördern.	

26 Bewegungsförderung gilt als „zentrale Komponente der Gesundheitsförderung“ (Kolip, 2012, S. 116). Sie wird verstanden als die „(gezielte) Steigerung regelmäßiger körperlicher Aktivitäten durch Interventionen in der Bevölkerung oder in einzelnen Zielgruppen“ (Geuter & Hollederer, 2012b, S. 14).

Die von Bucksch et al. formulierten Praxisempfehlungen zur Befriedigung der psychischen Grundbedürfnisse im Alterssport decken sich weitgehend mit den Empfehlungen, die üblicherweise auf Basis der SDT für das gesundheitsorientierte Sporttreiben, beispielsweise in sportbezogenen SDT-Überblickswerken (vgl. Hagger & Chatzisarantis, 2007, S. 21 ff.), ausgesprochen werden. Sie skizzieren ein erstes Bild einer bedürfnisorientierten Alterssport-Gestaltung, zeigen jedoch zugleich auch unübersehbare Desiderate auf, deren Diskussion dieses Kapitel abschließen und zum kommenden Kapitel hinführen soll.

Altersspezifik

Trotz der Verortung im Kontext „Bewegungsförderung 60+" weisen die Praxisempfehlungen von Bucksch et al. (2010) keinen spezifischen Bezug zum körperlichen Aktivitätsverhalten älterer Menschen auf. Die identischen Empfehlungen werden von Edmunds et al. (2007) altersphasenunspezifisch sowohl für Sportlehrer als auch für Übungsleiter von gesundheitsorientierten Sportangeboten (ohne Altersbezug) ausgesprochen (vgl. S. 49 ff.). Betrachtet man, auf Basis welcher empirischen Forschungsarbeiten diese Empfehlungen gegeben werden, fällt auf, dass diese vorwiegend junge und / oder erwachsene Menschen mittleren Alters fokussieren (vgl. Edmunds et al., 2007, S. 37 ff.). Damit bleibt sowohl bei den sportbezogenen SDT-Forschungsbemühungen als auch bei den darauf basierenden Praxisempfehlungen zur Erfüllung der psychischen Grundbedürfnisse das „Alter" (Menschen älter als 60 Jahre) bisher weitgehend ausgespart (vgl. auch Bucksch, 2010, S. 26).

Ruft man sich jedoch das SDT-Postulat in Erinnerung, dass die psychischen Grundbedürfnisse zwar ein Leben lang Bestand haben, sich ihre Befriedigungswege aber als Funktion altersbezogener Faktoren über das Leben hinweg wandeln (vgl. Ryan & La Guardia, 2000, S. 165), dann wird die Notwendigkeit eines altersspezifischen Zugangs offensichtlich. Für den Kontext des Alterssports bedeutet dies, dass zunächst spezifische Befriedigungswege, die Ältere im Kontext körperlicher Aktivität zur Erfüllung ihrer psychischen Grundbedürfnisse finden und auswählen, empirisch identifiziert werden müssen. Auf Basis dieser Erkenntnisse können dann spezifische motivationsförderliche Praxisempfehlungen für den Alterssport ausgesprochen werden, wie dessen Gestaltung auf die Befriedigung der psychischen Grundbedürfnisse Älterer ausgerichtet werden kann. Das hier beschriebene Vorgehen wird mit der eigenen empirischen Studie (siehe Kapitel 4) realisiert, um das skizzierte Desiderat anzugehen.

Multimodalität
Die im Rahmen der SDT formulierten Vorschläge zur Erfüllung der psychischen Grundbedürfnisse im Sport konzentrieren sich vorwiegend auf den Übungsleiter und dessen Verhalten. Weitere potenzielle Ansatzpunkte zur Förderung der Bedürfnisbefriedigung im Alterssport geraten bislang kaum in den Blick. Dabei gehört es im Kontext der Gesundheitsförderung zum Grundwissen, dass Interventionen vor allem dann erfolgreich sind, wenn sie multimodal angelegt werden, d. h. auf mehreren Ebenen ansetzen und neben einem verhaltensorientierten Zugang vor allem auch verhältnisbezogene Ebenen, wie die Ebene der Angebotsstruktur oder die Ebene der (Material-)Ausstattung, mit einbeziehen (vgl. Kaba-Schönstein, 2011, S. 139 ff.). Um diese multimodale Erfolgsstrategie realisieren zu können, wird in der im nächsten Kapitel folgenden Studie bewusst auch nach potenziellen Befriedigungswegen der psychischen Grundbedürfnisse Älterer gesucht, die außerhalb des Übungsleiterverhaltens – eventuell auch auf Ebene der Verhältnisse – angelegt sind.

3.5 Fazit

Ziel dieses Kapitels war es, die Selbstbestimmungstheorie in Richtung einer motivationsfördernden, bedürfnisorientierten Gestaltung des Alterssports zu entfalten. Dabei standen die Klärung theoretischer Grundlagen, die Eingrenzung des eigenen Anspruchsniveaus und das Aufzeigen des aktuellen Diskussionsstandes bezüglich einer bedürfnisorientierten Praxis des Alterssports im Vordergrund. Wesentliche Erkenntnisse dieser Auseinandersetzung lassen sich wie folgt zusammenfassen:

Mit ihrem spezifischen Fokus auf positive Faktoren menschlicher Entwicklung und Motivation verweist die SDT auf die Ergänzungsbedürftigkeit der traditionellen Ausrichtung des Alterssports, die sich, risiko- und defizitorientiert, vor allem auf die Prävention negativer Aspekte des Alterns (altersassoziierte Erkrankungen und Leistungsabfälle) fokussiert. Aus einem SDT-fundierten Blickwinkel sollte der Alterssport stärker auf die Förderung des positiven Aspekts des subjektiven Wohlbefindens ausgerichtet werden, weil die Erkenntnis dafür wächst, dass sich das „Gelingen" im Alter weniger an einem reibungslos funktionierenden Körper als vielmehr am Erleben subjektiven Wohlbefindens festmacht. Zum anderen weist die SDT darauf hin, dass das Erleben von Wohlbefinden, Spaß und Freude bei und an der körperlichen Aktivität eine unabdingbare Voraussetzung für eine stabile (intrinsische) motivationale Bindung an dieses

Aktivitätsverhalten darstellt. Um das subjektive Wohlbefinden fördern zu können, sollte der Alterssport nach SDT-Vorgaben zur Befriedigung der psychischen Grundbedürfnisse der Menschen nach Autonomie, Kompetenz und sozialem Eingebundensein beitragen, von deren Erfüllung das Wohlbefindenserleben weitgehend abhängt.

Diese Forderungen für den Alterssport stehen weitgehend im Einklang mit Empfehlungen der modernen Gesundheitsförderung, dass Menschen nur dann für gesundheitsbezogene Maßnahmen nachhaltig motiviert werden können, wenn eine an Risikofaktoren orientierte Prävention um Prinzipien ergänzt wird, die das Element der Bedürfnisbefriedigung bzw. das Wohlbefindenserleben in der Auseinandersetzung mit dem gewünschten Gesundheitsverhalten (hier körperliche Aktivität) sichern. Daraus folgt, dass die bislang den Alterssport dominierende Einseitigkeit seiner (nüchternen und spröden) Ausrichtung am Risiko- und Präventionsgedanken aus motivationstheoretischer Sicht einer Ergänzung um Prinzipien bedarf, die „das Element der Bedürfnisbefriedigung bzw. den Spaß bei der Sache“ (Becker, 2006, S. 264) sichern.

Für eine entsprechende Praxisumsetzung können die psychischen Grundbedürfnisse eine Art Wegweiser sein, die die Richtung auf dem Weg zu einem wohlbefindens- und motivationsfördernden Alterssport vorgeben. Um sie in diesem Sinne nutzen zu können, müssen jedoch zunächst die spezifischen Befriedigungswege, die Ältere im Kontext körperlicher Aktivität zur Erfüllung ihrer psychischen Grundbedürfnisse finden und auswählen bzw. akzeptieren, empirisch identifiziert werden. Darauf aufbauend können dann richtungsweisende, motivationsförderliche Praxisempfehlungen für den Alterssport ausgesprochen werden, die in einem multimodalen Verständnis neben der verhaltensorientierten Ebene auch die verhältnisbezogene Ebene berücksichtigen. Das hier beschriebene Vorgehen wird mit der eigenen empirischen Studie realisiert und im nächsten Kapitel ausführlich beschrieben.

4 Explorative Pilotstudie zur Bedürfnissituation körperlich aktiver Älterer

Im vorigen Kapitel wurde auf der Basis der Selbstbestimmungstheorie (SDT) nach Ryan & Deci herausgearbeitet, dass durch die Befriedigung der psychischen Grundbedürfnisse im Alterssportkontext (mehr) Ältere dazu motiviert werden können, körperlich aktiv zu werden oder zu bleiben. Die in diesem Zusammenhang formulierten Erkenntnisse stützen sich weitgehend auf altersunspezifische Kernaussagen der SDT.

In diesem Kapitel folgt eine empirische Annäherung an den Forschungsgegenstand. Dazu werden die zu leistenden Forschungsschritte im Kontext der eigenen Studie ausgeführt. Anschließend werden die Ergebnisse dargestellt, interpretiert und Folgerungen für die pädagogische Praxis abgeleitet.

4.1 Fragestellung, Forschungsstand und theoretische Rahmung

Im Kontext wissenschaftlicher Forschung ist man in den letzten Jahrzehnten zu der Einsicht gelangt, „dass wissenschaftliche Erkenntnisse grundsätzlich immer nur ein Bild der Wirklichkeit aus einer bestimmten Sichtweise wiedergeben" (König & Bentler, 2010, S. 174) und nicht „die Wirklichkeit an sich". Die Wahl des theoretischen Rahmens einer Untersuchung hat deshalb einen wesentlichen Einfluss, wie der Untersuchungsgegenstand in Erscheinung tritt und welche wissenschaftlichen Erkenntnisse daraus abgeleitet werden (vgl. ebd.). Ausgangspunkt der vorliegenden Arbeit ist die Überzeugung, dass der motivationstheoretische Rahmen der SDT eine geeignete „Brille" darstellt, um die konkrete Alterssport-„Wirklichkeit" auf latente Motivationspotenziale hin zu betrachten und zu analysieren. Die Entwicklung und Festlegung dieses theoretischen Rahmens wurde in Kap. 3 geleistet.

Das hier eingeschlagene Vorgehen hat den Charakter eines explorativen Herantastens an das Alterssport-Feld. Es dient der Vergewisserung, ob und inwiefern die in der SDT postulierten psychischen Grundbedürfnisse überhaupt mit der Alterssport-Praxis und dem Erleben körperlich aktiver Älterer korrespondieren.

Nötig wird dieses herantastende Vorgehen dadurch, dass sich die zahlreichen Forschungsarbeiten zur SDT bislang kaum auf die Lebensphase des Alters konzentrieren: „Less well explored, however, has been the role of psychological needs in the later years of life“ (Ryan & La Guardia, 2000, S. 160). Dies trifft insbesondere auch auf den Forschungskontext des Sports zu, in dem sich die SDT-Forschung bislang – unter weit gehender Aussparung der spezifischen Altersthematik – auf Motivationsprozesse von jungen und erwachsenen Menschen in den Feldern Schul-, Gesundheits- und Leistungssport fokussiert (vgl. Hagger & Chatzisarantis, 2007). Wenn vereinzelte SDT-basierte Forschungsarbeiten zum Bewegungsverhalten Älterer vorliegen, dann meist im Zusammenhang mit bereits eingetretener Krankheit und/oder Rehabilitation (z. B. Milne et al. 2008; Russel & Bray, 2010). Das klassische Feld des Alterssports mit dem Ziel der Prävention von Erkrankungen/Leistungsabfällen bzw. der Gesundheitsförderung bleibt im Kontext der sportbezogenen SDT-Forschung bislang empirisch weitgehend unerforscht (vgl. Bucksch, Finne & Geuter, 2010, S. 26).

Diese Aussage trifft auch auf das zu Beginn des Kapitels 3 vorgestellte biopsychosoziale Modell gelingenden Alterns von Kanning und Schlicht (2008) zu. Die dort formulierte Annahme, dass Ältere ihre psychologischen Grundbedürfnisse während der körperlichen Aktivität befriedigen können (vgl. ebd., S. 80), wird bislang empirisch nur auf indirektem Wege untersucht. Dabei wird das subjektive Wohlbefinden als Indikator für die Bedürfnisbefriedigung angenommen und über eine Feststellung der Steigerung des Wohlbefindens nach körperlicher Aktivität (durch Vorher-Nachher-Messungen) auf eine stattgefundene Befriedigung der psychischen Grundbedürfnisse während der Aktivität rückgeschlossen (vgl. Schlicht, 2010, S. 34).

Bei solch einem empirischen Vorgehen bleibt jedoch eine wesentliche Frage ungeklärt, die insbesondere für das dieser Arbeit zugrundeliegende anwendungsbezogene Forschungsinteresse von zentraler Bedeutung ist:

Wie – über welche (Befriedigungs-)Wege – gelingt es Älteren, die psychischen Grundbedürfnisse im Kontext körperlicher Aktivität zu befriedigen?

Diese Fragestellung skizziert die Richtung, in die ich mit meiner empirischen Studie blicken werde. Dahinter verbirgt sich die Zielstellung, die spezifische Bedürfnissituation Älterer im Kontext körperlicher Aktivität zu erhellen, um auf dieser Basis zukünftig bedürfnisgerechte(re) Alterssportangebote entwickeln zu können.

Bereits existierende Studien mit bedürfnisorientierter Ausrichtung rekurrieren nicht auf theoretische und empirische Erkenntnisse bedürfnistheoretischer

Ansätze, sondern fassen unter den „Bedürfnissen“ der Älteren relativ undifferenziert deren bewegungs- und sportbezogenen Wünsche, Motive oder Erwartungen (vgl. Denk & Pache, 1996; Thiel, Huy & Gomolinsky, 2008). Damit tragen sie jedoch nicht zur Klärung der spezifischen Bedürfnissituation Älterer im Bewegungskontext hinsichtlich der motivational so bedeutsamen psychischen Grundbedürfnisse bei. Dies kann bislang als ein Desiderat gelten, das mit der vorliegenden Studie aufgegriffen wird.

4.2 Forschungsmethodik und Hinweise zur Durchführung der Untersuchung

Die methodische Absicherung und Nachvollziehbarkeit des eigenen Vorgehens gilt bei qualitativen Untersuchungen als eine „zentrale Forderung“ (König & Bentler, 2010, S. 178). Hierbei steht die Klärung von zwei Fragen im Mittelpunkt:

- „Welche forschungsmethodischen Möglichkeiten finden sich in der Literatur, um den Gegenstand der Arbeit untersuchen zu können?
- Welcher forschungsmethodische Ansatz wird begründet für die eigene Arbeit ausgewählt?“

Diese zwei Fragestellungen gilt es, sowohl für die Erhebungs- als auch für die Auswertungsmethodik zu klären, um auf diesem Weg das Erhebungs- und Auswertungsdesign der Untersuchung anschaulich zu erarbeiten. Im weiteren Verlauf dieses Kapitels sollen diese Forschungsschritte geklärt werden.

4.2.1 Erhebungsdesign

Auswahl und Begründung der Untersuchungsmethode

Bei der Auswahl einer geeigneten Methode zur Untersuchung der Bedürfnissituation körperlich aktiver Älterer auf Basis der Selbstbestimmungstheorie (SDT) liegt es zunächst nahe, auf bereits etablierte Untersuchungsmethoden im Rahmen der SDT-Forschung zurückzugreifen. In der Tat existiert inzwischen eine Reihe von Forschungsinstrumenten, die speziell daraufhin entwickelt wurden, auf Basis der SDT motivations- und grundbedürfnisrelevante Fragestellungen im Kontext körperlicher Aktivität zu klären (vgl. Pelletier & Sarrazin, 2007, S. 144; Chatzisarantis & Hagger, 2007, S. 282; http://selfdeterminationtheory.org/questionnaire

s). Es handelt sich dabei weitgehend um Fragebogenkonstruktionen – wie den „Sport Motivation Scale“ oder den „Basic Psychological Needs Scale“ (vgl. ebd.) –, die es ermöglichen, im Kontext körperlicher Aktivität spezifische Ausprägungsgrade der in der SDT unterschiedenen Motivationsformen (siehe Kap. 3) bzw. den Befriedigungsgrad der postulierten psychischen Grundbedürfnisse zu identifizieren und zu quantifizieren.

Als psychometrische Tests sind sie entsprechend für empirische Studien geeignet, in denen auf quantitativem Forschungsweg geklärt werden soll, ob die vorliegende Motivation zur körperlichen Aktivität eher autonom (selbstbestimmt) oder external reguliert wird (vgl. Pelletier & Sarrazin, 2007, S. 146 f.) bzw. wie stark die psychischen Grundbedürfnisses in einem bestimmten Bewegungskontext befriedigt werden (vgl. http://www.selfdeterminationtheory.org/questionnaires/10-questionnaires/53). Mit ihrer spezifisch quantitativ-psychometrisch orientierten Ausrichtung tragen die etablierten SDT-Fragebögen aber weniger zur Klärung bei, wie (auf der Basis welcher qualitativen Einflüsse und Erlebnisse) es zu diesen spezifischen Motivations- und Bedürfnisbefriedigungsausprägungen im Bewegungskontext kommt. Für die empirische Klärung der in Kap. 4.1 aufgeworfenen Frage sind diese quantitativen Untersuchungsmethoden daher eher ungeeignet.

Generell erscheint ein quantitatives Vorgehen zur Klärung möglicher Befriedigungswege der psychischen Grundbedürfnisse im Alterssportkontext wenig adäquat, insofern sich solche Wege aufgrund der subjektiven und subrationalen Erlebensdimension der psychischen Grundbedürfnisse nicht (einfach) erfragen, beobachten oder vermessen / quantifizieren lassen. Vielmehr müssen Befriedigungswege über die Rekonstruktion subjektiver Bedeutungsgehalte des situationsbezogenen (bedürfnisrelevanten) Handelns und Erlebens der Betroffenen („Alterssportler“) interpretativ erschlossen werden. Dieses Vorgehen ist kennzeichnend für eine qualitativ-empirische Ausrichtung (vgl. Blaz & Kuhlmann, 2003, S. 60).

Entsprechend wird insbesondere im sportpädagogischen Kontext die Ansicht vertreten, dass ein qualitativer Forschungszugang die adäquate Vorgehensweise darstellt, um die subjektive Bedürfnissituation von Menschen im Kontext körperlicher Aktivität zu untersuchen (vgl. Kolb, 1999, S. 214; Richartz, 2008, S. 21). Als mögliche qualitative Erhebungsmethoden haben sich im Feld der Sportpädagogik vor allem Interview- und Beobachtungsmethoden etabliert (vgl. Miethling & Schierz, 2008, S. 8 ff.; Balz & Kuhlmann, 2003, S. 60). Da der Untersuchungsgegenstand der vorliegenden Arbeit – die psychischen Grundbedürfnisse – hauptsächlich innere Vorgänge und subjektive Bedeutungsgehalte (z.

B. Erleben von Autonomie, Kompetenz oder Wohlbefinden) berührt, die „sich nur schwer aus Beobachtungen ableiten lassen“ (Mayring, 2002, S. 66), wird hier auf qualitative Interviewtechniken zurückgegriffen: „Man muss hier die Subjekte selbst zur Sprache kommen lassen; sie selbst sind zunächst die Experten für ihre eigenen Bedeutungsgehalte“ (ebd.).

Was Mayring als Begründung für den Einsatz qualitativer Interviews als Erhebungsverfahren anführt, wird von Richartz (2008) für den Forschungskontext „Sport“ spezifiziert. Er stellt das qualitative Interview als adäquate Erhebungsmethode heraus, um im Sportkontext innere Vorgänge wie Glücks-, Befriedigungs- oder Enttäuschungserleben untersuchen zu können (vgl. Richartz, 2008, S. 21). Aus den mittlerweile zahlreich vorhandenen qualitativen Interviewtechniken stellt Richartz die konkrete (Sport)Episode als Erfahrungsform und die Erzählung darüber – als Zeugenbericht über innere und äußere Vorgänge – als korrespondierende Textsorte als angemessenes Erhebungsformat heraus, um solche inneren Vorgänge untersuchen zu können (vgl. ebd., S. 23 f.).

Dieses forschungsmethodische Vorgehen weist Gemeinsamkeiten mit den problemzentrierten Interviews auf (vgl. Lamnek, 2005, S. 363 ff.; Mayring, 2002, S. 67 ff.): theoriegeleitetes Vorgehen (hier Selbstbestimmungstheorie), Zentrierung auf eine bestimmte Problemstellung (hier bedürfnisbefriedigendes Bewegungsverhalten) sowie Herausstellung des Erzählprinzips (hier erzählgenerierende Stimuli zu konkreten Bewegungsepisoden).

In der vorliegenden Arbeit wird der dargelegten Begründung und Durchführung dieser Erhebungsmethodik gefolgt. Die empirische Untersuchung ist entsprechend als qualitative Interviewstudie konzipiert, die auf die (innere) Erlebens- und Bedürfnissituation Älterer im Kontext körperlicher Aktivität fokussiert.

Damit wird einer häufig im Ausblick von SDT-Studien formulierten, aber bisher kaum umgesetzten Forderung gefolgt, im Rahmen der SDT-Forschung auch qualitative Untersuchungsmethoden einzusetzen, um Einblicke in und Erkenntnisse über das konkrete bedürfnisbezogene Erleben und Verhalten der Menschen während der körperlichen Aktivität zu gewinnen (vgl. Standage, Gillison & Treasure, 2007, S. 82; Fortier, Duda, Guerin & Teixeira, 2012, S. 12).

Festlegung und Überprüfung des Erhebungsdesigns

Unter obiger Überschrift sind nach König und Bentler (2010) in qualitativen Studien folgende Fragen zu beantworten:

- „Wie lautet das genaue Interviewziel?
- Wie lauten die einzelnen Leitfragen?
- Wie lassen sich die Leitfragen begründen?“ (S. 179)

Einblicke in die subjektive Bedürfnissituation Älterer bezüglich ihrer Ausübung von körperlicher Aktivität stellt das zentrale Interviewziel der Untersuchung dar. Konkret geht es darum, reichhaltiges Erzählmaterial Älterer darüber zu generieren, mit welchen subjektiven, die psychischen Grundbedürfnisse berührenden (positiven), Erlebnissen ihr eigenes körperliches Aktivitätsverhalten verbunden ist (vgl. Richartz, 2008, S. 21).

Zur Generierung solch reichhaltiger Erzählungen schlägt Richartz folgende Erzählaufforderung vor: „Hast Du in dieser Woche Sport getrieben? Erzähle mir davon!“ (ebd.) Diese Erzählaufforderung wurde bei der Erstellung des eigenen Interviewleitfadens als Einstiegsleitfrage für den ersten, narrativen Interviewteil adaptiert übernommen: „Waren Sie in dieser Woche körperlich aktiv? Erzählen Sie mir davon!“

Erste Probeinterviews ergaben allerdings, dass Ältere durch diese Erzählaufforderung nur selten zu ausführlichen, grundbedürfnisrelevanten Erzählungen über ihr körperliches Aktivitätsverhalten animiert wurden. Vielmehr stellte sich heraus, dass es hierzu konkreterer Fragestellungen bedarf. Entsprechend wurde der Leitfaden um einen zweiten, „grundbedürfnisspezifischen“ Teil ergänzt. In diesem werden Älteren entsprechend der in der SDT postulierten psychischen Grundbedürfnisse jeweils differenziertere Fragen zum Autonomie-, Kompetenz- und Zugehörigkeitserleben bezüglich der eigenen Bewegungsaktivitäten gestellt.

Da in der grundbedürfnisbezogenen Literatur das subjektive Wohlbefinden als Indikator für die Befriedigung der psychischen Grundbedürfnisse gilt (vgl. Schlicht, 2010, S. 34), wurde in den narrativen Teil des Interviewleitfadens zusätzlich eine Frage nach konkreten Wohlbefindensmomenten während der körperlichen Aktivität aufgenommen: „Können Sie sich an Momente/Situationen erinnern, so aus der letzten Zeit, wo Sie körperlich oder sportlich aktiv waren und sich dabei so richtig wohl gefühlt haben? Erzählen Sie mir davon!“ Durch diese Fragestellung sollen Ältere zu bedürfnisrelevanten Erzählungen über ihr eigenes körperliches Aktivitätsverhalten angeregt werden, ohne dass sie dabei vorab auf das Bedürfniskonstrukt bzw. einzelne psychische Grundbedürfnisse festgelegt werden.

Im dritten und letzten Teil des Leitfadeninterviews werden neben soziodemographischen Daten zentrale Eckpunkte der eigenen Bewegungsbiographie der Älteren erfragt: „Schildern Sie mir doch bitte einmal kurz und überblicksartig, wie Ihre bisherige Bewegungsbiographie so verlief, also welche Rolle Bewegung, Spiel und Sport in Ihrem bisherigen Leben einnahm!“ Die Antworten auf diese Leitfrage sollen eine fundiertere Interpretation der vorherigen Aussagen der Älteren ermöglichen, da „das Verhältnis zum Sport und die Bereitschaft zu eigenen sportlichen Aktivitäten entscheidend von der Sportbiographie bestimmt wird“ (Denk & Pache, 2003, S. 91).

Der endgültige Leitfaden, der nach Durchführung mehrerer Probeinterviews entwickelt und für die Interviewdurchführung eingesetzt wurde, ist im Anhang (1) zu finden.

Grundgesamtheit, Stichprobe und Durchführung der Untersuchung

In diesem Abschnitt soll zunächst geklärt werden, „welche Grundgesamtheit der Untersuchung zugrunde liegt [...] – d.h. [für welche] Personen die Untersuchung gelten soll“ (König & Bentler, 2010, S. 179). Ich konzentriere mich in der vorliegenden Studie auf Menschen in der Lebensphase des „3. Alters“ (von ca. 60 bis 80 Jahren).

Die vorliegenden Befunde zum 3. Alter zeigen, dass diese „jungen Alten“ in den meisten Fällen noch einen guten Gesundheitszustand aufweisen, im Bereich der körperlichen Fitness über ein „erhebliches unausgeschöpftes Potenzial“ (Rott, 2009, S. 35) verfügen und gegenüber körperlicher Aktivität eine deutlich positivere Einstellung aufweisen als Menschen im 4. Alter (ab ca. 80 Jahre), was sie zur erfolgversprechendsten Zielgruppe für Alterssport-Interventionen macht (vgl. Denk & Pache, 1996, S. 127). Diese Population setzt sich aus körperlich aktiven und inaktiven Menschen zusammen.

Grundsätzlich stellen beide Subgruppen ein lohnendes Untersuchungsfeld dar, um die Frage nach sportpädagogischen Gestaltungswegen für ein die psychischen Grundbedürfnisse befriedigendes (und daher motivierendes) körperliches Aktivitätsverhalten im Alter zu bearbeiten. So können körperlich Inaktive, quasi als Negativbeispiele, häufig über die psychischen Grundbedürfnisse verletzende, einschneidende Erlebnisse im Kontext eigener früherer Bewegungsaktivitäten berichten (vgl. Pfister, 1999, S. 75 f.). Aus diesen Negativerlebnissen sowie den Wünschen und Erwartungen der Inaktiven bezüglich eines befriedigende(re)n Bewegungsangebots könnten Erkenntnisse für die Gestaltung bedürfnisbefriedigender Alterssportangebote abgeleitet werden.

Umgekehrt stellt die Gruppe der körperlich Aktiven ein Untersuchungsfeld dar, in dem sich Faktoren identifizieren lassen, wie es gelingen kann, dass Ältere gerne und nachhaltig körperlich aktiv sind. In der vorliegenden Arbeit wird auf die letztere Gruppe fokussiert und im Sinne einer Ressourcenorientierung (statt Defizit-Zentrierung) nach Gelingensfaktoren eines befriedigenden körperlichen Aktivitätsverhaltens im Alter gefahndet. Gegenstand der qualitativen Interviewstudie ist also die Gruppe körperlich aktiver Menschen im dritten Lebensalter.

Da es in qualitativen Studien „nicht um Repräsentativität [...] geht, werden keine Zufallsstichproben gezogen“ (Lamnek, 2005, S. 386). Vielmehr wird die Stichprobe dadurch gebildet, dass aus der definierten Grundgesamtheit, entsprechend des eigenen Erkenntnisinteresses, einzelne Fälle für die Befragung ausgesucht werden (vgl. ebd.). Dabei ist allerdings darauf zu achten, dass auf diese Weise keine verzerrte (untypische) Auswahl vorgenommen wird (vgl. ebd.). Um möglichst differenzierte, unverzerrte Einsichten zur Bedürfnissituation Älterer im Bewegungskontext gewinnen zu können, wird die Stichprobe entsprechend durch Personen aus jedem relevanten Alterssport-Kontext zusammengesetzt.

Zur Identifizierung bedeutsamer Kontexte ist es gebräuchlich, sich an den Settings des Bewegungsverhaltens Älterer (Verein, Natur, zu Hause) bzw. daran zu orientieren, ob körperliche Aktivität allein oder in Gruppen betrieben wird (vgl. Thiel, Huy & Gomolinsky, 2008, S. 165). Aus dem in dieser Arbeit vertretenen pädagogischen Blickwinkel, der die Integration der körperlich-sportlichen Bewegungsaktivität in das Repertoire an bedürfnisbefriedigenden Verhaltensweisen Älterer als einen Lernprozess versteht, scheint eine Orientierung an den verschiedenen Lernmodalitäten des Sporttreibens, wie sie Heim (vgl. 2008, S. 38) vorschlägt, fruchtbarer.

Lernmodalitäten entfalten sich hier entlang zweier Dimensionen: informelle und formelle Lernprozesse einerseits und formale und non-formale Lernsettings andererseits (vgl. ebd.). Dabei unterscheiden sich informelle Lernprozesse von formellen durch ihren ungeplanten, beiläufigen, impliziten, nicht institutionell organisierten Charakter. Zur Differenzierung formaler bzw. non-formaler Lernsettings wird der Formalisierungsgrad – Grad der Verpflichtung/Freiwilligkeit der Teilnahme; Ausmaß der individuellen Gestaltungsmöglichkeiten – der Lernorte herangezogen (vgl. ebd.). Durch diese zweidimensionale Differenzierung lassen sich vier Lernmodalitäten für den Bewegungskontext unterscheiden, die in der Studie folgendermaßen in die Stichprobe eingeflossen sind:

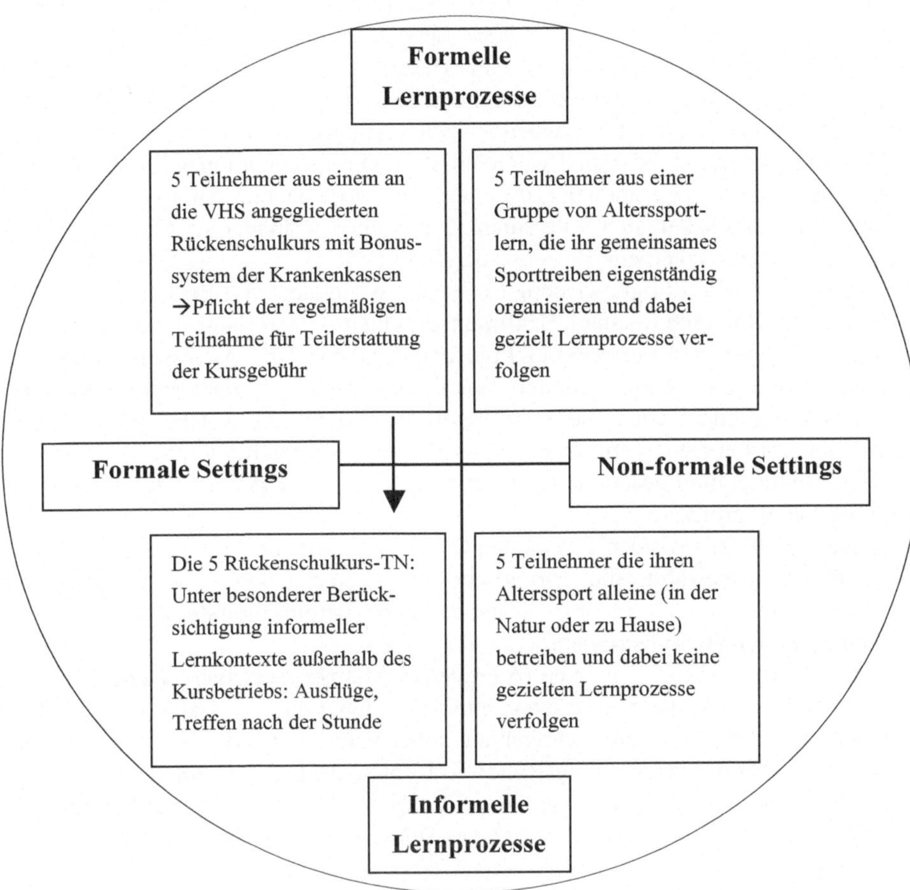

Abb. 5: Lernmodalitäten im Zusammenhang mit Alterssport und ihre konkrete Berücksichtigung in der eigenen Stichprobe (modifiziert nach Heim, 2008, S. 38)

Wie Abbildung 5 erkennen lässt, setzt sich die Stichprobe aus 15 Personen zusammen, welche alle relevanten Lernmodalitäten des „Sporttreibens“ abdecken.27 Ihnen allen gemeinsam ist, dass sie sich im dritten Alter (von ca. 60 bis 80 Jahren) befinden und im Sinne von „Best Practice Beispielen“ ihren jeweiligen Bewegungsaktivität bereits seit mehreren Jahren in hoher Regelmäßigkeit nachgehen. Aus einem klassischen, angeleiteten Rückenschulkurs, der an die VHS angegliedert ist, zweimal wöchentlich in den Räumen eines Fitnessstudios stattfindet und ca. 15 Personen (10 Frauen und 5 Männer) im Alter von 45 bis 75 Jahren umfasst, haben sich 5 Personen (3 Frauen, 2 Männer) im Alter zwischen 57 und 67 Jahren zu einem Interview bereit erklärt.

Aus einer achtköpfigen Gruppe (2 Frauen, 6 Männer) von Personen, die sich zweimal wöchentlich in einem Kraftraum zu einem selbstorganisierten Krafttraining trifft, wurden 5 Personen (1 Frau und 4 Männer) im Alter von 68 bis 81 Jahren ausgewählt. Das Besondere an dieser Gruppe ist, dass sich unter den Gruppenmitgliedern auch ehemalige Sportlehrer befinden, welche den anderen Teilnehmern bei Bedarf mit ihrem Wissen über die Gestaltung und Ausführung eines effektiven und gesundheitsförderlichen Krafttrainings zur Seite stehen und dieses weitervermitteln.

Darüber hinaus wurden 5 Personen (2 Frauen, 3 Männer) im Alter von 58 bis 75 Jahren ausgewählt, die körperliche Aktivitäten (Joggen, Rennradfahren, Mountenbiken, Triathlon) ohne Gruppen- oder Vereinsanbindung völlig selbständig für sich allein betreiben.

Mit jeder dieser 15 Personen (6 Frauen, 9 Männer zwischen 57 und 81 Jahren) wurde ein leitfadengestütztes Interview durchgeführt. Dazu wurden die Personen in ihrer gewohnten Umgebung aufgesucht – entweder bei sich zuhause oder im Gebäude der Trainingsstätte (Kraftraumgruppe), wo ein für die Interviewdurchführung geeigneter, separater Raum zur Verfügung stand. Die durchgeführten Interviews wurden mittels eines Diktiergeräts aufgezeichnet.

27 Nur drei der vier Felder wurden mit einer eigenen (fünfköpfigen) Probandengruppe besetzt (15 statt 20 Teilnehmer). Dies liegt daran, dass die Konstellation eines formalen Lernsettings, welches vorwiegend auf ungeplante, implizite (informelle) Lernprozesse ausgerichtet ist, in der Praxis des Alterssports kaum vorkommt. In der Regel geht ein höherer Formalisierungsgrad, wie er beispielsweise für angeleitete Kursangebote kennzeichnend ist, mit der Ausrichtung auf strukturierte und geplante Lernprozesse einher. Da jedoch auch in solchen Lernkontexten nicht nur das gelernt wird, was innerhalb der Kursstunden bewusst gelehrt und vermittelt wird, ergeben sich auch in formalen Lernsettings informelle Lernprozesse. Entsprechend werden mit dem untersuchten VHS-Rückenschulkurs die beiden Lernmodalitäten „formales Setting – formelle Lernprozesse“ und „formales Setting – informelle Lernprozesse“ gleichzeitig abgedeckt.

Damit sind die wesentlichen Eckpunkte des angewandten Erhebungsdesigns dargestellt. Im Folgenden wird es darum gehen, in analoger Weise das Auswertungsdesign der Studie zu charakterisieren.

4.2.2 Auswertungsdesign

Das Aufbereitungsverfahren als Zwischenschritt zwischen Erhebung und Auswertung

Bevor die verbalen Daten ausgewertet werden können, müssen sie zunächst aufbereitet werden. Die Aufbereitung wiederum muss auf die Auswertung abgestimmt werden. Für die ausführliche Auswertung von Interviews ist es in der qualitativen Sozialforschung üblich, die mittels Diktiergerät festgehaltene gesprochene Sprache (eine Audioaufzeichnung) in eine schriftliche Fassung zu bringen – sie zu transkribieren (vgl. Mayring, 2002, S. 89). Wie genau und detailliert man verschriftet, hängt zum einen von der Forschungsfrage, zum anderen aber auch vom methodischen Vorgehen der Auswertung ab und wird in sogenannten Transkriptionssystemen (Sets von Transkriptionsregeln) festgelegt (vgl. Kuckartz, 2010, S. 38 ff.).

Insbesondere die computerunterstützte Auswertung von Interviews bedarf modifizierter Transkriptionsregeln, um das Potenzial der verwendeten „QDA-Software" (Qualitative Data Analysis) auch voll nutzen zu können (vgl. ebd.). Da die Auswertung der erhobenen verbalen Daten in dieser Arbeit mit der Spezialsoftware MAXQDA umgesetzt wird, greife ich auf ein Set an Transkriptionsregeln zurück, das Kuckartz auf der Basis etablierter Transkriptionssysteme speziell für die computerunterstützte Auswertung entwickelt hat (vgl. 2010, S. 44). Diese Regeln sind neben ihrer Computerpassung durch ihre Einfachheit und Orientierung am normalen Schriftdeutsch – und weniger an (paraverbalen) sprachlichen Besonderheiten (z. B. Dialekten) – gekennzeichnet, wie es für „normale" (nicht sprachwissenschaftlich orientierte) Interviewstudien angezeigt ist. Die Darstellung des verwendeten Regelwerks ist im Anhang (2) zu finden.

Unter Anwendung des beschriebenen Regelwerks wurde die Transkription der Interviewaufzeichnungen mit Hilfe der Spezialsoftware f4 am Computer vorgenommen. F4 „ermöglicht sämtliche Funktionen eines klassischen Transkriptionsgerätes" (Kuckartz, 2010, S. 39) – z. B. die Verlangsamung der Abspielgeschwindigkeit oder das automatische Zurückspringen um einige Sekunden –, was die Verschriftung der Audioaufzeichnungen wesentlich erleichtert. Als Beispiel für die auf diese Weise erstellten Verschriftlichungen ist eines der angefertigten Transkripte im Anhang (3) zu finden.

Damit sind wesentliche Eckpunkte des angewandten Aufbereitungsverfahrens des erhobenen Datenmaterials skizziert. Nach diesem notwendigen Zwischenschritt können die Interviews ausgewertet werden, womit sich die Frage nach der Auswertungsmethode stellt.

Auswahl und Begründung der Auswertungsmethode

Im Bereich der qualitativen Forschung existiert inzwischen eine große Bandbreite an Auswertungsmethoden. Sie lassen sich in strukturiertere und weniger stark strukturierte Verfahren einteilen, die sich eher für theoriegeleitete oder für explorativ-interpretative Analysen des Untersuchungsmaterials eignen (vgl. Mayring, 2002, S. 103 ff.). Die eigene Herangehensweise legt eindeutig eine Auswertungsmethodik nahe, die ein theoriegeleitetes und strukturiertes Vorgehen unterstützt: Die untersuchte Forschungsfrage nach Befriedigungswegen der psychischen Grundbedürfnisse im Alterssport weist einen starken theoretischen Bezug zur SDT auf, die mit den drei postulierten psychischen Grundbedürfnissen bereits eine Grundstruktur vorgibt, die es zur Klärung der Fragestellung aus dem entstandenen Textmaterial systematisch herauszuarbeiten gilt. Insofern liegt die Wahl der qualitativen Inhaltsanalyse als geeignete Auswertungsmethode nahe. Sie gilt in der qualitativen Sozialforschung als Mittel der Wahl für die „systematische, theoriegeleitete Bearbeitung von Textmaterial" (Mayring, 2002, S. 121).

Die qualitative Inhaltsanalyse ist eine kategorienbasierte Methode, die insbesondere zur Auswertung qualitativer Interviews herangezogen wird (vgl. Kuckartz, 2012, S. 6). Ihr Grundgedanke besteht darin, Texte systematisch zu analysieren, indem zunächst über ein theoriegeleitet am Material entwickeltes Kategoriensystem „diejenigen Aspekte festgelegt werden, die aus dem Material herausgefiltert werden sollen" (ebd., S. 114). Dies wird anschließend beim schrittweisen Durchgang durch den Text über eine Zuordnung relevanter Textstellen zu entsprechenden Kategorien vollzogen.

Im Rahmen der qualitativen Sozialforschung gibt es mittlerweile „eine Vielzahl von Methoden und Techniken qualitativer Inhaltsanalyse" (Kuckartz, 2012,

S. 72). Für den hier verfolgten Untersuchungszweck – die Identifikation von Befriedigungswegen der psychischen Grundbedürfnisse im Alterssport anhand von verschriftetem Interviewmaterial – bietet sich insbesondere die Basismethode der *inhaltlich strukturierenden qualitativen Inhaltsanalyse* an. Sie zielt darauf ab, „bestimmte Themen, Inhalte, Aspekte [hier die Befriedigungswege; Anmerkung RR] aus dem Material herauszufiltern und zusammenzufassen" (Mayring, 2008, S. 89). In der Forschungspraxis wird diese Auswertungsmethode „besonders häufig angewandt" (Kuckartz, 2012, S. 72).

Selbst für diese Submethode der qualitativen Inhaltsanalyse werden „in der Methodenliteratur verschiedene Varianten beschrieben" (Kuckartz, 2012, S. 77). Ich beziehe mich aus folgenden Gründen auf die Variante von Kuckartz (2012, S. 77 ff.):

- Sie baut auf weithin anerkannten und etablierten (Vor-)Arbeiten, z. B. von Mayring oder aus dem Bereich der klassischen Inhaltsanalyse auf, und stellt zugleich eine Verbindung zu aktuellen Entwicklungen und Umsetzungsmöglichkeiten moderner Computertechnik her, die mittels MAXQDA-Software auch in dieser Studie Verwendung finden (vgl. Kuckartz, 2012, S. 5 ff.).
- Ein an bestimmten Verfahrensregeln orientiertes, systematisches Vorgehen wird unter dem Begriff der *Regelgeleitetheit* als ein wesentliches Gütekriterium qualitativer Forschungsarbeiten betrachtet (vgl. Mayring, 2002, S. 145 f.). Kuckartz (2012) legt ein anwendungsbezogenes und detailliert beschriebenes Ablaufschema für die systematische Umsetzung der inhaltlich strukturierende qualitative Inhaltsanalyse vor, welches die Realisierung dieses Gütekriteriums erst ermöglicht und unterstützt (vgl. S. 78 ff.).[28]

Mit der Entscheidung für die Variante nach Kuckartz sind bereits wesentliche Eckpunkte des konkreten Auswertungsdesigns festgelegt. Sie werden im Folgenden näher beschrieben.

28 In Mayrings Grundlagenwerk „Qualitative Inhaltsanalyse" wird die Technik der inhaltlichen Strukturierung beispielsweise lediglich auf einer einzigen Seite kurz beschrieben (vgl. 2008, S. 89). Diese knappe Skizzierung gibt kaum Orientierung für die konkrete Umsetzung dieser Technik.

Festlegung des Auswertungsdesigns
Kuckartz legt für die inhaltlich strukturierende Analyse ein Ablaufschema vor, das ausgehend von der Forschungsfrage in sieben Phasen vollzogen wird (vgl. 2012, S. 78 ff.):

1. Initiierende Textarbeit: Markieren wichtiger Textstellen und Schreiben von Memos
2. Entwickeln von thematischen Hauptkategorien
3. Codieren des gesamten bisher vorhandenen Materials mit den Hauptkategorien
4. Zusammenstellen aller mit der gleichen Hauptkategorie codierten Textstellen
5. Induktives Bestimmen von Subkategorien am Material
6. Codieren des kompletten Materials mit dem ausdifferenzierten Kategoriensystem
7. Kategorienbasierte Auswertung und Ergebnisdarstellung

Entlang dieses Ablaufschemas wurde die eigene Auswertung umgesetzt.

Im Zentrum des siebenstufigen Prozesses steht die Entwicklung des Kategoriensystems, „mit dessen Hilfe dann das Interview-Datenmaterial ausgewertet und analysiert werden soll“ (König & Bentler, 2010, S. 180). Wie in der vorliegenden Studie diesbezüglich vorgegangen wurde, soll exemplarisch anhand des Bedürfnisses nach Kompetenzerleben aufgezeigt werden, das im Mittelpunkt der eigenen Untersuchung steht.

Zunächst gilt es, die thematische Hauptkategorie zu entwickeln. Diese wurde aus dem theoretischen Bezugsrahmen der Studie (der SDT) – und dem dort formulierten Verständnis des Kompetenzbedürfnisses – *deduktiv* hergeleitet:

Das Bedürfnis nach Kompetenzerleben bezieht sich auf das Gefühl, „dass man mit seinem eigenen Verhalten etwas bewirken kann und sich in der Lage sieht, den vorgegebenen oder selbstgewählten Anforderungen gerecht zu werden“ (Krapp & Ryan, 2002, S. 72). Dabei steht der Wunsch im Mittelpunkt, sich als handlungsfähig und effektiv zu erleben (vgl. Krapp, 2005, S. 30; Pfeffer, 2010a, S. 224). Aus diesem theoretischen Verständnis wurde vor dem Hintergrund der eigenen Fragestellung die Hauptkategorie „Befriedigungswege Kompetenz“ deduktiv abgeleitet und folgendermaßen definiert:

Hierher gehören alle Aussagen, die sich auf Umstände, Prozesse, Maßnahmen, Aktivitäten oder Verhaltensweisen im Kontext körperlicher Aktivität beziehen, die das Bestreben fördern und sichern, sich als kompetent – wirksam und handlungsfähig – zu erleben.

Auf dieser Basis wurde das Interviewmaterial nach entsprechenden Inhalten durchsucht und grob kategorisiert (vgl. Kuckartz, 2012, S. 69). Anschließend erfolgte induktiv (am Material) die Bildung von konkreten Subkategorien (die einzelnen Befriedigungswege des Kompetenzbedürfnisses), wobei nur noch das der Hauptkategorie „Befriedigungswege Kompetenz" zugeordnete Material herangezogen wurde (vgl. ebd.). Dieses Vorgehen entspricht einer für qualitative Inhaltsanalysen charakteristischen Mischform der Kategorienbildung – der *deduktiv-induktiven Kategorienbildung.*

Auf diese Weise wurde für die Hauptkategorie „Befriedigungswege Kompetenz" ein spezifisches (Sub-)Kategoriensystem entwickelt, das die Grundlage der Auswertung und Analyse der eigenen Studie bildet. Es ist nachfolgend in den „zentralen Kategorien, die in der Analyse eine herausgehobene Rolle spielen" Kuckartz, 2012, S. 172), dargestellt:

Tabelle 13: Definition von Subkategorien zur Hauptkategorie „Befriedigungswege Kompetenz"

Subkategorien „Befriedigungswege Kompetenz"	**Definition**	**prototypische Beispiele**
Trainieren	Hierher gehören alle Aussagen, die sich auf den Zusammenhang beziehen, über das körperliche Trainieren gewünschte Effekte erzielen zu können (z. B. Erhalt der Fitness) bzw. unerwünschte Entwicklungen/ Ereignisse (z. B. das Auftreten bestimmter Erkrankungen) vermeiden oder hinauszögern zu können.	Also ich mache das [Krafttraining; RR] nicht nur aus Spaß, sondern weil ich davon ausgehe, dass es mir gut tut, wenn ich Muskelaufbau mache oder den Muskel halte, um den Altersprozess ein bisschen zu verzögern oder herauszuschieben. (B3; 2)
Fortschritte / Leistungsfähigkeit sichtbar/ erlebbar machen	Hierher gehören alle Aussagen, die sich auf Aktivitäten, Maßnahmen oder Methoden beziehen, welche die eigene körperliche Leistungsfähigkeit bzw. individuelle Leistungsfortschritte sichtbar werden lassen bzw. diese erlebbar machen (z. B. Fitness-Tests, Selbstbeobachtung).	C1: Bei der sportmedizinischen Untersuchung dieses Frühjahr wurde ich eingeordnet von den Werten her 99,9 % meiner radfahrenden Altersgenossen, also nicht von allen, sind hinter mir. (lacht) Das ist ein gutes Feedback. (C1; 33)
Wissensvermittlung /-aneignung	Hierher gehören alle Aussagen, die sich auf die Vermittlung oder die selbständige Aneignung von gesundheits-, bewegungs- oder trainingsbezogenem Grundwissen (Handlungs- und Effektwissen) beziehen (z. B. selbständige Wissensaneignung durch Fachbücher, Wissensvermittlung durch Übungsleiter).	Da es kaum Boule-Bücher gibt, oder Trainingslehrer für Boule, habe ich mich im Internet informiert und habe mir die Spiele von den Weltklassespielern angeguckt und, na ja, als ehemaliger Sportlehrer kann man dann natürlich schon analysieren und guckt, was die machen und so. (B2; 26)

Wie bereits angedeutet, wurde zur Entwicklung und Umsetzung des angewandten Kategoriensystems auf das EDV-Programm MAXQDA (Version 10) zurückgegriffen. Es wurde insbesondere für die Umsetzung folgender Schritte eingesetzt (Kuckartz, 2010, S. 12f.):

- Konstruktion der Kategoriensysteme
- Zuordnung von Kategorien zu ausgewählten Textabschnitten
- Zusammenstellung aller zu einer Kategorie codierten Textsegmente
- Erstellen von Baumstrukturen von Kategorien
- Gleichzeitige Verwaltung der 15 untersuchten Interviewtexte

Zwar könnten die meisten der aufgezählten Arbeitsschritte auch mit der klassischen Paper-and-pencil Technik umgesetzt werden, „aber es würde um einige Zehnerpotenzen mehr Zeit benötigen" (Kuckartz, 2010, S. 13).

Das gewählte Untersuchungsdesign wird abschließend überblicksartig dargestellt:

Tabelle 14: Darstellung des angewandten Untersuchungsdesigns

Qualitatives Design		
Verfahrensschritte	**Qualitative Techniken**	**Technische Hilfsmittel**
Erhebungen	Problemzentrierte Interviews	Diktiergerät
Aufbereitung	Transkription	f4
Auswertung	Strukturierende qualitative Inhaltsanalyse	MAXQDA

4.3 Ergebnisdarstellung – Interpretation – Folgerungen für die pädagogische Praxis

In diesem Kapitel werden die zentralen Ergebnisse der vorgenommenen Untersuchung dargestellt, mit relevanten theoretischen Grundlagen in Beziehung gesetzt – sprich interpretiert – und aus dieser Erkenntnisbasis erste Konsequenzen für die pädagogische Praxis des Alterssports abgeleitet. Im Sinne meiner gesundheitsförderlich-sportpädagogischen Ausrichtung wird der Fokus auf das Bedürfnis nach Kompetenz gelegt: Zum einen gilt die Entwicklung und Förderung persönlicher Kompetenzen als der zentrale pädagogische Handlungsbereich gesundheitsförderlicher Interventionsbemühungen (vgl. Wulfhorst, 2002, S. 29). Zum anderen wird das Kompetenzbedürfnis (auch) in der Sportpädagogik als eine der „bedeutendsten Motivationsquellen für sportliche Aktivität" (Richartz, Hoffmann & Sallen, 2009, S. 35) angesehen, was es für das hier vorliegende Erkenntnisinteresse hoch bedeutsam macht.[29] Für die strukturierende qualitative Inhaltsanalyse lassen sich sieben Formen der Ergebnisdarstellung unterscheiden: die kategorienbasierte Auswertung entlang der Hauptkategorien; die Analyse der Zusammenhänge innerhalb einer Hauptkategorie; die Analyse der Zusammenhänge zwischen Kategorien; Kreuztabellen; graphische Darstellungen; Fallübersichten und vertiefende Einzelfallinterpretationen (vgl. Kuckartz, 2012, S. 94).

Die vorliegende Studie fokussiert die Identifikation des (überindividuellen) Spektrums möglicher Befriedigungswege für das von der Selbstbestimmungstheorie postulierte psychische Grundbedürfnis nach Kompetenzerleben (Hauptkategorie) im Kontext des Alterssports. Vor dem Hintergrund dieses spezifischen Erkenntnisinteresses erlangen die beiden Darstellungsformen der „kategorienbasierten Auswertung entlang der Hauptkategorien" und „graphische Darstellungen" besondere Relevanz. Es werden für die Bedürfniskategorie „Kompetenzerleben" die (Haupt-)Ergebnisse bezüglich gefundener Befriedigungswege berichtet (kategorienbasierte Auswertung entlang der Hauptkategorie) und diese in Form von „Maps" übersichtlich dargestellt (graphische Darstellungen).[30]

---

29 Diese Auffassung, „dass die Erfahrung von Kompetenz bzw. Wirksamkeit eine zentrale Bedeutung im Motivationsgeschehen besitzt" (Krapp & Ryan, 2002, S. 71), findet in der motivationspsychologischen Fachliteratur breite Zustimmung: „In der Tat kennen wir keine empirisch orientierte Theorie – weder in Nordamerika noch in Europa – die nicht auf die Wichtigkeit wahrgenommener Kompetenz oder Wirksamkeit für die menschliche Motivation ausdrücklich hingewiesen hätte" (ebd.).

30 Maps sind Grafiken, die der Visualisierung von Analyseergebnissen dienen (vgl. Kuckartz, 2010, S. 181 ff.). Mit ihrer Hilfe können gefundene Subkategorien – hier die verschiedenen Befriedigungswege des Grundbedürfnisses – überblicksartig dargestellt und strukturiert werden.

Vor dem Hintergrund der zahlreichen Befriedigungswege, die in dieser Studie für das Bedürfnis nach Kompetenzerleben identifiziert wurden, scheint der Einsatz einer solchen Darstellungsform dringend angezeigt. Entsprechend wird eine Map – quasi als Orientierung und Überblick gebende „Landkarte" – der Besprechung der Ergebnisse vorangestellt. Sie liefert dem Leser einen orientierenden Überblick über die gefundenen Befriedigungswege. Im Sinne einer zunehmenden Fokussierung werden anschließend (nur) als besonders relevant eingeschätzte Befriedigungswege (begründet) ausgewählt, vertieft dargestellt und interpretiert.

4.3.1 Zusammenfassende Kurzbeschreibung gefundener Befriedigungswege zum Kompetenzerleben

Die über deduktiv-induktive Kategorienbildung gewonnenen Ergebnisse sind in der nachfolgenden Abbildung vorab überblicksartig dargestellt und werden anschließend ausführlicher besprochen.

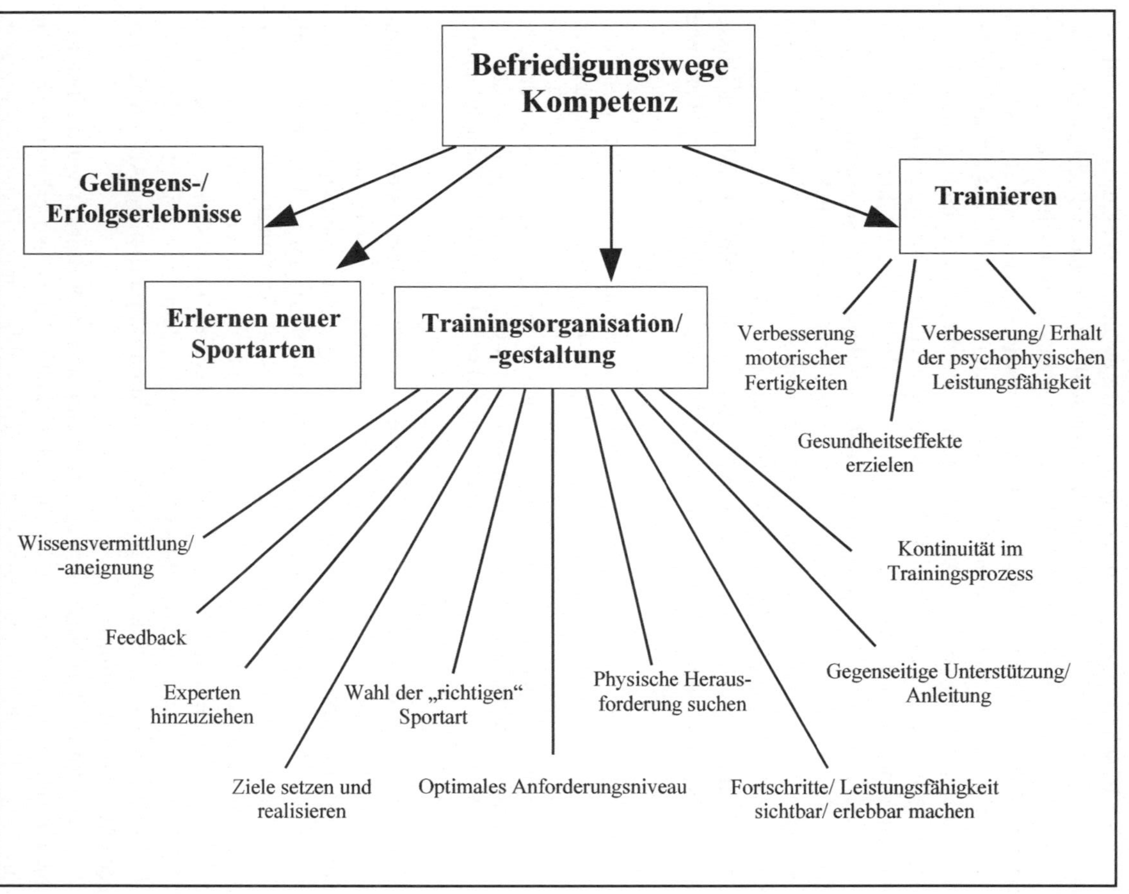

Abb. 6: Befriedigungswege des Kompetenzbedürfnisses im Alterssport

Vor der Beschreibung und Interpretation ausgewählter Subkategorien soll als erläuternde Ergänzung der graphischen Darstellung ein Kurzüberblick über die Gesamtheit der gefundenen Befriedigungswege gegeben werden. Damit soll das Spektrum an gefundenen Möglichkeiten aufgezeigt werden, wie sich Ältere mit Hilfe körperlicher Aktivität die Befriedigung ihres Bedürfnisses nach Kompetenzerleben sichern können. Die Abfolge der Beschreibung orientiert sich an der obigen Abbildung. Ein zentraler Befriedigungsweg des Kompetenzbedürfnisses im Alterssport ist darin zu sehen, dass Ältere in der Ausübung ihrer körperlichen Aktivitäten immer wieder **Gelingens- und Erfolgserlebnisse** sammeln. Zwölf der fünfzehn interviewten Personen berichten von solchen Erlebnissen, ohne dass diese im Interview speziell abgefragt worden wären. Darunter fallen Erfolgserlebnisse, auf die längere Zeit systematisch hingearbeitet wurde, wie das gute Abschneiden bei einem Wettkampf. Aber auch „kleine" Erfolgserlebnisse werden berichtet, die sich im alltäglichen Training fast beiläufig ergeben, wie das Feststellen eines Trainingsfortschritts:

> Ja, in dem Augenblick, als ich angefangen habe, da habe ich mit 15 Minuten Belastung angefangen und dann merkte ich mit einem Mal, dass ich die Belastung permanent, ohne eine Pause zu machen, halten konnte. Da hatte ich natürlich länger trainiert. Aber als ich dann merkte, dass ich mit einem Mal mit 30 Minuten dasselbe Empfinden hatte, dann in 40, dann in 45 Minuten das gleiche Empfinden hatte wie zu Anfang mit 15 Minuten, das ist ein innerliches Erfolgserlebnis für mich, immer gewesen. (B5, § 17 - § 18)

Will man die gefundenen Befriedigungswege weiter systematisieren, kann man folgende Dimensionen ausmachen: Wettkampferfolge, Feststellen des eigenen Trainingsfortschritts (z. B. Technikverbesserung, konditioneller Leistungszuwachs), das Bezwingen/Bewältigen von Herausforderungen (z. B. den Berg mit Rad oder zu Fuß erklimmen; die eigene Trägheit im Trainingsprozess überwinden), die gelungene Technik/Übungsausführung (z. B. ein riskanter Spielzug/Trick, der gelingt oder der gelungene Abschlag beim Golfen) und immer wieder die Feststellung, „das man es noch kann", „dass es noch geht" – dass man also nach wie vor im Stande ist, selbstgewählten (körperlichen) Anforderungen gerecht werden zu können.

Als weiterer Befriedigungsweg des Kompetenzbedürfnisses wurde **das Erlernen neuer Sportarten** identifiziert. Das heißt, Menschen erleben sich auch darüber als kompetent (wirksam und handlungsfähig), dass sie auch im höheren Alter noch in der Lage sind, eine neue Sportart zu erlernen. Die interviewten Personen erleben dabei, dass sie eine neue Sportart/Technik (z. B. Boule; Kraulen) nach einer gewissen (Trainings-)Zeit gut beherrschen. Sie machen die Erfahrung, auch im Alter noch neuen Anforderungen gewachsen zu sein und neue Fertigkeiten erwerben bzw. verbessern zu können:

> I: Beim Schwimmen würde ich wahrscheinlich total untergehen.
> C4: Das schafft jeder!
> Stimme aus dem Hintergrund (Ehefrau): Mit Mitte fünfzig erst hat er sich das Kraulen beigebracht. Davor konnte er nur Brust. Und nach ein paar Metern war er total aus der Puste. Also in dem Alter hat er sich das beigebracht, weil er unbedingt Triathlon machen wollte und es wurde immer besser.
> C4: Ja, wir waren da im Urlaub in Frankreich. Und meine Frau ist mit dem Kajak neben mir gefahren oder vor mir her und ich musste mich am Kajak nach 10 Kraulschlägen festhalten, weil ich nicht mehr konnte. Und gut, das ist jetzt wirklich vorbei. (lacht) (C4, § 33 - § 37)

Eine Vielzahl weiterer Befriedigungswege des Kompetenzbedürfnisses, die auf den ersten Blick inhaltlich stärker differieren, lassen sich dem übergeordneten Handlungsfeld der **Trainingsorganisation/-gestaltung** zuordnen und auf diese Weise zusammenführen und bündeln. Sie werden im Folgenden knapp skizziert.

Wissensvermittlung und -aneignung: Ein wesentlicher Schlüssel, um sich im Kontext körperlicher Aktivität als handlungsfähig erleben zu können, liegt in der Verfügbarkeit spezifischen Wissens über die Effekte und die richtige Ausführung/Gestaltung körperlich-sportlicher Aktivitäten (vgl. Tiemann, 2006). Folgende Wege der Wissensvermittlung/-aneignung lassen sich identifizieren: (a) Vermittlung entsprechender Wissensbestandteile durch den Übungsleiter oder durch „kompetente" Teilnehmer im Rahmen des normalen Trainingsbetriebs. (b) Die selbstständige Aneignung entsprechender Wissensbestandteile durch die Lektüre von Fachbüchern oder den Besuch einschlägiger Internetseiten.[31]

Feedback: Die rückgemeldete Information über die erbrachte Leistung im Bewegungskontext (Feedback) kann eine wichtige Ressource für das Erleben eigener Kompetenz sein (vgl. Hein & Koka, 2007). Es konnten drei Quellen identifiziert werden, über die körperlich aktive Ältere positive Rückmeldung bezüglich ihrer eigene Leistungsfähigkeit erhalten: (a) Knapp die Hälfte der Interviewten (7 von 15) gibt an, von Trainingskollegen und/oder vom außersportlichen Umfeld positive Rückmeldung über ihr körperliches/sportliches Können und Leisten zu erhalten (durch Menschen). (b) Als weitere Quelle wurde identifiziert, dass Ältere durch die Bewältigung körperlicher Herausforderungen im Sport eine unmittelbare Rückmeldung über ihr aktuelles Leistungs- und

31 Aufgrund seiner besonderen (pädagogischen) Relevanz wird der Befriedigungsweg „Wissensvermittlung/-aneignung" anschließend vertieft behandelt.

Funktionsniveau erhalten (durch Sport selbst). Dabei machen sie zwar auch immer wieder die Erfahrung, dass die eigene Leistungsfähigkeit im Alter nachlässt. Dies wird von ihnen allerdings als normaler Alternsprozess akzeptiert. Im Mittelpunkt ihres Berichtens und Erlebens steht die freudige Feststellung, dass sie „es noch können“:

> I: Wie ist Ihre Selbstwahrnehmung beim Sporttreiben im Sinne von den Körper positiv oder negativ wahrnehmen?
> B4: Ja gut. Ich meine, es ist insofern wertvoll für mich, dass ich mich, lassen Sie mich mal den Ausdruck gebrauchen, sauwohl fühle, dass ich die Leistungen noch erbringen kann, die ich tatsächlich bringe. Und ich meine, natürlich nehme ich wahr, da bin ich Realist genug, dass sie abnimmt im Laufe der Jahre. Aber ich bin heilfroh darüber, wenn ich feststelle in welchem Maße. Das ist das Glücksgefühl, wir haben vorhin über Glück gesprochen, das Zufriedenheitsgefühl für mich selber erzeugt, dass es langsam geht. (B4, § 48-49)

(c) Als dritte Quelle wurden materielle Hilfsmittel und Übungsgeräte (z. B. der Einsatz von großen Spiegeln in der Halle oder von Gewichten) identifiziert, welche den Älteren während der Ausübung der körperlichen Aktivität eine unmittelbare Rückmeldung bezüglich ihrer körperlichen Leistungsfähigkeit bzw. der Qualität ihrer motorischen Fertigkeiten „spiegeln“: „Wie sieht die Übungsausführung bei mir/ bei meiner Nebenfrau aus?“ „Wie viel Gewicht kann ich heute problemlos bewältigen?“

Experten hinzuziehen: Durch das Hinzuziehen eines beratenden Experten (z. B. Physiotherapeut, Sportmediziner, Trainingswissenschaftler) gelingt es körperlich aktiven Älteren, eigene "Kompetenzlücken" bezüglich der „richtigen“, gesundheitsförderlichen Gestaltung der eigenen Bewegungspraxis zu kompensieren. Sie holen sich aktiv externes Fachwissen bezüglich Trainingsgestaltung/-planung/-kontrolle oder Ernährung ein und stellen so eigene Handlungsfähigkeit her.

Ziele setzen und realisieren: Ein Großteil der untersuchten Älteren verfolgt mit seinem körperlichen Aktivitätsverhalten konkrete Ziele (z. B. **Trainingsziele**: "Ich möchte heute ein bestimmtes Trainingsprogramm vollständig absolvieren." **Wettkampfziele**: "Ich möchte den kommenden Wettkampf gewinnen." **Gesundheitsziele**: "Ich möchte meinen Blutdruck senken."). Insbesondere über das bewusste Setzen realistischer und erreichbarer „kleinerer“ Tages- und Wochenziele – z. B. heute ein ganz bestimmtes Trainingsprogramm komplett zu absolvieren oder bei einer Kraftübung eine bestimmte Anzahl an Wiederholungen zu schaffen – sichern sie sich regelmäßig das (Kompetenz-)Erleben, selbst gewählte Anforderungen zu erfüllen oder sogar zu übertreffen:

> B4: (lacht) Ist ja fast kindisch zu sagen. Aber wir können da an den Geräten ja die Schwierigkeiten einstellen. Also Härtegrade, Schweregrade usw. mit den Gewichten usw. und äh, ein bestimmtes Gewicht eingestellt, dass ich sonst meistens mache. Das variiert mal und dann nehme ich mir vor, das jetzt 15 Mal zu machen und beim fünfzehnten Mal sage ich hoppla, habe doch Lust jetzt noch 2-3 Mal dranzuhängen. Diese Kleinigkeiten. Und ohne dass es ein Mehraufwand an Willenskraft bedarf, sondern so ganz leger - zack. (B4, § 20)

Wahl der „richtigen" Sportart: Es gibt Sportarten, die einem mehr oder weniger gut liegen: „Ich bin z. B. kein guter Schwimmer, deswegen wäre Schwimmen für mich nicht das Element" (A5, § 81). Es gibt im höheren Alter eventuell aber auch Sportarten, die man aus gesundheitlichen Gründen nicht mehr ausüben kann: „Ich kann wegen einer Verletzung nicht mehr laufen. Das ist der Grund, weshalb ich walke" (B5, § 28). Entsprechend liegt eine weitere Strategie zur Sicherung des eigenen Kompetenzerlebens im Kontext körperlicher Aktivität darin, den Fokus darauf zu legen, was einem „liegt", Spaß macht und was man aus gesundheitlicher Sicht (noch) machen kann: „Ich kann Rad fahren, ich kann Ski laufen, ich kann rudern, ich kann all diese Dinge machen und das reicht mir" (B5, ebd.).

Optimales Anforderungsniveau: Das Bewegungsverhalten der Untersuchten zeichnet sich dadurch aus, dass es auf ihre Fähigkeiten zugeschnitten und an ihr jeweiliges Leistungsniveau angepasst ist, sodass daraus weder Über- noch Unterforderung resultiert. Dies wird über zahlreiche Wege erreicht: z. B. durch Regelvereinfachungen in Sportspielen; die Orientierung an „eigenen" Zielen, an der „eigenen" Befindlichkeit (was/wie viel tut mir gut?) oder am „eigenen" mittleren Leistungsniveau; aber auch durch bewussten Verzicht auf früher ausgeübte (Risiko-)Sportarten (z. B. Buckelpiste fahren)…

Physische Herausforderungen suchen: Ältere wollen sich bei der Ausübung körperlicher Aktivität keinesfalls schonen: Die Mehrzahl der Untersuchten äußert sich dahin gehend, dass sie im eigenen körperlichen Aktivitätsverhalten bewusst die physische Herausforderung suchen: Sie wollen sich „auspowern", „intensiv" trainieren, auch Mal „an die Grenze" kommen, „schwitzen", den Berg erklimmen … Dieses regelmäßige Suchen und Bewältigen (selbstgewählter) physischer Anforderungen ermöglicht ihnen das Erleben eigener Wirksamkeit und körperlicher Funktionsfähigkeit – sie suchen die Lust an der eigenen, nach wie vor vorhandenen Funktions- und Leistungsfähigkeit: „Das ist auch Lust. Auch das Leistungserlebnis. Ich meine, bei mir zuhause ist das nicht so ausgeprägt mit dem Bergauffahren, nicht, aber da sind auch Hügel darin, die man auch erst einmal hochkommen muss" (C1, § 22).

Fortschritte und/oder Leistungsfähigkeit sichtbar/erlebbar machen: Ein wichtiger Weg zur Ermöglichung des Kompetenzerlebens ist darin zu sehen, Älteren eigene Trainingsfortschritte bzw. den Stand ihrer aktuellen körperlichen Leistungsfähigkeit zugänglich und bewusst zu machen. Die Interviewten setzen hierzu folgende Strategien ein: Sie messen sich regelmäßig in Wettkämpfen oder vergleichen das eigene Leistungsniveau mit dem Gleichaltriger (soziale Bezugsnormorientierung); sie konzentrieren sich bei der Beurteilung ihrer Leistungsfähigkeit auf ihren individuellen Leistungsfortschritt/-erhalt (individuelle Bezugsnormorientierung); sie unterziehen sich regelmäßig Leistungskontrollen und Tests (z. B. sportmedizinische Untersuchung); sie dokumentieren eigene Trainingsprozesse in Trainingstagebüchern (Selbstbeobachtung).[32]

Gegenseitige Unterstützung/Anleitung: In knapp der Hälfte der geführten Interviews (7/15) kommt zur Sprache, dass sport- und bewegungskompetente(-re) Ältere ihre weniger kompetenten Spiel- und Trainingspartner unterstützen und anleiten (z. B. in den Bereichen Technikerwerb, richtige Übungsausführung, Trainingsplanung/-steuerung). Auf diese Weise erhöhen sie nicht nur die bewegungsbezogene Handlungsfähigkeit ihrer weniger kompetenten Trainingskameraden, sondern sie erleben sich in der Vermittlung ihres eigenen Wissens und Könnens auch selbst unmittelbar als „kompetent".

Kontinuität im Trainingsprozess: Wenn in der Gestaltung des Trainings bestimmte Abläufe und Inhalte immer wiederkehren, erhöht sich die Wahrscheinlichkeit, dass diese von den Teilnehmenden gut beherrscht werden. Es wächst in ihnen die Überzeugung, den absehbaren Anforderungen des Trainings gewachsen zu sein.

Als bedeutsamer Weg zur Befriedigung des Kompetenzbedürfnisses im Alterssport wird auch das **Trainieren** identifiziert: Eine zielgerichtete und regelmäßige körperliche Belastung (Training) eröffnet älteren Menschen die Möglichkeit, nachweisbare Effekte zu erzielen – wirksam zu sein. Es konnten drei Wirkdimensionen identifiziert werden: Die Verbesserung motorischer Fertigkeiten (z. B. Schwimmtechnik); das Erzielen von Gesundheitseffekten (z. B. Senkung des Blutdrucks); die Verbesserung/den Erhalt der psychophysischen Leistungsfähigkeit (z. B. Steigerung der Ausdauerleistungsfähigkeit).

32 Aufgrund seiner besonderen (pädagogischen) Relevanz wird der hier beschriebene Befriedigungsweg nach der orientierenden Gesamtübersicht vertieft behandelt.

4.3.2 *Vertiefende Betrachtung der Befriedigungswege „Trainieren", „Leistungsfähigkeit sichtbar machen" und „Wissensvermittlung"*

Im weiteren Verlauf werden aus der skizzierten Bandbreite an Befriedigungswegen des Kompetenzbedürfnisses im Alterssport die drei Themenfelder Trainieren, Leistungsfähigkeit und Wissensvermittlung näher betrachtet, denn Training und Leistungsfähigkeit gelten auch aus einer pädagogischen Perspektive als Kernbegriffe des Alterssports, da sie einerseits die zentrale Grundlage für einen erfolgreichen Alterssport sind, der sein vorrangiges Ziel der Gesundheitsförderung realisieren kann, Ältere aber andererseits häufig Vorbehalte gegenüber Training und Leistung haben, die es über pädagogisches Einwirken abzubauen gilt (vgl. Denk & Pache, 2004, S. 226 ff.).

Wissensvermittlung stellt ebenso ein zentrales pädagogisches Handlungsfeld dar. Für Denk und Pache (2004) bildet sie sogar „den Kern einer sportpädagogischen […] Einwirkung auf die Älteren" (S. 230), insofern über pädagogische Information die Möglichkeiten und Grenzen des Alterssports verdeutlicht und überkommene Sport- bzw. Trainingsauffassungen korrigiert werden können. Neben der hohen pädagogischen Relevanz weisen die drei Themenfelder darüber hinaus noch die Gemeinsamkeit auf, dass sie im Rahmen der Selbstbestimmungstheorie bislang noch kaum berücksichtigt und dargestellt worden sind.[33]

Befriedigungsweg „Trainieren"

Der gemeinsame Nenner, unter dem sich alle 15 der untersuchten Älteren vereinen lassen, besteht darin, dass sie sich alle über längere Zeiträume hinweg (bereits seit mehreren Jahren) wiederholt und regelmäßig (mindestens einmal die Woche) körperlichen Belastungen aussetzen. Dies tun alle mit der Absicht, auf ihren Organismus einzuwirken. Zwar verfolgen sie unterschiedliche Sinn- und Zieldimensionen – im Wesentlichen: Rückenschule zum Beheben/Vorbeugen von Rückenbeschwerden; Kraftübungen zum Erhalt der Leistungsfähigkeit; Ausdauerbelastungen zur Wettkampfvorbereitung (Leistungssteigerung). All diese Bemühungen lassen sich aber unter einem allgemeinen Trainingsbegriff zusammenführen:

Nach Frey & Hildebrandt (2002, S. 43) ist unter Training das längerfristige Bemühen zu verstehen, „durch gezielte Maßnahmen auf den Organismus einzuwirken", damit „die individuelle Leistungsfähigkeit gesteigert, erhalten [oder]

---

33 So wird an dieser Stelle beispielsweise der Befriedigungsweg „Feedback" nicht weiterführend dargestellt, da dieser im Rahmen der Selbstbestimmungstheorie bereits hinreichend und ausführlich behandelt wird (vgl. z. B. Hein & Koka, 2007).

wiedergewonnen werden; ein altersbedingter Leistungsabfall hinausgeschoben und verlangsamt werden“ kann. Alle Befragten berichten von der Erfahrung, dass es ihnen über regelmäßige körperliche Anstrengung / Trainieren gelingt, solche Effekte zu erzielen. Die berichteten Effekte lassen sich in folgende Bereiche unterteilen:

- Verbesserung motorischer Fertigkeiten („Techniktraining“)[34]
- Verbesserung / Erhalt der psychophysischen Leistungsfähigkeit[35]
- Gesundheitseffekte erzielen

Im Sinne der Selbstbestimmungstheorie (SDT) eröffnet ein regelmäßiges Trainieren Älteren die Möglichkeit zur Kompetenzerfahrung – die Erfahrung, mit dem eigenen Handeln (hier Trainieren) auf individuell bedeutsame Ereignisse und (Alterungs-) Prozesse kontrollierend einwirken zu können (vgl. Krapp & Ryan, 2002, S. 72). Bereits in Kapitel 3.3 wurde darauf verwiesen, dass im Rahmen der SDT „Kompetenz“ weniger als eine erworbene Fähigkeit oder Fertigkeit, sondern vielmehr als ein Gefühl der eigenen Wirksamkeit im Handeln aufgefasst wird. Dieses (Selbst-) Wirksamkeitsgefühl wird bei allen Interviewten artikuliert. Es gründet auf ihrer langjährigen Erfahrung, dass sie über regelmäßige körperliche Belastung auf ihren Organismus einwirken können – entweder im Sinne der (sportlichen) Leistungssteigerung oder im Sinne des (präventiven) Leistungs- und Gesundheitserhalts. Sie erleben sich über ihr eigenes körperliches Trainieren unmittelbar als handlungsfähig und wirksam (kompetent), wenn es darum geht, den eigenen körperlichen Status zielgerichtet zu beeinflussen.

Im Bereich der Verbesserung motorischer Fertigkeiten berichten Untersuchte z. B. davon, dass sie sich mit Mitte 50 noch eine neue Schwimmtechnik (Kraul) oder (erst) mit 70 Jahren das Boule-Spielen selbst beigebracht haben und in der Folge durch regelmäßiges Training jeweils relativ schnell ein hohes Leistungsniveau entwickeln konnten:

34 Ich folge an dieser Stelle einem pragmatisch orientierten, weiteren Trainingsverständnis, wie es in der Trainingslehre gebräuchlich ist. Im Gegensatz zur Sportdidaktik wird hier terminologisch nicht zwischen „Üben“ (von Fertigkeiten) und „Trainieren“ (von Fähigkeiten) unterschieden, sondern das Üben und Trainieren als ein einheitlicher Prozess aufgefasst und unter dem Begriff des „Trainierens“ subsumiert (vgl. Söll, 2005, S. 254).

35 Obwohl der Erhalt der psychophysischen Leistungsfähigkeit in Kap. 2.1 als wesentlicher, über Training zu realisierender Gesundheitseffekt beschrieben wurde, wird er an dieser Stelle dennoch vom Begriff „Gesundheitseffekt“ separiert aufgeführt, da er über diese Bedeutungsebene hinaus ebenso für den Umstand steht, dass Ältere über Training ihre sportliche Leistungsfähigkeit steigern wollen – z. B. um sich im Wettkampf zu beweisen.

> „Ja und Training eben, Übung ne. Das ist das A und O. Also ich kann mich gut erinnern, dass ich am Anfang etwas Schwierigkeiten hatte mit dieser Hüpferei auf dem Trampolin, weil ich das überhaupt nicht kannte und dass die Simone dann auch gesagt hat, das machen wir hier alle schon Jahre lang. Irgendwann kannst du das auch. Und dass ich dann schon gemerkt habe beim zweiten, dritten Mal es geht schon viel besser und jetzt habe ich den Eindruck, ich unterscheide mich nicht mehr groß. Das ist einfach Training dann auch gewesen. Also jetzt nicht gezieltes Training. Ich habe es nicht zuhause nachgemacht, aber das kommt dann von selbst." (A3, § 54)

Wie das vorstehende Beispiel (A3)[36] belegt, sind solche Erfolgserlebnisse selbst bei geringem Trainingsaufwand (eine Trainingseinheit pro Woche) innerhalb kurzer Zeit (2-3 Wochen) erreichbar. Entgegen der gesellschaftlich weit verbreiteten Vorstellung, dass Ältere vorwiegend von Kompetenzverlust betroffen bzw. gar nicht in der Lage sind, verminderte Kompetenzen zu kompensieren oder gar neue Kompetenzen zu erlernen (vgl. Beckers, 2006, S. 78), birgt regelmäßiges körperliches Trainieren das Potenzial in sich, älteren Menschen einen Weg zur Kompetenzerfahrung zu bahnen: *Sofern ich mich nur einigermaßen regelmäßig und mit einer gewissen Anstrengung körperlich betätige, bin ich selbst im fortgeschrittenen Alter noch dazu in der Lage, neue Fertigkeiten zu erlernen bzw. mich darin zu verbessern.*

Neben der Verbesserung motorischer Fertigkeiten kann über regelmäßiges Trainieren auch die Verbesserung der physischen Leistungsfähigkeit angestrebt und realisiert werden. Im Sinne einer Leistungs- und Wettkampforientierung wird solch ein Training allerdings lediglich von einer „marginalen Extremgruppe" der Alterssportler betrieben (vgl. Denk & Pache, 2004, S. 226). Unter den Interviewten finden sich denn auch nur zwei Sportler (C2 Mountainbiker; C4 Triathlet), „die sich für die Teilnahme an Alterswettkämpfen mit systematischem Training vorbereiten und im Rahmen ihrer Altersklassen Bestleistungen anstreben" (Denk & Pache, 2004, S. 226). Dafür investieren sie im Sommer bis zu 25 Stunden (!) gezieltes Training in der Woche. Dabei machen auch sie die (Kompetenz-) Erfahrung, dass sie mit eigenen Handlungen (intensives, systematisches Trainieren) auf ihren Körper in der Weise kontrollierend einwirken können, dass dieser zu einem gegebenen Zeitpunkt zu Höchstleistungen und zum Siegen im Stande ist:

36 65 jährige Frau, die neben der einmal pro Woche stattfindenden Rückenschul-Einheit kaum körperlich aktiv ist.

> „Und dann kurz vor dem Ziel, da sah ich dann meine Leute am Streckenrand und habe denen schon zugerufen, ich glaube, jetzt gibt es was zu feiern. Und so war es dann auch, ich war dann der Erste in meiner Altersgruppe, was dann das Ticket für Hawaii [Qualifikation zum Ironman; Anmerkung RR] bedeutete. Ja, das war, wenn ich jetzt so zurückblicke, ein großer Moment“ (C4, § 32).

Auch wenn diese (Extrem-) Beispiele nicht für die breite Masse der körperlich aktiven Älteren stehen, ist der Wirkzusammenhang zwischen systematischem Trainieren, Leistungssteigerung und (Wettkampf-) Erfolg auf einem deutlich niedrigeren Anstrengungs- und Leistungsniveau einer breiteren Masse an älteren Menschen zugänglich. So berichten neben den beiden „Extremsportlern“ drei weitere Interviewte davon, dass sie unregelmäßig und ohne Siegambitionen an „Wettkämpfen“ wie Halbmarathons oder dem Sportabzeichen teilnehmen und sich im Vorfeld systematisch darauf vorbereiten. Auch wenn es ihnen dabei eher um das „Ankommen“ bzw. „Bestehen“ geht, erleben auch sie sich als handlungsfähig und kompetent.

Weit häufiger als das Anstreben einer Leistungssteigerung wird ein Training aus gesundheitsorientierten Erwartungen heraus betrieben. Man möchte die eigene psychophysische Leistungsfähigkeit auf einem gesundheitsförderlichen Niveau erhalten. Alle 15 Interviewten erkennen in ihren Trainingsbemühungen das Potenzial, durch eigene Aktivität ihren Gesundheitsstatus wirksam beeinflussen zu können. Sie haben es selbst in der Hand: *„Die einen nehmen vielleicht Medikamente, aber das ist nicht so mein Ding, also ich kuck, was kann ich aktiv tun“ (A5, § 20).*

Dabei beruht dieses von allen geteilte Gefühl der eigenen Wirksamkeit im (Gesundheits-) Handeln keinesfalls lediglich auf einer vagen Hoffnung, sondern es ist erfahrungsgesättigt. Alle 15 Interviewten berichten über vielfältige Erfahrungen, durch körperliche Aktivität ihr Wohlbefinden und ihre Gesundheit stabilisieren und fördern zu können. In der nachfolgenden Aufzählung sind die Gesundheitseffekte aufgeführt, welche die Untersuchten nach eigenen Angaben mit ihrem körperlichen Training verfolgen und erzielen:

- Alternsprozess hinausschieben / verzögern
- körperliche und psychische Leistungsfähigkeit erhalten – fit bleiben
  - mobil bleiben – Gehfähigkeit erhalten
  - Erhalt der Muskulatur auf hohem Leistungsniveau
  - Erhalt der Reaktionsschnelligkeit / Sturzprophylaxe
  - Erhalt der Beweglichkeit
- Rückenbeschwerden/-schmerzen beheben
- Kopfschmerzen beheben

- Blutdruck senken
- Gewicht regulieren / reduzieren
- Folgeschäden vermeiden (z. B. Knorpel/künstliches Knie, Diabetes ...)
- Diabetes vorbeugen bzw. effektiv regulieren
- aktiv regenerieren (geistig wie körperlich)
- aktiv Wohlbefinden herstellen (mit Bewegung abschalten können, frei werden, frisch und sich wohl fühlen)
- (Tages-) Stress abbauen

Diese Auflistung verdeutlicht, dass die untersuchten Älteren ihr regelmäßiges Trainieren als erfolgreiche Präventionsmaßnahme erachten, um zentrale Risiken des Alters, wie Einschränkung der Gehfähigkeit, Abnahme der Muskelmasse (Sarkopenie) oder Stürze, gezielt reduzieren bzw. das Auftreten unerwünschter physischer oder psychischer (Krankheit-)Zustände verhindern oder zumindest verzögern zu können (vgl. Leppin, 2014, S. 36). Dabei decken die berichteten Gesundheitseffekte das ganze „Präventions-Panorama" – von der Primärprävention (noch vor dem Erstauftreten eines unerwünschten Zustandes) bis zur Sekundär- und Tertiärprävention (zur Eindämmung einer bereits bestehenden Krankheit bzw. zur Verhinderung von Folgeschäden einer Krankheit) – ab, wie folgende Zitate exemplarisch belegen sollen:

> Und dann halt Beweglichkeit. Ich meine, diese Kraftübungen, die sind für mich die Voraussetzungen eigentlich, dass man noch schnell reagieren kann, sich auf gewisse Situationen schnell einstellen kann. Man hört immer, dass Leute stolpern und hinfallen und so weiter. Das kenne ich eigentlich noch nicht. Ich weiß nicht, ob es noch kommt, aber ich kenne es noch nicht. (B4, §8)[37]
>
> Ich hatte damals Rückenprobleme. Also ich hab früh Rückenprobleme gehabt und ich habe seit ich in die Rückenschule gehe, keine mehr und das ist echt sehr, sehr positiv, ja. (A4, § 33-34)
>
> Und gerade, was Diabetes angeht, ist Sporttreiben sicherlich, wenn man den Diabetes dabei beherrscht, unglaublich wichtig. Ich habe heute nach über 30 Jahren Diabetes, wie der Augenarzt diagnostiziert hat, bei der Geschichte einen jungfräulichen Augenhintergrund. Das sind die Kapillargefäße, die ein Maßstab bei Diabetes sind. (C1, §46)

Diese wie auch andere Aussagen der Interviewten veranschaulichen Erfahrungen und Überzeugungen, mit dem eigenen Verhalten (körperliche Aktivität) etwas zu bewirken: Den eigenen Gesundheitsstatus wirksam (kompetent) beeinflussen zu können!

37 82 jähriger Mann – der älteste Untersuchungsteilnehmer

Führt man sich vor Augen, dass nach aktuellem Erkenntnisstand der mit Abstand größte Wunsch der Menschen zwischen 65 und 85 Jahren in Deutschland darin besteht, die eigene Gesundheit zu erhalten und ihre größten Sorgen sich um Krankheiten und Pflegebedürftigkeit drehen (vgl. Generali Altersstudie 2013, S. 251 ff.), erkennt man das enorme Befriedigungspotenzial, welches ein gesundheitsorientiertes körperliches Training für das Bedürfnis nach Kompetenzerleben bereithalten kann: *Regelmäßiges Trainieren sichert mir das Erleben, „etwas bewirken zu können", „handlungsfähig zu sein" und zwar in dem Bereich, der für mich im Alter höchste Priorität hat – dem Erhalt meiner Gesundheit bzw. dem Vorbeugen von zentralen Altersrisiken.*

Rott (2014) stellt die beschriebenen Zusammenhänge in einer Präsentation anschaulich dar:

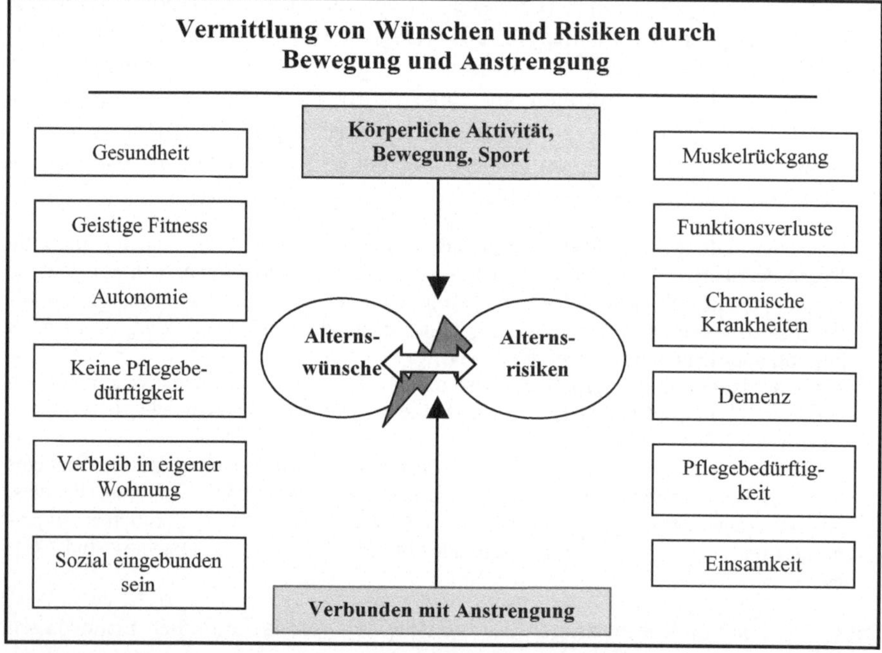

Abb. 7: Vermittlung von Wünschen und Risiken durch Bewegung und Anstrengung (Rott, 2014)

Demnach kann das Befriedigungspotenzial körperlicher Aktivität (Training und Anstrengung) für das Kompetenzerleben Älterer darin gesehen werden, effektiv zwischen ihren Alterswünschen und zentralen Altersrisiken zu vermitteln: Das Realisieren ihrer zentralen Wünsche sowie die Verhinderung ihrer größten Befürchtungen rücken durch regelmäßiges körperliches Trainieren in ihren eigenen Einfluss- und Kontrollbereich. Allerdings gibt es diese Handlungsfähigkeit bezüglich der eigenen Gesunderhaltung nicht ohne Anstrengung. Sie ist mit der zweifachen Anstrengung verbunden: sich regelmäßig über einen längeren Zeitraum (Monate bis Jahre) hinweg immer wieder ausreichend hohen körperlichen Belastungen auszusetzen:

> „Ich merke jetzt schon ... seit wann sind wir nicht mehr im Training? Susanne hat jetzt glaube ich den zweiten Monat schon Ferien [Rückenschule - Sommerpause; Anmerkung RR]. Ich merke wieder, dass da hinten [im Rücken; Anmerkung RR] sich was tut. Ich müsste jetzt sofort eigentlich wieder einsteigen. Gerade auch diese wöchentliche Regelmäßigkeit, das bringt schon eine ganze Menge" (A3, §24).

Regelmäßigkeit und Langfristigkeit der Bemühungen erfüllen alle 15 Interviewten und erleben daher – vermittelt über ihre erzielten Gesundheitseffekte – das regelmäßige körperliche Trainieren als einen zentralen Befriedigungsweg für ihr Bedürfnis nach Kompetenzerleben im Gesundheitskontext. Damit decken sich ihre eigenen Trainingserfahrungen weitgehend mit den im Rahmen des funktionsorientierten Alterssportkonzepts (FASK) postulierten Annahmen über den Zusammenhang von Training – ausreichender Belastung – Regelmäßigkeit und Langfristigkeit der Durchführung – Erzielen von Leistungssteigerung/-erhalt bzw. von Gesundheitseffekten (vgl. Kap. 2.1). Der gesundheitliche Wert einer funktionsorientierten Ausrichtung des Alterssports erfährt somit auch in der vorliegenden Untersuchung eine individuelle Bestätigung.

Eine Beziehung zwischen den Interviewaussagen und der Selbstbestimmungstheorie der Motivation (SDT) lässt sich über deren Grundpostulat herstellen, dass die Erfüllung des Kompetenzbedürfnisses eine wesentliche Voraussetzung für das Auftreten menschlichen Wohlbefindens und selbstbestimmter, nachhaltiger Motivation sei (vgl. Krapp & Ryan, 2002, S. 73). Entsprechend wäre es im Sinne einer Motivationsförderung wichtig, das große Potenzial dieser Verhaltensweisen deutlich(er) herauszustellen: *Man kann mit eigenen Handlungen – regelmäßiges körperliches Trainieren – auf die Erfüllung zentraler Alterswünsche (Gesundheit) bzw. die Verhinderung drohender Alternsrisiken kontrollierend einwirken!*

Im Rahmen der SDT wird dieser Zusammenhang bislang nicht hinreichend beschrieben. Zum Abschluss können aus den vorherigen Ausführungen folgende pädagogische Konsequenzen für den Alterssport resümierend abgeleitet werden:

Verfolgt man das Ziel, die Motivation Älterer bezüglich Alterssport zu stärken, sollte die Informationsvermittlung über die Möglichkeiten, durch regelmäßiges körperliches Trainieren die Realisierung des zentralen Alternswunsches „Gesundheit" bzw. die Reduzierung drohender Alternsrisiken (z. B. Demenz) selbst wirkungsvoll beeinflussen zu können, einen zentralen Bestandteil jeder sportpädagogischen Einwirkung auf die Älteren bilden (vgl. Denk & Pache, 2004, S. 230).

Ebenso sollte das Training an einer angemessenen Belastungsgestaltung im Sinne des FASK ausgerichtet sein – Schwellenwerte überschreitende körperliche Belastungen, die regelmäßig (mehrmals pro Woche) und über längere Zeiträume hinweg (Monate bis Jahre) wiederholt werden (vgl. Brehm & Buskies, 2009, S. 271) –, da die Alternswünsche (v.a. Gesundheit) nur über eine systematische und kontinuierliche Anstrengung seitens der Älteren realisiert werden können. Insbesondere dieser Zusammenhang zwischen kontinuierlicher Anstrengung und Gesundheit sollte älteren Menschen verdeutlicht und erfahrbar gemacht werden.

Befriedigungsweg „Fortschritte und / oder Leistungsfähigkeit sichtbar / erlebbar machen"

Der Befriedigungsweg „Fortschritte / Leistungsfähigkeit sichtbar / erlebbar machen" ist eng mit den obigen Ausführungen verbunden, insofern Leistungsfortschritte bzw. der Erhalt einer gesundheitsförderlichen Leistungsfähigkeit untrennbar mit kontinuierlichem Training verbunden sind. Entsprechend kann der Befriedigungsweg (regelmäßiges) „Trainieren" als zwingende Voraussetzung dafür angesehen werden, dass Ältere den Befriedigungsweg „Fortschritte / Leistungsfähigkeit" überhaupt beschreiten und erleben können – oder anders formuliert: Um eigenen Leistungsfortschritt bzw. eine hohe körperliche Leistungsfähigkeit im Alter erleben zu können, führt kein Weg an regelmäßigem körperlichen Training vorbei.

Um den Befriedigungswert der „Sichtbarmachung" eigener Leistungsfähigkeit bzw. deren Fortschrittes für das Bedürfnis nach Kompetenzerleben nachvollziehbar zu machen, soll zunächst nochmals kurz auf relevante Dimensionen des Kompetenzbedürfnisses eingegangen werden. Das Bedürfnis nach Kompetenzerleben manifestiert sich einmal in dem menschlichen Bestreben, sich bei der Bewältigung gegebener und absehbarer Anforderungen als handlungs- und leistungsfähig zu erleben (vgl. Krapp, 2005, S. 30). Es zeigt sich aber auch in dem

Wunsch nach eigener Wirksamkeit, angestrebte Ziele erreichen bzw. Fortschritte auf eine Zielerreichung hin feststellen zu können (vgl. Pfeffer, 2010a, S. 224).

Körperliche Aktivität scheint in diesem doppelten Sinne ein ideales Befriedigungsfeld zu sein. Zum einen erlaubt es die mehr oder minder gute (kompetente) Bewältigung körperlicher Anforderungen – Trainingsübungen (z. B. das Auf- und Abbewegen einer Hantel) oder von Alltagsaktivitäten wie Treppen steigen –, unmittelbar Rückschlüsse über die eigene motorische Leistungsfähigkeit zu ziehen. Ob und wie leistungsfähig ich (noch) bin, kann ich in der Ausübung körperlicher Aktivitäten „hautnah“ erleben. Zum anderen ist der durch körperliches Training angestrebte Leistungsfortschritt in den motorischen Hauptbeanspruchungsformen (z. B. der Kraft oder der Ausdauer) mess- und überprüfbar. Ob ich mein gesetztes (Gesundheits-)Ziel – z. B. die Optimierung meiner Ausdauer- oder Kraftleistungsfähigkeit – erreiche bzw. diesbezüglich Fortschritte mache, kann ich feststellen und überprüfen.

Bei den Untersuchten konnten unterschiedliche Strategien ausgemacht werden, wie sie sich ihrer körperlichen Leistungsfähigkeit bzw. deren Fortschritts / Erhalts versichern und damit eigene Kompetenz erleben. Zum einen greifen die Älteren auf motorische Testverfahren zurück, welche die Beurteilung der eigenen motorischen Leistungsfähigkeit ermöglichen. So unterziehen sich zwei noch wettkampfsportlich aktive Ältere (C1 und C2) regelmäßig sportmedizinischen Untersuchungen (Fahrrad-Ergometrie). Diese Art von Untersuchung zählt zu den sportmotorischen Tests (vgl. Meusel, 2004, S.267). Sie werden von wettkampforientierten (Alters-)Sportlern genutzt, um sportliche Leistungen oder Leistungsgrundlagen zu erheben, die wiederum als Orientierungshilfe für die Trainingsgestaltung dienen (vgl. ebd.). Diese regelmäßige Erhebung und Rückmeldung der eigenen körperlichen Leistungsfähigkeit ist für die beiden Alterssportler unmittelbar mit dem Erleben eigener Kompetenz verbunden:

> „I: Da haben Sie dann auch dieses Gefühl der eigenen Kompetenz in ihrem Sporttreiben? Das erleben Sie dort auch?
> C1: Absolut. Bei der sportmedizinischen Untersuchung dieses Frühjahr wurde ich eingeordnet von den Werten her 99,9 % meiner Rad fahrenden Altersgenossen, also nicht von allen, sind hinter mir. (lacht) Das ist ein gutes Feedback. Ja“ (C1, § 33-34).

Eine weitere Untersuchte (C3, §35) berichtet davon, dass sie jedes Jahr das Deutsche Sportabzeichen erwirbt – ein Leistungsabzeichen für „überdurchschnittliche und vielseitige körperliche Leistungsfähigkeit“ (DOSB; www.deutsches-sportabzeichen.de). Die Sportabzeichen-Prüfung kann als eine Ausprägung des motorischen Testverfahrens „Fitness-Test“ angesehen werden, das im Freizeit- und Gesundheitssport angewendet wird, um die Ausprägung der einzelnen motorischen Grundfähigkeiten (wie Ausdauer, Kraft, oder Koordination) zu ermitteln (vgl. Meusel, 2004, S. 267).

Mit dem Erwerb des Sportabzeichens holt auch C3 sich jährlich die Bestätigung ihres Kompetenzbedürfnisses ein: *Ich kann (nach wie vor) die für meine Altersklasse geltenden / gestellten (Prüfungs-)Anforderungen in den verschiedenen motorischen Grundfähigkeiten – z. B. 7,5 km Walking (Ausdauer) oder Standweitsprung (Kraft) – erfolgreich absolvieren und bin somit nachgewiesenermaßen „überdurchschnittlich und vielseitig körperlich leistungsfähig".*

Auffällig ist, dass der Einsatz / Gebrauch motorischer Testverfahren zur Beurteilung der motorischen Leistungsfähigkeit lediglich von (3) Interviewten berichtet wird, die ihren Sport (auch) wettkampforientiert betreiben (C-Gruppe). In den beiden Gruppen der vorwiegend gesundheitsorientierten Alterssportler – Gruppe A (angeleiteter Rückenschulkurs), Gruppe B (unangeleitetes Gesundheitsmuskeltraining) – findet sich kein Hinweis auf den Einsatz solcher Tests, wenn auch der Wunsch danach vereinzelt geäußert wird:

> „Ich würde mir manchmal vielleicht wünschen, dass so irgendwas kommt, vielleicht irgend so eine Bewegung, die man macht aus dem Feldenkrais und das fand ich ganz gut, mal so irgendwie mal probieren, wie beweglich bist du noch oder so" (A 2, § 65).

Das Kompetenzbedürfnis weckt in älteren Menschen die Neugier für ihre eigene Funktions- und Leistungsfähigkeit und zugleich ihre Motivation, diese bei wahrgenommenem oder rückgemeldetem geringem Status zu verbessern bzw. bei ausreichendem Status zu erhalten. Allerdings wird dieses Motivationspotenzial motorischer Tests in dem in dieser Studie untersuchten Kontext des gesundheitsorientierten Alterssports nicht genutzt. Auch im Diskurs zum gesundheitsorientierten Alterssport im deutschsprachigen Raum spielen motorische Tests keine prominente Rolle. Sie werden eher als ein nachgeordnetes (Hilfs-)Mittel der Trainingssteuerung und -evaluation und weniger als ein wichtiger Motivator zur Steigerung der körperlichen Aktivität bei wenig aktiven/inaktiven Älteren bzw. zur Beibehaltung körperlicher Aktivität bei bereits aktiven Älteren gesehen (vgl. Meusel, 2004, S. 265 ff.).

Selbst etablierte und inhaltlich und methodisch breit angelegte Alterssportprogramme wie das Präventionsangebot „Gesundheitsförderung für Ältere" des Landessportbundes NRW kommen ohne den Einsatz von Fitness-Tests aus – weder zur Motivierung noch zur Überprüfung der Realisierung angestrebter Trainingsziele (vgl. Späker, Tiemeier & Matlik, 2009). Dies überrascht, gilt doch in amerikanischen Fachkreisen der Einsatz von Fitness-Testungen als der zentrale Schlüssel, um Ältere zu mehr körperlicher Aktivität zu motivieren:

> „In fact, Dr. Kenneth Cooper, the founder and medical director of the world-renowned Cooper Institute in Dallas, designed his entire program on the premise that evaluation [of fitness level; Anmerkung RR] is the most powerful motivator for getting people to improve their fitness level. According to Cooper, and according to our own experiences in working with older adults, the steps to success in getting people to change their activity behaviors are as follows:
>
> - Evaluation – assessing people`s current level of fitness and identifying strengths and weaknesses [...]" (Rikli & Jones, 2013, S. 96).

Somit gilt ein Fitness-Test für Rikli und Jones, zwei international anerkannte Expertinnen im Feld der Fitness- und Aktivitätsforschung Älterer, als ein wichtiger erster Schritt, um Ältere dafür zu motivieren, aktiver zu werden und dies in der Folge dann auch zu bleiben. Der von ihnen gemeinsam entwickelte *Senior Fitness Test (SFT)* zählt zu den (weltweit) am häufigsten eingesetzten Testbatterien, um im Rahmen von gerontologischer Forschung oder Gesundheitssport den Fitness-Status Älterer erheben bzw. über den Zeit- oder Trainingsverlauf hinweg dessen Steigerung oder Abfall kontrollieren zu können (vgl. Schlicht & Schott, 2013, S. 151 ff.).

Der Test besteht aus sechs Testaufgaben, welche nicht nur die motorische Leistungsfähigkeit in den Bereichen Kraft, Ausdauer, Beweglichkeit und Koordination erheben, sondern auch Aufschluss darüber geben, inwiefern die Untersuchten wichtige Aktivitäten des täglichen Lebens (wie das Aufstehen aus dem Sitz) auch im höheren Alter (noch) gut bewältigen können (vgl. Rikli & Jones, 2013, S. 64 ff.):

- Sitz-Steh-Test (Kraft der Beine)
- Hantel-Test (Kraft der Arme)
- 2-Minuten-Knieheben (Ausdauer)
- Sitz-Streck-Test (Beweglichkeit)
- Rückenkratzen (Beweglichkeit)
- Steh-Geh-Test (Koordination)

Zwei spezifische Besonderheiten des Senior Fitness Tests lassen dessen Einsatz zur Befriedigung des Kompetenzbedürfnisses Älterer und (damit) zur Steigerung/ Aufrechterhaltung ihrer Motivation bezüglich der Ausübung körperlicher Aktivität als besonders geeignet erscheinen. Auf dem Wege ausgedehnter Forschungstätigkeit wurden über den Einsatz dieses Tests die Fitness-Daten von über 7000 Älteren zwischen 60 bis 94 Jahren erhoben und auf dieser Datenbasis sowohl normbezogene wie kriteriumbezogene Fitness-Standards entwickelt (vgl. Rikli & Jones, 2013, S. 43 f.):

- Die **normbezogenen Fitness-Standards** ermöglichen es Älteren, ihren Fitness-Status mit dem von Menschen gleichen Alters und Geschlechts zu vergleichen. Die entwickelten (Perzentil-)Tabellen erlauben es Älteren, genau festzustellen, wo sie bezüglich ihrer Fitness-Werte im Vergleich mit Gleichaltrigen liegen – im Mittelmaß, über oder unter dem Durchschnitt oder sogar im (low functioning-)Bereich von Menschen, die Schwierigkeiten haben, ein selbstständiges Leben aufrecht zu erhalten.
- Die **kriteriumbezogenen Fitness-Standards** geben Älteren eine Antwort auf die Frage: „Wie muss meine körperliche Fitness mit 60, 70 und 80 Jahren beschaffen sein, damit ich mit 90 noch einigermaßen selbstständig bin" (Rott, 2014, S. 8)? Über den Vergleich ihrer aktuell errungenen Werte mit diesen Standards können sie genau feststellen, ob sie sich momentan auf einem guten Weg befinden, ihre Mobilität und Selbständigkeit bis ins hohe Alter hinein erhalten zu können, oder ob sie hierfür ihr körperliches Training steigern müssen.

Vor dem Hintergrund des theoretischen Postulats, dass sich das Bedürfnis nach Kompetenzerleben in dem menschlichen Bestreben niederschlägt, „den gegebenen und absehbaren Anforderungen gewachsen zu sein und die anstehenden Aufgaben oder Probleme aus eigener Kraft bewältigen zu können (Krapp, 2005, S. 30), dürften insbesondere die kriteriumbezogenen Fitness-Standards des SFT einen hohen motivationalen Anreiz für Ältere haben.

Erste Erfahrungen mit dem Fitness-Test im deutschen Raum belegen das hohe motivationale Interesse, das Ältere dem Test und insbesondere ihren erzielten Fitness-Werten entgegen bringen (vgl. Rott, 2014, S. 9 ff.). Sie wollen wissen, wo sie im Vergleich mit Gleichaltrigen stehen bzw. in welchen Bereichen ihrer körperlichen Funktions- und Leistungsfähigkeit sie gut aufgestellt sind und wo sie sich steigern müssen, um auch in 10 oder 20 Jahren noch selbständig leben zu können.

Diese Ausführungen abschließend, kann aus einer pädagogischen Perspektive der Einsatz von Fitnesstests im gesundheitsorientierten Alterssport folgendermaßen zusammengefasst werden:

- Die Erhebung des momentanen individuellen Fitnesslevels kann für noch inaktive, aber dem Thema „körperliche Aktivität" bereits zugewandte Ältere ein wichtiger erster Schritt sein, um sie zu mehr körperlicher Aktivität zu motivieren: Die Feststellung eines (geringen) Fitnessniveaus, das die zukünftige Selbständigkeit in Frage stellt, verletzt ihr (Kompetenz-)Bedürfnis danach, gegebenen und absehbaren Anforderungen gewachsen zu sein und kann so ihre Einsicht und Motivation dafür stärken, aktiv zu werden.
- Für bereits körperlich aktive Ältere ist der Einsatz eines Fitnesstests vor allem dann interessant, „wenn er Auskunft über die Wirksamkeit ihres Trainings innerhalb eines gewissen Zeitraums gibt und wenn damit z. B. bei Wiederholung einer Testbatterie in gewissen Zeitabständen die Zunahme oder der Erhalt der Leistungsfähigkeit bei den einzelnen Testaufgaben verfolgt werden kann" (Meusel, 1999, S. 271). Die über den Test sichtbar gemachte Wirksamkeit im (Gesundheits-)Handeln speist unmittelbar das Kompetenzbedürfnis Älterer und kann so – als Erfolgserlebnis wahrgenommen – eine wesentliche Stütze für die Beständigkeit der Bewegungsmotivation sein (vgl. Denk & Pache, 2004, S. 232).
- Der Einsatz von Fitnesstests ermöglicht es, einen differenzierten Überblick über den aktuellen Fitnessstatus – spezifische Teilstärken und -schwächen (z. B. im Bereich der Beinkraft) – von Älteren zu erhalten. Erst auf dieser Basis ist es möglich, Interventionsprogramme zu entwickeln, welche den spezifischen Bedürfnisse und unterschiedlichen Leistungsniveaus der Älteren genau entsprechen (vgl. Rikli & Jones, 2013, S. 7). Auf diese Weise können Schwachstellen gezielt angegangen und behoben / reduziert werden, ohne die Älteren dabei zu überfordern – ein doppelter Gewinn hinsichtlich der Befriedigung des Kompetenzbedürfnisses Älterer.
- Das Feststellen des individuellen Fitnessniveaus in relevanten Teildimensionen der physischen Leistungsfähigkeit (z. B. Arm- oder Beinkraft) kann in Kombination mit den empfohlenen Fitnessstandards zur Aufrechterhaltung lebenslanger körperlicher Unabhängigkeit des Senior Fitness Tests für Ältere eine bedeutsame motivationale Basis darstellen, sich konkrete individuelle Ziele für ihr körperliches Training zu setzen:

Ich möchte am Ende des 12 Wochen-Ausdauer-Programms mein aktuell erreichtes Testergebnis von 80 Kniehebungen im Zwei-Minuten-Knieheben-Test auf 97 Hebungen steigern, was dem empfohlenen Fitnessstandard für die Aufrechterhaltung lebenslanger körperlicher Unabhängigkeit für meine Altersklasse entspricht. Die Orientierung des Leistungsfortschritts am angestrebten (Fitness-) Ziel (körperliche Unabhängigkeit) und dessen Realisierung sind hier ganz genau bestimmbar, was sich als unmittelbare Befriedigung für das Kompetenzbedürfnis Älterer auswirken kann.

Eng damit verbunden ist eine weitere Strategie, die eigene Leistung bzw. deren Fortschritt „sichtbar" zu machen. Auf Basis der Setzung und Verfolgung individueller Trainingsziele entlang eines konkreten Trainingsplans dokumentieren zwei der untersuchten Älteren (C4 und C5) mit Hilfe eines „Trainingslogbuchs / Trainingstagebuchs" a) die Umsetzung ihres Trainingsplans (was und wie viel / wie lange habe ich in der Woche wann gemacht?) und b) die dabei erzielten Trainingsleistungen (welche Leistung habe ich am Montag, welche am Freitag … erbracht?):

> C5: „Ich versuche einfach, jeden Tag rauszugehen. Mindestens für eine halbe Stunde.
> Stimme aus dem Hintergrund: Du schreibst ja auch auf, ne, wie viel Du machst.
> C5: Ich schreib es mir auf. Aber halt nur für mich. Einfach um zu sehen, was habe ich gemacht.
> I: Und dann auch das Gefühl zu haben, stolz darauf zu sein, was gemacht zu haben?
> C5: Ja genau." (C5, § 16-20)

In der sportpsychologischen Betrachtung werden solche Maßnahmen wie das Führen eines Trainingstagebuchs als „Selbstbeobachtung" oder „Monitoring" des eigenen (Aktivitäts-)Verhaltens bezeichnet (vgl. Fuchs, 2007, S. 322).[38] Solche Maßnahmen gelten insbesondere für das gesundheitsorientierte Fitnesstraining als geeignete Strategien, um die Trainingsmotivation von (älteren) Menschen zu steigern bzw. über längere Zeit zu erhalten (vgl. Rikli & Jones, 2013, S. 99 ff.; Boeckh-Behrens & Buskies, 1995, S. 95 ff.).

38 Neu entwickelte Technologien – sogenannte Aktivitäts- oder Fitnesstracker –, die am Körper getragen werden und es ermöglichen, bewegungsbezogene Daten „rund um die Uhr" und sehr detailliert erfassen, auswerten und visualisieren zu können, eröffnen für den Bereich des Selbstmonitorings ganz neue Möglichkeiten. Diesbezüglich gilt es empirisch zu klären, inwiefern Ältere für solche Technologien aufgeschlossen sind und durch ihre Anwendung tatsächlich zu mehr körperlicher Aktivität motiviert werden können.

Aus Sicht der Selbstbestimmungstheorie kann die motivierende Wirkung des Monitorings mit dem postulierten Kompetenzbedürfnis erklärt werden: Wenn Ältere regelmäßig ihre Trainingsleistungen dokumentieren und so über den Zeitverlauf (schwarz auf weiß) feststellen können, dass sich diese verbessern – sie ihren angestrebten Trainingszielen näher kommen oder diese erreichen –, ist dies unmittelbar mit dem Gefühl eigener Wirksamkeit (Kompetenz) verbunden: *Ich kann durch mein regelmäßiges Training meine körperliche Leistungsfähigkeit wirksam beeinflussen – steigern.*

Dieser Motivations-Effekt kann verstärkt werden, indem neben alltäglichen Trainingsdaten (z. B. wie lange habe ich für die 5 km Runde am Donnerstag gebraucht?) auch Testergebnisse aus periodisch durchgeführten Fitnesstests (z. B. SFT) im Tagebuch dokumentiert und im Hinblick auf Leistungsentwicklung miteinander verglichen werden (vgl. Rikli & Jones, 2013, S. 100). Selbst das bloße Monitoring der absolvierten Trainings-/Bewegungszeiten pro Tag/Woche kann Älteren bereits ein Gefühl eigener Kompetenz vermitteln, wenn sie beim Blick in ihr Trainingstagebuch feststellen, dass sie ihre angestrebten gesundheitsorientierten Bewegungsziele – z. B. an den meisten Tagen der Woche mindestens 30 Minuten moderat körperlich aktiv zu sein – erfolgreich realisieren konnten.

Insofern stellt das Verfahren der Selbstbeobachtung mittels Trainingstagebuch einen weiteren (Befriedigungs-)Weg dar, das Kompetenzbedürfnis Älterer im Kontext Alterssport zu befriedigen. Es kann genutzt werden, um die Motivation Älterer zum regelmäßigen und dauerhaften Gesundheitstraining zu stärken. Die Strategie der Selbstbeobachtung impliziert einen weiteren gangbaren Befriedigungsweg des Kompetenzbedürfnisses: Wenn Ältere ihre erbrachten Trainings- und / oder Testleistungen über längere Zeit hinweg in einem Trainingstagebuch dokumentieren und ihre momentane Leistungsfähigkeit auf Basis eines Vergleichs mit ihren eigenen (dokumentierten) früher erbrachten Leistungen bewerten und einordnen, folgen sie einer „individuellen Bezugsnormorientierung".

Unter Bezugsnorm versteht man „einen Standard, mit dem ein Resultat verglichen wird, wenn man es als Leistung wahrnehmen und bewerten will" (Rheinberg, 2006b, S. 55). Motivationspsychologisch bedeutsam ist vor allem die Unterscheidung zwischen einer sozialen und einer individuellen Bezugsnorm. Während bei einer sozialen Bezugsnormorientierung eine erbrachte Leistung(-sentwicklung) vor dem Hintergrund eines sozialen Leistungsvergleichs bewertet wird – so werden beispielsweise die von Herrn Müller geleisteten 15 Kniebeugen eher als eine geringe Leistung eingeordnet, da seine gleichaltrigen

Alterssportkameraden alle mehr als 20 Kniebeugen geschafft haben – wird diese bei einer individuellen Bezugsnormorientierung vor dem Hintergrund eines intraindividuellen Leistungsvergleichs eingeordnet – so können die erreichten 15 Kniebeugen als ein deutlicher Trainingserfolg bewertet werden, bedenkt man, dass Herr Müller bis vor wenigen Monaten lediglich zu 8 aufeinander folgenden Kniebeugen im Stande war.

In der Motivationspsychologie gilt die individuelle Bezugsnormorientierung als eine günstige Strategie, um das Kompetenzbedürfnis von Menschen anzusprechen und zu befriedigen, da unter dem intraindividuellen Leistungsvergleich das Wachstum der eigenen (hier körperlichen) Leistungsfähigkeit in Abhängigkeit von eigenen (Trainings-)Aktivitäten und Bemühungen besonders deutlich wird (vgl. Rheinberg, 2006a, S. 513). Sie kann damit als eine Strategie der Sichtbarmachung eigener Leistungsentwicklung angesehen werden, die in dem Menschen die Überzeugung stärkt, mit dem eigenen Verhalten etwas bewirken zu können. Entsprechend bestätigen Vergleichsuntersuchungen zwischen einer individuellen und einer sozialen Bezugsnormorientierung, dass erstere zu einem höheren Selbstkonzept bezüglich eigener Fähigkeit, mehr Selbstwirksamkeitserwartung und Verbesserungsmotivation sowie zu weniger Hilflosigkeit führt (vgl. Rheinberg, 2006b, S. 58).

Im spezifischen Kontext der Sportpsychologie wird das Konstrukt der Bezugsnormorientierung ebenfalls aufgegriffen und untersucht. Die individuelle Bezugsnormorientierung wird als „Aufgabenorientierung" und die soziale Bezugsnormorientierung als „Wettbewerbsorientierung" bezeichnet (vgl. Brand, 2010, S. 26). Während aufgabenorientierte Sportler in Leistungssituationen eher auf sich selbst und die Güte der Aufgabenbewältigung fokussieren und ihre momentane Leistung eher im Vergleich zur eigenen früheren Leistung bewerten, neigen wettbewerbsorientierte Sportler dazu, besser als andere abschneiden zu wollen – also einen sozial vergleichenden Gütemaßstab zu wählen (vgl. ebd.).

Sportspezifische Untersuchungen fördern klare Vorteile einer Aufgaben- gegenüber einer Wettbewerbsorientierung zu Tage. So ist Sporttreiben unter Aufgabenorientierung gegenüber einer Wettbewerbsorientierung „mit größerer Freude am Sport, mit größerer Ausdauer auch nach Misserfolgserlebnissen und mit einer vernünftigeren […] Wahl der Aufgabenschwierigkeiten" (Brand, 2010, S. 26) verbunden, was wiederum eng mit der erfolgreichen Bewältigung der gewählten sportlichen Aufgaben und entsprechendem Kompetenzerleben verknüpft ist. Entsprechend wird auch auf Basis der Selbstbestimmungstheorie empfohlen, motivierende Bewegungskontexte darüber zu schaffen, dass selbstbezügliche Standards und Indikatoren der Leistungsverbesserung gewählt und sozial vergleichende (wettbewerbsorientierte) eher zurückgestellt werden sollten (vgl. Standage, Gillison & Treasure, 2007, S. 84).[39]

Viele der Interviewten setzen diese Strategie der individuellen Bezugsnormorientierung – den intraindividuellen Leistungsvergleich – bei ihren alltäglichen Trainingsbemühungen ein. Dies erfolgt vermutlich eher unbewusst / intuitiv / beiläufig und wenig systematisch:

> „C1: (...)Was sich automatisch einstellt, gerade wenn man so allein [mit dem Rad; Anmerkung RR] durch die Gegend fährt, man hat so seine Fixpunkte. Beim letzten Mal habe ich da 28 Minuten gebraucht, oh, heute 28:15 oder so, ja? Das ist schon automatisch, dass man mal kontrolliert. Also ich will jetzt nicht in 45 Minuten dort sein, aber wenn ich beim letzten Mal da 41 Minuten hatte und heute 39 Minuten, dann oh, gut drauf. Dann guckst Du noch, lag es am Rückenwind (lacht)." (C1, § 37-38)

Von solchen intraindividuellen Vergleichen berichtet ein Drittel (5 von 15) der Untersuchten, ohne dass in den Interviews speziell danach gefragt wurde (induktiv gewonnene Subkategorie). Sie haben bei ihrem Ausdauertraining (z. B. Radfahren, Joggen), aber auch beim Rücken- oder Krafttraining ihre (!) Zeiten, Gewichte, Wiederholungszahlen – aber auch den Grad der Anstrengungsempfindung – (vage) im Kopf, mit denen sie vor längerer Zeit angefangen haben bzw. die ihnen in der letzten Zeit möglich waren und vergleichen diese Leistungen mit ihren aktuell erzielten Leistungswerten. Insofern folgen (zumindest) diese Alterssportler bereits dem sportpädagogischen Rat, dass Leistung „bei dem älteren Sportler nicht primär auf dem interindividuell gemessenen oder gewerteten Vergleich [...] basiert, sondern eine personorientierte Feststellung von Leistung sein sollte, deren entscheidende Kenngröße die *Leistungsveränderung* im Sinne des durch das Training angestrebten Leistungsfortschritts ist" (Denk & Pache, 2004, S. 228).

Allerdings finden sich unter den Interviewten auch (zwei) Alterssportler (C2 Mountainbiker; C4 Triathlet), die ihren Sport vorwiegend unter einer Wettbewerbsorientierung betreiben und die den direkten sozialen Leistungsvergleich

39 Diese Empfehlung scheint vordergründig gegen den Einsatz der oben beschriebenen „normbezogenen Fitness-Standards" des Senior Fitness Tests zu sprechen, heben diese doch auf den sozialen Vergleich des eigenen Fitnesslevels mit dem Gleichaltriger ab. Doch können diese grundständig an einer sozialen Bezugsnorm orientierten Fitnessstandards auch im Sinne einer individuellen Bezugsnormorientierung genutzt werden, wenn man eher den individuellen Entwicklungsverlauf als die absolute (Leistungs-)Verortung unter den Gleichaltrigen fokussiert: *Als ich vor einem Jahr mit dem Training begann, waren laut Testergebnis 75 % meiner Altersgenossen leistungsfähiger als ich. Nun erreiche ich Testwerte, die anzeigen, dass nur noch 50% bessere, aber auch 50% schlechtere Ergebnisse als ich erzielen. Meine (individuelle) Leistungsentwicklung werte ich als großen Erfolg!*

mit Gleichaltrigen suchen. Sie erringen dabei auch regelmäßig Erfolge – schneiden also im Wettkampf besser ab, als der Großteil ihrer gleichaltrigen Konkurrenten. Insofern stellt die Teilnahme an Wettkämpfen für sie einen (Befriedigungs-)Weg dar, eigene körperliche Leistungsfähigkeit und Wirksamkeit sichtbar und erlebbar zu machen. Dies manifestiert sich in Medaillen, Urkunden oder der Erfahrung, in einem großen Wettkampf „vorne mit dabei zu sein". Dass dieser (Motivations-)Weg zur Befriedigung des Kompetenzbedürfnisses jedoch nicht für die breite und insbesondere gesundheitsorientierte Masse an Älteren zu empfehlen ist, wird spätestens dann deutlich, wenn man sich vor Augen führt, dass die beiden Alterssportler bis zu 25 Stunden Training in der Woche investieren (müssen), um ihn mit Erfolg (Siege / gute Platzierungen) zu beschreiten.

Abschließend sollen die gewonnenen Einsichten in sportpädagogische Konsequenzen für die Konzeption von Alterssportangeboten überführt werden: Das Kompetenzbedürfnis weckt in Älteren Interesse für ihren aktuellen Fitnesszustand und die Frage, ob dieser ausreicht, um auch zukünftige Selbständigkeit (bis ins hohe Alter) gewährleisten zu können (vgl. Generali Altersstudie, 2013, S. 251 ff.). Pädagogisch sollte dieses Interesse an körperlichen Entwicklungen als (ein) wesentlicher Ansatzpunkt aufgegriffen und genutzt werden, um Ältere für körperliche Aktivität im Alter (dauerhaft) zu gewinnen (vgl. Rott, 2014, S. 8 ff.; Rikli & Jones, 2013, S. 96 ff.). Dies kann darüber geschehen, dass Ältere über den engen Zusammenhang zwischen ihrer eigenen körperlichen Aktivität und ihrem Fitnessniveau aufgeklärt werden und, damit kombiniert, spezifische Fitnesstests für Ältere (vor allem der SFT) im Alterssport systematisch und in regelmäßigen Abständen wiederholt zum Einsatz kommen, die a) Älteren ihren aktuellen Fitnesszustand vor Augen führen und b) auf dieser Basis eine prognostische Einschätzung bezüglich zukünftiger Selbstständigkeit ermöglichen können (vgl. ebd.).[40]

Daneben sollte die individuelle Bezugsnormorientierung im Alterssport systematisch gefördert und unterstützt werden, macht sie doch die individuelle Leistungsentwicklung in Abhängigkeit von den eigenen Trainingsbemühungen sichtbar und so den Älteren einsichtig, dass Leistungsfortschritte an regelmäßige körperliche Anstrengung und Belastung gekoppelt und darüber zu erzielen sind. Hierzu bietet sich vor allem der Einsatz von Trainingstagebüchern an, in denen

40 Insofern sich der pädagogische Zugang im Sport im Wesentlichen darüber definiert, Menschen in ihrer körperlichen Entwicklung nachhaltig fördern zu wollen (vgl. Brehm & Buskies, 2009, S. 271), ist das Ansetzen am Punkt des Erhalts der zukünftigen Selbständigkeit im Alter sowie der Einsatz entsprechender Gesundheitstrainings und Hilfsmittel (Tests) zur Beeinflussung und Sichtbarmachung aktueller Entwicklungstendenzen als ein grundständig (sport-)pädagogisches Vorgehen zu betrachten.

Ältere ihre erbrachten (Training-)Leistungen über die Zeit hinweg dokumentieren können, um so die eigene Leistungsentwicklung beurteilen zu können.

Zuletzt sehe ich insbesondere in der Kombination aus systematischer, wiederholter Anwendung von Fitnesstests (wie dem SFT) im Rahmen von gesundheitsorientierten Alterssportaktivitäten / -angeboten und dem Dokumentieren / Vergleichen der individuellen Testergebnisse in einem personalisierten Trainingstagebuch über die Zeit hinweg, einen erfolgsversprechenden pädagogischen Zugang, das motivationsfördernde und (kompetenz-)bedürfnisbefriedigende Potenzial der Sichtbarmachung individueller Leistungsentwicklung für den Alterssport nutzen zu können.

Befriedigungsweg Wissensvermittlung / autonomer Wissenserwerb

Aus der Reihe der identifizierten Befriedigungswege soll zum Schluss der Weg „Wissensvermittlung / autonomer Wissenserwerb“ ausführlicher besprochen werden, da er zentrale pädagogische Handlungsfelder und Kernanliegen berührt. Die beiden Aktivitäten „Wissensvermittlung“ und „Wissenserwerb“ beziehen sich auf das Lehren und Lernen, insofern sich Wissensvermittlung über Lehrprozesse und Wissenserwerb über Lernprozesse realisieren bzw. darüber angestrebt werden (vgl. Krapp, 2007, S. 454 ff.). Während Wissensvermittlung im Kontext meiner Untersuchung für ein angeleitetes Lehr-Lerngeschehen stehen soll, bei dem eine im Bereich der körperlichen Aktivität „kompetente“ Person weniger kompetenten Älteren bewegungsbezogenes Wissen vermittelt, steht der Wissenserwerb im Kontext eines (informellen) Selbstlernprozesses, bei dem sich jemand etwas selbst beibringt bzw. solch ein Wissen selbstständig erwirbt (vgl. Bubolz-Lutz, Gösken, Kricheldorff et al., 2010, S. 114).

Der Zusammenhang zwischen der Befriedigung des Kompetenzbedürfnisses und Wissen(-svermittlung / -serwerb) ergibt sich daraus, dass das kompetenzbedürfnisinduzierte Bestreben des Menschen, sich als handlungsfähig zu erleben, untrennbar an das Vorhandensein spezifischer Wissensbestandteile gebunden ist: Handlungsfähigkeit – gleich in welchem Bereich (Gesundheit, Sport ...) – setzt spezifisches Wissen voraus (z. B. darüber, wie man Gesundheit erhalten kann). Entsprechend werden in den Kontexten von Gesundheitsförderung und Gesundheitssport die dort leitenden Kompetenzbegriffe der „Gesundheitskompetenz“ bzw. der „bewegungsbezogenen Gesundheitskompetenz“ jeweils um den Wissens-Aspekt herum konzeptioniert und um die beiden weiteren Aspekte des Könnens und Wollens ergänzt (vgl. Peters, Sudeck & Pfeifer, 2013, S. 211). Somit stellt sich eine (bewegungsbezogene) Gesundheitskompetenz als eine „spezifische Kombination von Aspekten des Wissens, Könnens und Wollens dar“ (ebd.), deren Vorhandensein Menschen dazu in die Lage versetzt, im Kontext von Gesundheit bzw. Gesundheitssport handlungsfähig zu sein.

In diesem Abschnitt geht es nun darum aufzuzeigen, auf welchen Wegen die Untersuchten im Rahmen ihres Alterssports spezifisches bewegungsbezogenes Wissen erlangen, das ihre bewegungsbezogene (Gesundheits-)Kompetenz anreichert und steigert und somit ihr Bedürfnis nach Kompetenzerleben befriedigt.

Drei Wege der Wissensvermittlung bzw. des autonomen Wissenserwerbs konnten aus den geführten Interviews für den Kontext des Alterssports rekonstruiert werden. Zu Beginn möchte ich den „klassischen“ Weg der Wissensvermittlung darstellen, bei dem in einem angeleiteten Alterssportkurs (hier ein Rückenschulkurs für Ältere) eine Übungsleiterin den Teilnehmenden spezifisches Wissen bezüglich der Trainingsprogramminhalte vermittelt. Vier der fünf interviewten Teilnehmenden des Rückenschulkurses (Gruppe A) berichten davon, dass sich die Übungsleiterin nicht lediglich darauf beschränkt, über körperliches Trainieren die Wiederherstellung bzw. Verbesserung von Körperstrukturen/-funktionen anzustreben, sondern darüber hinaus auch regelmäßig spezifisches Wissen bezüglich eines rückengerechten Verhaltens/rückenstärkender Übungen vermittelt bzw. parallel oder im zeitlichen Kontext der konkreten Übungsausführungen erklärt, welche gesundheitlichen Effekte die gerade durchgeführten Übungen haben:

> „I: Orientierung und Kontrolle. Was trägt dazu bei, so wie der Kurs gemacht ist?
> A4: Also ich denke, es ist sicherlich immer wichtig gewesen, dass die Simone immer erklärt hat. […] Dass man auch weiß, wofür man das macht, dass es gut ist, dass es sich auch tatsächlich körperlich positiv auswirkt.“ (A4, § 99-100).
> „A5: […] wie bewege ich mich rückengerecht? Was mache ich verkehrt, wenn ich einen Kasten Bier hochhebe? Alles das ist zu Anfang sehr sequenziell strukturiert, immer wieder eingehämmert worden. Das fand ich sehr gut, weil das geht dann irgendwann in einen Automatismus über.“ (A5, § 26)

Ein (erster) Hinweis darauf, dass eine regelmäßige Vermittlung von bewegungsbezogenem (Grund-)Wissen im Rahmen angeleiteter (Alters-)Sportkurse keinen üblichen Standard darstellt, könnte sein, dass sich sämtliche Interview-Aussagen auf den gleichen (Rücken-)Kurs bzw. auf ein und dieselbe Übungsleiterin beziehen, obwohl sowohl Rückenschul-Teilnehmer wie auch Teilnehmer der anderen beiden Interviewgruppen weitere angeleitete Kursangebote besuchen und (ohne entsprechende Hinweise) beschreiben.

Als weiterer Weg der Wissensvermittlung im Alterssport konnte ausgemacht werden, dass eine Vermittlung nicht nur von spezifisch ausgebildeten Übungsleitern, sondern auch von „kompetenten“ Älteren selbst ausgehen kann, die ihr biographisch erworbenes bewegungsbezogenes Wissen und Können an ihre (weniger kompetenten) Trainingskollegen weitergeben. So finden sich unter den Interviewten:

- ein Mountainbike-Fachmann, der einen spezialisierten Fahrradladen (für Mountainbikes) mit Werkstatt führt, selbst begeisterter (Leistungs-) Mountainbiker ist, und sich sonntags zwanglos mit Gleichgesinnten unterschiedlichen Leistungsniveaus (Anfänger bis Fortgeschrittene) trifft, um spaßorientierte „Sonntagstouren" zu fahren, bei denen man sich auch untereinander austauscht und vor allem er als Experte Wissen, Tipps und Tricks rund um die Themen Rad(-ausstattung/-pflege/-reparatur), Fahrtechnik und Trainingsmethoden weitergibt (vgl. C2 § 39-40; 63-66; 82)
- eine pensionierte Lehrerin, die zu früheren Zeiten Sportunterricht lehrte sowie im Sportverein eine Leichtathletikabteilung leitete und heute als Teilnehmerin eines Alterssportkurses immer dann angefragt wird, vorübergehend von der Rolle der Teilnehmerin in die der Kursleitung zu wechseln, wenn die reguläre Übungsleiterin einmal ausfällt. Sie verneint dies zwar, kann sich aber durchaus vorstellen, wenn sie später einmal selbst in ein Altenheim kommen sollte, dort die Gymnastik zu übernehmen (vgl. C3, § 44-47; 55).
- ehemalige Sportdozenten, die ihr beruflich erworbenes Wissen auch nach ihrer Pensionierung noch an andere (ältere) Menschen weitergeben: Z. B. im Rahmen eines Fitnesstrainings, das B4 einmal wöchentlich bei sich zuhause im „Trainingskeller" unentgeltlich für ein befreundetes älteres Ehepaar aus der Nachbarschaft anbietet (vgl. § 35); oder im Rahmen eigener Trainingsbemühungen, die sie selbstorganisiert zusammen mit anderen (weniger kompetenten) Älteren durchführen:
  „B3: Die Organisation ist eigentlich nur die, dass da die Möglichkeit bereitgestellt wird, dass wir den Kraftraum nutzen können und dann macht jeder für sich selbst. Weil das alles Leute sind, die vom Sport kommen. Und dass man sich dann irgendwann mal einen Tipp gibt oder so. Wir haben ja unseren Gesundheitsguru Dieter dabei, der dann, uns nicht mehr, aber wenn dann andere kommen, schon mal gerne einen Tipp gibt." (B3, § 27).

In der vorliegenden Untersuchung haben überproportional viele Ältere (sechs von fünfzehn) im beruflichen Kontext mit Sport zu tun gehabt (vier ehemalige Sportdozenten, eine pensionierte Sportlehrerin und ein Mountainbike-Händler). Sie verfügen entsprechend über ein großes bewegungsbezogenes Wissen, das sie anderen vermitteln können. Auch wenn der „Durchschnittsteilnehmer“ an Alterssportkursen sicherlich nicht über ein solch profundes Wissen verfügt, liegt doch der Verdacht nahe, dass auch sein biographisch erworbenes bewegungsbezogenes Wissenspotenzial noch stärker als bisher üblich aktiviert und genutzt werden könnte. Ein Punkt, der in der nachfolgenden Interpretation nochmals aufgegriffen und vertieft wird.

Schließlich konnte als ein dritter Weg des Wissenserwerbs im Alterssport die selbständige Aneignung bewegungsbezogenen Wissens durch Ältere identifiziert werden. Zwei der Untersuchten berichten davon, diese Art des Selbstlernens zu praktizieren, um spezifisches (Handlungs-)Wissen bezüglich ihrer ausgeübten Sportarten zu erwerben. C4 praktiziert wettkampforientiert Triathlon. Um sein (intensives) Training im Hinblick auf einen Wettkampf effektiv gestalten zu können, konsultiert er ein „kluges Buch“, um sich Wissen über triathlonspezifische Trainingslehre anzueignen (vgl. C4, § 5-10). B2 praktiziert seit zwei Jahren – seit seinem siebzigsten Lebensjahr! – Boule und möchte sich in dieser für ihn neuen Sportart weiter verbessern. Dazu holt er sich einerseits von erfahreneren Spielern Wissen ein – „fragt diese ab“ –, informiert sich andererseits aber auch selbst über das Internet und schaut sich dort die Spiele von Weltklassespielern an, um sich von diesen etwas abzuschauen (vgl. B2, § 26).

Wie sind diese Wege des Wissenserwerbs im Alterssport vor dem Hintergrund theoretischer und empirischer Erkenntnisse und Zusammenhänge einzuordnen? Hinführend möchte ich zunächst noch einmal an einem grundlegenden Postulat der Selbstbestimmungstheorie (im weiteren SDT) anknüpfen: Um Motivation aufbauen zu können, muss sich der Mensch als kompetent erleben – tut er dies nicht, resultiert daraus Amotivation (vgl. Ryan & Deci, 2007, S. 11). Laut Ryan und Deci neigen insbesondere ältere Menschen dazu, ein Verhalten, für dessen Ausübung sie sich nicht kompetent fühlen, strikt zurückzuweisen oder mit Hilfe von „Ausreden“ zu umgehen (vgl. 2002, S. 19). Als wesentliche Schlussfolgerung bzw. Empfehlung für den Alterssport kann aus diesem Zusammenhang abgeleitet werden: *Willst Du die Motivation Älterer zur Ausübung von Alterssport fördern, sorge dafür, dass sie in der Auseinandersetzung mit körperlich-sportlicher Aktivität ein Gefühl eigener Kompetenz entwickeln bzw. erleben!*

Betrachtet man die auf Basis der SDT üblich ausgesprochenen (altersunspezifisch) Praxis-Empfehlungen, wie ein Kompetenzerleben im Kontext körperlicher Aktivität gefördert werden kann, erkennt man, dass innerhalb dieses Theorierahmens bislang ausschließlich der Könnensaspekt des Kompetenzkonstrukts fokussiert wird:

- „Angebotene Aktivitäten sollten [...] auf die Fähigkeiten der Teilnehmer zugeschnitten sein. Denn dadurch wird Kompetenzerleben ermöglicht“ (Bucksch, Finne & Geuter, 2010, S. 27).
- Wähle „optimale Herausforderungen“, welche die Teilnehmer fordern, ohne sie zu überfordern (vgl. Pfeffer, 2010a, S. 224; Ryan & Deci, 2007, S. 5).
- Trainingsziele sollten realistisch und erreichbar gesetzt und Rückmeldungen (bezüglich positiver Könnensaspekte) angeboten werden (vgl. Edmunds, Ntoumanis & Duda, 2007, S. 51; Bucksch, Finne & Geuter, 2010, S. 27).

Der Wissensaspekt, der sowohl in relevanten Bezugsdisziplinen wie der Sportpädagogik (vgl. Neumann, 2013, S. 17) als auch in spezifischen Kompetenzkonstrukten wie z. B. der (bewegungsbezogenen) Gesundheitskompetenz einen zentralen Baustein im jeweiligen Kompetenzverständnis darstellt, gerät bislang bei SDT-basierten Überlegungen zur Förderung des Kompetenzerlebens im (Gesundheits-)Sport nicht in den Blick. Der von mir in diesem Abschnitt fokussierte Gedanke, die Vermittlung bewegungsbezogenen Wissens bzw. die Unterstützung des eigenständigen Erwerbs eines solchen Wissen systematisch zur Förderung des Kompetenzerlebens im (Alters-)Sport einzusetzen, geht damit über die gängigen SDT-basierten Überlegungen und Empfehlungen hinaus.[41]
Dieser Gedanke ist aber nicht neu. Im Kontext der (gesundheitsorientierten) Sportwissenschaft besteht inzwischen weitgehende Einigkeit darüber, dass die Ausbildung eines körper- und bewegungsbezogenen Grundwissens „ein Kernziel

41 Zwar wird auf Basis der SDT die Empfehlung ausgesprochen, Menschen im Kontext Sport Wissen über die potenziellen positiven Wirkungen der jeweils angeleiteten / durchgeführten körperlichen Übungen zu vermitteln – z. B. Kenntnisse über die protektiven Wirkungen eines Gehtrainings bezüglich des Auftretens einer Demenzerkrankung –, jedoch wird damit weniger die Förderung des Kompetenz- sondern vielmehr des Autonomiebedürfnisses dahingehend angestrebt, dass diese Informationsvermittlung die Wertschätzung und persönliche Befürwortung der körperlichen Aktivität bei den Teilnehmenden stärkt und somit bei ihnen das Gefühl fördert, diese selbst- (autonom) und nicht fremdbestimmt auszuüben (vgl. Edmunds et al., 2007, S. 46; Ryan et al., 2008, S. 3).

jedes Gesundheitssportprogramms darstellt" (Tiemann, 2006, S. 361). Leitend ist hierbei die Orientierung am Modell einer bewegungsbezogenen Gesundheitskompetenz, das sich als „spezifische Kombination von Aspekten des Wissens, Könnens und Wollens" (Peters et al., 2013, S. 211) um ein gesundheitsorientiertes Sporttreiben darstellt. Diese bewegungsbezogene Gesundheitskompetenz gilt als eine zentrale Voraussetzung dafür, dass „Personen sich langfristig gesundheitswirksam bewegen" (ebd.).

Entsprechend der drei postulierten Kompetenzaspekte konzentriert sich eine im Gesundheitssport angestrebte Kompetenzförderung nicht (länger) lediglich darauf, durch Trainieren das körperlich-funktionelle Können der Teilnehmenden zu verbessern (z. B. motorische Kontrolle), sondern will über „Lernen" auch zur Vermittlung relevanten Wissens bzw. über (affektiv-emotionales) „Erleben / Erfahren" zur Steigerung des Wollens beitragen (vgl. Peters et al., 2013, S. 212 f.). Dabei soll die Wissensvermittlung im Rahmen eines Gesundheitssportprogramms Teilnehmende „zur kompetenten Durchführung von gesundheitssportlicher Aktivität und zur Realisation eines gesundheitsförderlichen Verhaltens im Alltag" (Brehm & Bös, 2006, S. 24 f.) qualifizieren. Angestrebt wird eine (Selbst-)Steuerungskompetenz, „das eigene sportliche Handeln auf seine Gesundheitsrelevanz hin bewerten und dieses selbständig gesundheitswirksam gestalten zu können" (Tiemann, 2006, S. 364) – z. B. nach Beendigung eines solchermaßen qualifizierenden (angeleiteten) Sportkurses oder ergänzend zu diesem.

An dieser Stelle wird deutlich, dass die wissensvermittelte Befriedigung des Kompetenzbedürfnisses im Sport selbst wiederum einen Befriedigungsweg zur Erfüllung des Autonomiebedürfnisses darstellen kann, insofern das vermittelte handlungsrelevante Wissen Menschen dazu befähigt, ihren Sport auch außerhalb und unabhängig von (fremdbestimmten) angeleiteten Kontexten autonom zu organisieren und zu gestalten. Dieser Zusammenhang gewinnt vor dem Hintergrund aktueller Studienergebnisse eine hohe Relevanz, wonach „ältere Menschen Bewegungsaktivitäten bevorzugt in eigener Regie betreiben und kaum bereit sind, sich für Bewegungsangebote längerfristig an Organisationen zu binden oder womöglich sogar dauerhafte Mitgliedschaften einzugehen" (Kolb, 2012, S. 27).

Kolb schlägt entsprechend vor, die klassischen, dauerhaften Sportvereinsangebote für Ältere durch neuartige Organisationsformen zu ergänzen, „an denen ältere Menschen relativ spontan und ohne längere Verpflichtung Bewegungsaktivitäten unter fachkundiger Anleitung kennen lernen“ (ebd.). Er selbst hat zusammen mit Lames bereits 1997 ein solches Konzept unter dem Titel „Gesund & Bewegt“ vorgelegt.

„Gesund & Bewegt“ ist ein auf zwölf Kursabende beschränkter „Schnupperkurs“ in Sportvereinen, der Ältere in verschiedene relevante Gesundheitssportbereiche (z. B. Ausdauer, Rückenschule, Körperwahrnehmung) einführen will (vgl. Lames & Kolb, 1997, S. 37). Dabei spielt die Vermittlung von handlungsbezogenem Grundlagenwissen eine zentrale Rolle und soll dafür sorgen, dass Ältere „eine grundlegende Kompetenz für ein eigenständiges Betreiben dieser Formen erwerben“ (S. 38). Angesichts der „überragenden Bedeutung, die selbst organisierte Bewegungsaktivitäten insbesondere auch für ältere Personen haben“ (Kolb, 2012, S. 16), sollten solche „Crashkurse“, die Älteren trainingsbezogenes Grundlagenwissens zur kompetenten Eigenrealisation von gesundheitssportlichen Aktivitäten komprimiert und in kurzer Zeit vermitteln, verstärkt in die Angebotspalette von Sportvereinen aufgenommen werden.

Diese Zielausrichtung deckt sich weitgehend mit einem zentralen (emanzipatorischen) Ziel des bildungsorientierten Alterssports (BASK), Ältere zu einer eigenverantwortlichen Gestaltung des persönlichen Sporttreibens befähigen zu wollen (vgl. Kap. 2.2) und ist entsprechend als eine pädagogische Ausrichtung einzuordnen.

Der Aufbau einer so bestimmten Handlungsfähigkeit bedarf nach aktueller Forschungslage der Vermittlung zweier bewegungsbezogener Wissenskomplexe, die als „Handlungs-„ und „Effektwissen“ bezeichnet werden (vgl. Tiemann, 2006, S. 360 f.):

- *Effektwissen* steht für Wissensbestandteile, die sich auf die potenziellen Wirkungen der jeweiligen körperlichen Aktivitäten beziehen. Bedeutsam sind z. B. Kenntnisse über biologische Adaptationsprozesse bei körperlicher Belastung – beispielsweise Kenntnisse über die Wirkungen eines Ausdauertrainings auf das Herz-Kreislaufsystem –; Kenntnisse über das Präventionspotenzial körperlicher Aktivität oder Kenntnisse über deren positiven Wirkungen auf das Wohlbefinden. Effektwissen gibt somit Antworten auf folgende Frage: **Welche gesundheitlichen Wirkungen können unterschiedliche Formen körperlich-sportlicher Aktivität haben?**

- *Handlungswissen* steht für Wissensbestandteile, die sich auf die kompetente Ausführung gesunder Sport- und Alltagsaktivitäten beziehen. Bedeutsam sind z. B. Kenntnisse zur richtigen Belastung beim Laufen oder beim Krafttraining; Kenntnisse über die richtige Ausführung von Kräftigungs-, Dehn- oder Entspannungsübungen; Kenntnisse über zentrale Trainingsprinzipien. Handlungswissen gibt somit Antworten auf folgende Frage: **Wie sollte gesundheitssportliche Aktivitäten ausgeführt werden?**

Diese beiden Wissensformen gelten im Rahmen der aktuellen sportwissenschaftlichen Diskussion zum Gesundheitssport als „zentrale Voraussetzungen für ein erfolgreiches und überdauerndes sportbezogenes Gesundheitsverhalten" (Tiemann, 2006, S. 360). Allerdings gibt es bislang kaum gesundheitsorientierte Sportprogramme, welche das Ziel der Ausbildung von Handlungs- und Effektwissen der Teilnehmenden systematisch verfolgen – also dem „Trainieren" das dem Wissenserwerb dienende „Lehren und Lernen" als gleichwertigen Handlungsbausteine zur Seite stellen (vgl. ebd., S. 361 f.). Dies gilt insbesondere für den gesundheitsorientierten Alterssport. Ausnahmen sind z. B. das vom Landessportbund NRW herausgegebene Manual für den Angebotsbereich „Gesundheitsförderung für Ältere" (Späker, Tiemeier & Matlik, 2009) oder das von Lames und Kolb (1997) konzipierte Programm „Gesund & Bewegt", das ältere Erwachsene zwischen 40 und 60 Jahren erreichen möchte. In beiden Gesundheitsprogrammen finden sich ausformulierte Bausteine zur systematischen Vermittlung von gesundheits- und bewegungsbezogenen Handlungs- und Effektwissen für Ältere (vgl. Lames & Kolb, 1997, S. 37 ff.; S. 174 ff.; Späker et al., 2009, S. 25 ff.; S. 89 ff.). Auf diese kann zugegriffen werden, will man der hier formulierten Argumentation folgen und bei Älteren systematisch den Aufbau einer wissensfundierten bewegungsbezogenen Handlungskompetenz fördern, um auf diese Weise ihr Kompetenzerleben und darüber vermittelt ihre Motivation für ein körperlich aktives Gesundheitsverhalten zu stärken.

Wie die eigenen Untersuchungsergebnisse zeigen, wird eine in den Trainingsablauf integrierte Wissensvermittlung im Rahmen von Alterssportprogrammen von den Teilnehmenden geschätzt und als sinnvolle und wichtige Ergänzung des „normalen" Trainingsbetriebs anerkannt (siehe oben). Ebenfalls geben die Ergebnisse auch Hinweise darauf, dass eine systematische Wissensvermittlung in der Praxis des angeleiteten Alterssports eher eine Ausnahme und weniger den Regelfall darstellt.

Damit scheint auch für den spezifischen Kontext des gesundheitsorientierten Alterssports zu gelten, was Tiemann (2006) für den Gesundheitssport diagnostiziert hat: „Es gibt bislang nur wenige Programme, in denen dieses Ziel [der Wissensvermittlung; RR] systematisch angesteuert wird“ (S. 361). Vor dem Hintergrund der bisher dargelegten Zusammenhänge erscheint es deshalb als ein lohnender Ansatzpunkt, dies in Zukunft zu ändern und den Auf- und Ausbau von bewegungs- und gesundheitsbezogenem Handlungs- und Effektwissen in den Stand einer wichtigen Zieldimension für den gesundheitsorientierten Alterssport zu erheben und entsprechend konsequent – z. B. entlang der bereits vorliegenden Vermittlungsbausteine von Lames & Kolb oder Späker et al. – in der Praxis umzusetzen.

Bisher angeführte sportwissenschaftliche Positionen und Ansätze zur Wissensvermittlung im (Alters-)Sport (Tiemann, 2006; Lames & Kolb, 1997; Späker et al., 2009) gehen wie selbstverständlich davon aus, dass der Informationsfluss von einem (wissenden) Übungsleiter zu den (weniger oder nicht wissenden) Teilnehmenden läuft bzw. zu laufen hat. Das in meiner Untersuchung erkannte Phänomen, dass sich im Feld des Alterssports durchaus auch (kompetente/wissende) ältere Menschen bewegen, die selbst über fundiertes sport- und/oder gesundheitsbezogenes Handlungs- und Effektwissen verfügen, das sie an ihre in diesen Bereichen weniger kompetenten Trainingskollegen weitergeben (könnten), wird bislang in der Fachliteratur nicht als (weiterer) möglicher Weg der Wissensvermittlung diskutiert. Ich sehe in dieser Wissensvermittlung „auf Augenhöhe“ – von Teilnehmenden für Teilnehmende bzw. von Älteren für Ältere – vor allem für den Bereich des Alterssports ein großes (ungenutztes) Potenzial, bewegen sich hierin doch Menschen mit einer langen Biographie, in deren Verlauf sie viel Wissen und Können angesammelt haben, das sie weitergeben könnten. Solch eine „ressourcenaktivierende“ Haltung ließe sich an „neue“ Sichtweisen aktueller Alternstheorien anschließen, die gegenüber früheren Ansätzen weniger die durch das Altern entstehenden Defizite als vielmehr die nach wie vor vorhandenen Kompetenzen fokussieren (vgl. Beckers, 2006, S. 74 ff.).

Unter einer solchen Sichtweise gerät dann z. B. in den Blick, dass sich unter den Teilnehmenden des untersuchten Rückenschulkurses zwei (inzwischen pensionierte) Medizinerinnen, eine (noch berufstätige) Krankenschwester, eine (pensionierte) Lehrerin sowie eine (noch berufstätige) Psychologin befinden – also ein Wissensfundus vorhanden ist, auf den zurückgegriffen werden könnte. Aber vermittelbares Wissen und Können muss sich nicht nur am Berufswissen der Teilnehmenden festmachen – (früher) selbst ausgeübte Sportarten, Hobbys, Gelesenes/Gesehenes, Reha-Aufenthalte und vieles mehr können weitere Quellen für vorhandenes gesundheits- und bewegungsbezogenes Wissens Älterer sein, weshalb die Möglichkeit einer Wissensvermittlung unter Teilnehmenden eines

Kurses nicht zwingend an ein hohes Bildungsniveau bzw. spezifische Berufe der Teilnehmenden gebunden sein muss.

Während sich im aktuellen Alterssportdiskurs nur wenige Anhaltspunkte für ein kompetenz- und wissensaktivierendes Vorgehen finden, eröffnen vor allem aktuelle Überlegungen zur (guten) didaktischen Gestaltung von Bildung und Lernen im Alter (Geragogik) mögliche Anknüpfungspunkte. In der Geragogik hat man auf Basis konstruktivistisch begründeter Erkenntnisse zum effektiven Lernen (Älterer) – „Lernprozesse müssen von den Lernenden selbst gesteuert und durchlaufen werden“ (Wahl, 2006, S. 154) – bereits seit längerer Zeit eine didaktische Neuausrichtung vollzogen, weg von einer traditionellen Belehrungsdidaktik und hin zu einer „Ermöglichungsdidaktik, bei der der Lehrende Prozesse der selbsttätigen und selbständigen Wissenserschließung und Wissensaneignung ermöglicht“ (Bubolz-Lutz et al., 2010, S. 132).

Auf Basis dieser aktuellen geragogischen Leitkonzeption, welche Ältere als „Wissende“ und „Lernfähige“ ernst nimmt, werden didaktische Leitprinzipien für eine Bildung im Alter formuliert und beschrieben, anhand derer diese Konzeption umgesetzt werden kann (vgl. ebd., S. 136 ff.): z. B. „Anregung zum Erfahrungsaustausch“, „Thematisierung der Lernbiographie“, „Förderung von Selbst- und Mitbestimmung“ oder „Ermöglichung von Kontakt und Zugehörigkeit“. Man erkennt nicht nur, dass die Idee einer Wissensvermittlung von Älteren für Ältere im Kontext des Alterssports auf einer Linie mit aktuellen didaktischen Überlegungen für eine qualitätsvolle Bildung im Alter liegt, sondern dass sich hierüber auch wesentlich der aufgeführten didaktischen Leitprinzipien umsetzen ließen. Denn auf Basis der Selbstbestimmungstheorie kann davon ausgegangen werden, dass die Vermittlung von bewegungsbezogenem Grundwissen über die Älteren selbst einen zweifachen (motivationalen) Wert hinsichtlich des Bedürfnisses nach Kompetenzerleben hat. Zum einen profitieren die „belehrten“ Älteren dahingehend, dass über das ihnen vermittelte Wissen und Können ihre bewegungsspezifische Handlungsfähigkeit (Kompetenz) steigt. Zum anderen sind es vor allem aber auch die „lehrenden“ Älteren, die ihr Wissen und Können an andere weitergeben, welche im Sinne des Kompetenzerlebens profitieren. In der Vermittlungsphase treten sie als „Experten“ für ein bestimmtes bewegungs- und/ oder gesundheitsbezogenes Teilgebiet auf, in welchem sich die weiteren (Trainings-) Gruppenmitglieder weniger oder nicht auskennen – sie nehmen also eine besondere Stellung innerhalb der Gruppe ein (vgl. Wahl, 2006, S. 174). Empirische Ergebnisse belegen, dass eine solche Erfahrung eigener Stärken zu einem gesteigerten Selbstwertgefühl und zu einem höheren Fähigkeitskonzept führen kann und „sich förderlich auf das Kompetenzerleben auswirkt“ (ebd.).

Wichtig ist darauf hinzuweisen, dass im Rahmen gesundheitsorientierter Alterssportangebote Kompetenzerleben nicht nur älteren „Bewegungs- oder Gesundheitsexperten“, sondern prinzipiell allen Teilnehmenden zugänglich gemacht werden könnte. Es existieren seit circa fünfzehn Jahren „neue“, kooperative Lernformen, die unter der Bezeichnung des „Wechselseitigen Lehrens und Lernens“ (WELL) zusammengefasst werden und der oben beschriebenen Ermöglichungsdidaktik der Geragogik sehr nahe stehen (vgl. Wahl, 2006, S. 154 ff.).

WELL ist so konzeptioniert, dass in einer „Aneignungsphase“ **alle** Lernenden (unterschiedliches!) spezifisches Expertenwissen für einen Teilbereich des aktuell behandelten Inhalts erwerben – sie machen sich in einem Selbstlernprozess (z. B. durch Textarbeit) zu „Experten“[42] für „ihren“ spezifischen Teil des behandelten Lerninhalts: „Es gibt so viele Expertinnen und Experten, wie es Lernende gibt. In einer Vermittlungsphase werden die Inhalte dann wechselseitig vermittelt. Dabei werden im Wechsel die jeweils komplementären Rollen von Experten und Novizen bzw. Novizen und Experten eingenommen“ (ebd.). Dabei erlebt sich also jeder Teilnehmende in der Vermittlungsphase einmal als Experte – unabhängig vom Ausgangsniveau seines Wissens.

Greift man beispielsweise auf die bereits vorhandenen Infomaterialien zum Aufbau von Effekt- und Handlungswissen im Alterssport von Späker et al. zurück (vgl. 2009, S. 89 ff.), könnte ein solches Vorgehen folgendermaßen aussehen: Eine Hälfte des Alterssportkurses bekommt am Ende der Stunde den einseitigen Informationstext „die Aufgaben des Alterns“, die andere Hälfte den einseitigen Infotext „die Stärken des Alters“ ausgeteilt, mit der Bitte diesen zur kommenden Stunde sich lesend / reflektierend so anzueignen, dass man die wesentlichen Inhalte einer anderen Person, die etwas anderes vorbereitet hat, knapp und verständlich vermitteln kann. In die kommende Stunde wird dann eine kurze Vermittlungsphase „eingestreut“, in der sich gemischte Paare – ein Experte für Aufgaben des Alterns und ein Experte für Stärken des Alters – bilden und wechselseitig das Wissen der beiden Infotexte vermitteln. Ein kurzer Meinungs- und Verständnisaustausch in der Gesamtgruppe kann diesen kurzen „Wissensblock“ der Stunde abschließen.

WELL wird derzeit in allen Altersgruppen und in zahlreichen Themenbereichen (u. a. auch Sport) erprobt (vgl. Wahl, 2006, S. 176). Insbesondere für den Sportkontext ist hervorzuheben, dass die mit dieser Lernform zu bearbeiteten Inhalte keineswegs nur Texte sein können – es können auch Bewegungsaufga-

42 Der im Kontext von WELL gebrauchte Expertenbegriff steht somit nicht für ein (profundes) Wissen und Können, das über einen längeren biographischen Zeitraum angeeignet und angewandt wurde!

ben, Versuche oder Beobachtungen sein (vgl. ebd.). Empirische Untersuchungen belegen, dass Formen des Wechselseitigen Lehrens und Lernens gegenüber den üblichen lehrerzentrierten Lehr-Lernformen „in Lernergebnis, intrinsischer Motivation und Kompetenzerleben generell überlegen sind“ (Wahl, 2006, S, 172). Die Anwendung / Erprobung des WELL im Feld des gesundheitsorientierten Alterssports sehe ich entsprechend als eine geeignete Maßnahme, um bei Älteren bewegungs- und gesundheitsspezifisches Handlungs- und Effektwissen aufzubauen und sie in ihrem Kompetenzerleben zu stärken.

Abschließend soll kurz auf den dritten Weg des (autonomen) Wissenserwerbs eingegangen werden, der in dieser Untersuchung für den Alterssport ausgemacht werden konnte. Es wurde berichtet, dass zwei der Untersuchten – ohne Vermittlungsprozesse über andere (kundige) Personen – sich bewegungsbezogenes (Handlungs-)Wissen eigenständig aneignen, indem sie relevante Informationen (Fachbücher, einschlägige Internetseiten) selbstständig recherchieren und hinsichtlich ihrer spezifischen Zwecke und Fragestellungen auswerten. Will man diesen Weg des Wissenserwerbs im Alterssport theoretisch fundieren und einordnen, findet man hierzu (lediglich) im Bereich einer Bildung im Alter (Geragogik) Anhaltspunkte.

Es wurde bereits zuvor aufgezeigt, dass die aktuelle geragogische Leitkonzeption einer „Ermöglichungsdidaktik“ folgt, die Älteren „Prozesse der selbsttätigen und selbständigen Wissenserschließung und Wissensaneignung ermöglicht“ (Bubolz-Lutz et al., 2010, S. 132). Übergeordnetes (emanzipatorisches) Ziel ist es dabei, Ältere zu selbstbestimmten und „handlungsfähigen Subjekten ihres eigenen Alterns zu machen“ (Kolb, 2007a, S. 156). Entsprechend nimmt in der Ermöglichungsdidaktik das didaktische Leitprinzip der Selbstbestimmung eine bedeutende Rolle ein, welches meint, „in Lernprozessen ein möglichst hohes Maß an Selbstbestimmung und Eigeninitiative der Lernenden zu ermöglichen“ (Bubolz-Lutz, 2010, S. 143).

Entsprechend kommen in geragogischen Bildungssettings hauptsächlich Lernformen des „Selbstbestimmten Lernens“ zur Anwendung, welche Personen anregen, „sich Wissen selbsttätig anzueignen und sich so selbst Orientierung zu schaffen“ (ebd., S. 144). Allerdings kämpft dieser didaktische Ansatz in der praktischen Umsetzung mit den beiden Schwierigkeiten, dass er bei Älteren a) ein gewisses Maß an Selbstlernkompetenz und b) das Vertrauen in die eigene Lernfähigkeit voraussetzt, was im engen Zusammenhang mit dem Bildungsgrad zu stehen scheint (vgl. Bubolz-Lutz, 2010, S. 145).

Vor diesem Hintergrund scheint es kein Zufall zu sein, dass es sich bei den beiden „Selbstlernern“ dieser Untersuchung (C4 und B2) um inzwischen pensionierte Lehrer handelt, also um Personen, die es ein (Schul-, Studium- und Berufs-)Leben lang gewohnt waren, relevante Informationsquelle (z. B. Fachbücher) zu recherchieren und sich das entsprechende Wissen selbsttätig anzueignen:

> „Das Problem ist, die Orientierung zu haben, zu finden und für den einen ist es leichter. Er macht es von sich aus und für den anderen, ja, der braucht immer eine Hand, die ihn hält, so ungefähr" (C4, § 10).

Will man diesen sowohl im Lichte geragogischer wie motivationstheoretischer Überlegungen wertvoll erscheinenden Weg des selbständigen Wissenserwerbs im Alterssport einer breiteren – nicht akademisch vorgebildeten – Masse älterer Menschen zugänglich machen, halte ich hierfür grundsätzlich zwei Vorgehensweisen für günstig:

- Die notwendige Selbstlernkompetenz wird im Rahmen von Alterssportangeboten gefördert.
- Das gesundheits- und bewegungsbezogene Effekt- und Handlungswissen wird den Älteren in Form von didaktisch reduzierten und aufbereiteten Informationsmaterialien (leicht) zugänglich gemacht, sodass diese auch von Älteren ohne hohe Selbstlernkompetenz gewinnbringend genutzt werden können.

Während die erst genannte Strategie wahrscheinlich eine starke kognitive Akzentuierung von Alterssportangeboten zur Folge hätte, sehe ich vor allem im zweiten Angang einen erfolgsversprechenden Weg, der teilweise schon beschritten wird. So beinhalten die bereits mehrfach angesprochenen Bausteine zur Wissensvermittlung im Alterssport von Lames & Kolb & (1997) und Späker et al. (2009) solch didaktisch aufbereitetes Infomaterial.

Bei Späker (2009) wird das Grundlagenwissen zu den behandelten Kursinhalten in Form eines (Begleit-)„Readers" für die Teilnehmer dargeboten, der jeweils auf einer Seite relevantes Grundwissen zu einzelnen Themen (z. B. Belastungssteuerung oder Beweglichkeitstraining) übersichtlich – meistens graphisch unterstützt – und leicht verständlich transportiert (vgl. S. 89 ff.). Bei Lames & Kolb (1997) liegen „Handzettel für Teilnehmer/innen" vor, die ebenfalls auf je einer Seite das Grundlagenwissen zu den einzelnen Kursstunden zusammenfassen (vgl. S. 174 ff.). Das Bereitstellen didaktisch gut aufbereiteter Informationsmaterialien sollte auch bildungsungewohnte(re-)n Älteren den Weg zum selbständigen Wissenserwerb ebnen können, insbesondere dann, wenn dieser Lernprozess durch hinführende oder ergänzende Übungen, Praxiserfahrungen und

Erläuterungen im Rahmen des angeleiteten Kursprogramms gestützt wird. Ebenso denkbar wäre auch – im Sinne einer verhältnisorientierten Gesundheitsintervention –, dass Institutionen / Sportvereine, die Alterssportkurse anbieten, eine kleine, übersichtliche angelegte und strategisch günstig (sichtbar) platzierte „Bibliothek“ mit einschlägigen („Fach“-)Büchern, Informationsbroschüren, Zeitschriften, Artikeln, ... rund um ein gesundheitsorientiertes Sporttreiben im Alter einrichten, wo Ältere vor oder nach ihrem Training schmökern, Materialien mitnehmen oder bis zur nächsten Kursstunde ausleihen können.

Als einen weiteren möglichen Baustein einer verhältnisorientierten Gesundheitsförderung im Kontext des eigenständigen Wissenserwerbs möchte ich zuletzt noch die Idee skizzieren, zielgruppenorientierte „eLearning“-Angebote zum Erwerb gesundheits- und bewegungsbezogenen Effekt- und Handlungswissen für ältere Menschen zu entwickeln und (online) anzubieten. Onlinelernformen zu dieser Thematik existieren bereits für Kinder und Jugendliche. Als ein Good-Practice-Beispiel sei an dieser Stelle das bereits mehrfach ausgezeichnete schweizer Gesundheitsförderungs-Programm „Gorilla“ genannt. Ein Baustein dieses Programms ist eine Internet basierte eLearning-Plattform – Gorilla Space (http://www.gorilla.ch/space/index_de.html) – auf der Kinder und Jugendliche sich in einer interaktiv und multimedial gestalteten Lernumgebung auf spielerische und ansprechende Art und Weise Wissen rund um die Themen Gesundheit, Ernährung und Bewegung selbständig aneignen und testen können.

Eine Analyse des Büros für Technikfolgen-Abschätzung beim Deutschen Bundestag (TAB) aus dem Jahr 2007 hat ergeben, dass bislang kaum eLearning Angebote für Ältere existieren und es insbesondere „an Angeboten mit Lebenslagen-Bezug (z. B. Alter(n) lernen, Gesundheit und Prävention)“ fehlt (Kimpeler, Georgieff & Revermann, 2007, S. 13). In der Ausarbeitung zielgruppenorientierter e-Learning Angebote zum selbstbestimmten Auf- und Ausbau eines gesundheits- und bewegungsbezogenen Handlungs- und Effektwissen Älterer sehe ich deshalb einen lohnenden innovativen Schritt, um Ältere in ihrer bewegungsbezogenen Handlungsfähigkeit und in ihrem Kompetenzerleben zu stärken.

Am Ende dieser Ausführungen können die vorliegenden Erkenntnisse in drei zentrale sportpädagogische Konsequenzen für den Alterssport überführt werden:

1. Will man Ältere zu handlungsfähigen / kompetenten Subjekten ihres eigenen gesundheitsorientierten Bewegungsverhaltens machen – und damit eine zentrale Voraussetzung dafür schaffen, dass sie sich längerfristig gesund verhalten –, benötigt dies den Aufbau und die Vermittlung von spezifischem Effekt- und Handlungswissen im Rahmen von Alterssportangeboten. Neben dem Trainieren sollte das Lernen bzw. die Wis-

sensvermittlung als ein weiterer (wesentlicher) Handlungsbereich stärkeren Einzug in Programme des Alterssports erhalten. Hierzu sollte der bereits angedachte Weg der Wissensvermittlung über Übungsleiter konsequenter als bisher beschritten und im Rückgriff auf bereits ausgearbeitet vorliegende Vermittlungsbausteine gestützt werden.

2. Die bisher kaum genutzte Ressource vielfach vorhandenen gesundheits- oder bewegungsbezogenen Wissens und Könnens der Älteren selbst gilt es, im Sinne einer Förderung des Kompetenzerlebens im Rahmen des Alterssports konsequenter zu nutzen und zu aktivieren. Dies setzt auf Kursebene voraus, dass zu Beginn Vorkenntnisse der Teilnehmenden erhoben werden (z. B. über ressourcen- und nicht wie üblich über krankheits- und defizitorientierte Eingangsfragebögen), um diese anschließend gezielt aktivieren und einsetzen zu können. So könnte „kompetenten" Teilnehmenden beispielsweise verstärkt die Möglichkeit zur Übernahme von Unterrichtsteilen eröffnet werden. Das Erleben eines eigenen Expertenstatus könnte durch einen verstärkten Einsatz von kooperativen Lernformen (WELL) allen Teilnehmenden zugänglich gemacht werden.
3. Menschen sollten im Bereich des Alterssports verstärkt – zu der im Alter verbreitetsten Form des Lernens (vgl. Bubolz-Lutz et al., 2010, S. 114) – zum (informellen) Selbstlernen ermutigt und angeregt werden. Dieser Prozess kann durch den verhältnisorientierten Zugang der Schaffung förderlicher Lernumwelten unterstützt werden, indem beispielsweise Informationsmaterialien, Fachbücher oder e-Learning-Formate entwickelt und den Älteren leicht zugänglich zur Verfügung gestellt werden.

4.3.3 Fazit

Der Mensch muss sich nach der Selbstbestimmungstheorie im Kontext der körperlichen Aktivität als kompetent – wirksam und handlungsfähig – erleben, um eine Motivation für dieses Handlungsfeld entwickeln und aufrechterhalten zu können (vgl. Ryan & Deci, 2007, S. 11). Um Wege zu finden, wie solch ein Erleben im Feld des Alterssports pädagogisch angebahnt und gefördert werden kann, wird in dieser Arbeit eine empirische Klärung angestrebt, ob und auf welchen Wegen das Bedürfnis nach Kompetenzerleben im Feld des Alterssports befriedigt werden kann.

Fachwissenschaftliche Ausgangslage ist

1. eine empirisch bislang nicht abgesicherte Annahme, dass ältere Menschen ihr Kompetenzbedürfnis während der Ausübung körperlich-sportlicher Aktivität befriedigen können (vgl. Kanning & Schlicht, 2008, S. 80; Schlicht & Thiel, 2008, S. 86).
2. eine lose Sammlung einiger (häufig abstrakt formulierter) Praxisempfehlungen auf Basis der SDT, wie das Bedürfnis nach Kompetenzerleben im Kontext körperlicher Aktivität gefördert werden kann – ohne spezifischen Bezug zur Zielgruppe der Älteren.

In Ermangelung empirischer Erkenntnisse, wie Ältere ihr Kompetenzbedürfnis im Alterssport befriedigen können, sind entsprechende Aussagen vage und abstrakt: „Wenn Sie aktiv sind und dabei selbst gesetzte Ziele erreichen, dann erleben Sie sich als kompetent" (Schlicht & Thiel, 2008, S. 86). Diese Unbestimmtheit konnte mit der vorliegenden Studie etwas aufgehellt werden.

Wie aus Abbildung 7 und der nachfolgenden Beschreibung der gefundenen Befriedigungswege des Kompetenzbedürfnisses zu ersehen ist, konnte ein breites und differenziertes Panorama aufgezeigt werden, wie ältere Menschen sich ihr Kompetenzerleben im Alterssport sichern:

1. Sie sammeln in ihrem Bewegungsverhalten regelmäßig (kleinere) Gelingenserlebnisse (z. B. eine gelungene Übungsausführung) und machen sich diese bewusst.
2. Sie geben ihr bewegungsbezogenes Wissen und Können an andere weiter bzw. eignen sich dieses selbständig an.
3. Sie erlernen auch im fortgeschrittenen Alter noch neue Sportarten oder machen die Feststellung, dass sie sich in einem bestimmten (Leistungs-) Bereich verbessern oder ihre Leistungsfähigkeit gegenüber inaktiven Altersgenossen (länger) halten können.
4. Sie machen ihre Fortschritte über motorische Testverfahren und Selbstbeobachtung sichtbar.
5. Sie suchen nach körperlichen Herausforderungen.
6. Sie trainieren kontinuierlich über lange Zeiträume um ihre Gesundheitsziele zu erreichen und machen dabei die Erfahrung, dass es ihnen gelingt, ihr Gesundheitsniveau wirksam beeinflussen zu können.

Viele der obigen Möglichkeiten werden im Kontext der SDT bislang noch kaum thematisiert und diskutiert. Neben der Identifikation neuer Ansatzpunkte ermöglichen es die Erkenntnisse der empirischen Erhebung aber auch, das momentane

Diskussionsniveau bezüglich seiner Differenziertheit zu übertreffen, wie nachfolgende Ausführungen komprimiert aufzeigen sollen.

So fokussieren SDT-basierte Praxisempfehlungen bislang lediglich den Könnensaspekt des Kompetenzkonstruktes. Der für die eigene Handlungsfähigkeit im Feld der körperlichen Aktivität bedeutsame Wissensaspekt (Handlungs- und Effektwissen) der (bewegungsbezogenen Gesundheits-)Kompetenz wird in der aktuellen Diskussion hingegen zu wenig beachtet. In meiner Studie wird aber deutlich, dass ein bewegungsbezogenes Handlungs- und Effektwissen nicht nur eine wesentliche Grundlage für das Erleben eigener Kompetenz (auch) im Alterssport darstellt, sondern auch als eine zwingende Voraussetzung dafür betrachtet werden muss, dass Ältere körperlicher Aktivität in der von ihnen stark präferierten Form der Selbstorganisation nachgehen können. Ebenso außer Acht blieb bisher die Idee, im Sinne einer Ressourcen- oder Kompetenzaktivierung das biographisch angesammelte gesundheits- und bewegungsbezogene Wissen und Können der Älteren zu mobilisieren, obwohl dies gerade im Feld des Alterssports durchaus in beträchtlichem Maße vorhanden ist, wie meine Untersuchungsergebnisse zeigen. Zudem beschränken sich bisherige Praxisempfehlungen lediglich darauf, das Kompetenzbedürfnis von bereits körperlich Aktiven im Kontext der Bewegungsausübung anzusprechen.

In meinen Ausführungen zur Vermittlung von Effektwissen bzw. zum Senior Fitness Test wird auch deutlich, dass das Kompetenzbedürfnis von bislang noch inaktiven Älteren angesprochen werden kann – und muss – will man die große Mehrheit der körperlich inaktiven Älteren erreichen und zur körperlichen Aktivität motivieren. In Anlehnung an Rott (2014) wurde der Vorschlag formuliert, für interessierte (noch inaktive) Ältere eine Kombination aus Informationsvortrag über die potenziellen gesundheitlichen Effekte des Alterssports (Effektwissen) und anschließender Fitnesstestung der Zuhörer anzubieten.

Schließlich konnte mit meinen Vorschlägen zu strukturellen Entwicklungen, wie der Ergänzung von Sportvereinsangeboten um „Crashkurse“, die Ältere nur kurz binden, um sie für ein selbst organisiertes Bewegungsverhalten zu qualifizieren, auch die verhältnisorientierte Dimension der Gesundheitsförderung berücksichtigt werden. Bisherige Praxisvorschläge bewegen sich hauptsächlich auf der Ebene einer „verhaltensorientierten Gesundheitsförderung“, indem sie vor allem das Individuum und dessen Verhalten fokussieren und die für „moderne“ Gesundheitsförderungsmaßnahmen kennzeichnende Verknüpfung mit der Verhältnisseite weitgehend außer Acht lassen (vgl. Kolb, 2012, S. 23).

Insgesamt wird deutlich, dass auf der Basis meiner empirischen Studie und einer entsprechenden Analyse kompetenzrelevanter Zusammenhänge zahlreiche weitere Praxisempfehlungen generiert werden können, welche den bisherigen Diskussionsstand ergänzen und erweitern. Dabei wurden die von mir gefolgerten Empfehlungen nicht lediglich empirisch, sondern auch theoretisch fundiert. Dazu mussten auch Felder außerhalb des sportwissenschaftlichen Kontexts des Alterssports – insbesondere die Pädagogik und ihre Spezialdisziplin der Geragogik – genutzt werden, um adäquate theoretische Anknüpfungspunkte zu finden.

Abschließend sollen zentrale Praxisempfehlungen zur Förderung des Kompetenzerlebens im Alterssport überblicksartig dargestellt werden:

- Die Aufklärung über die Zusammenhänge, durch regelmäßiges körperliches Training die Realisierung des zentralen Alternswunsches „Gesundheit“ bzw. die Reduzierung drohender Alternsrisiken selbst wirkungsvoll beeinflussen zu können, sollte ein zentraler Bestandteil jeder sportpädagogischen Einwirkung auf aktive wie noch inaktive Ältere bilden.
- Um die Motivation insbesondere der noch inaktiven Älteren für gesundheitssportliche Aktivitäten zu fördern, eignet sich der kombinierte Einsatz von Informationsvortrag (siehe Punkt oben) mit anschließender Fitnesstestung (Senior Fitness Test). Dabei sollte die Frage im Mittelpunkt stehen, ob der momentane Fitnesszustand prognostisch ausreicht, um auch im höheren Alter noch selbständig leben zu können.
- Generell sollten in funktionsorientierten Alterssportangeboten in regelmäßigen Abständen motorische Tests durchgeführt werden, um den Teilnehmenden individuelle Leistungsfortschritte und die Erreichung eigener (Leistungs-)Ziele sichtbar machen zu können.
- Zudem sollten Übungsleiterinnen und Übungsleiter im Alterssport systematisch zur Förderung einer „individuellen Bezugsnormorientierung“ ihrer Teilnehmenden beitragen – z. B. indem sie diese ermuntern, Trainingstagebücher zu führen, welche die individuelle Leistungsentwicklung abbilden.
- Insbesondere die Kombination aus systematischer, wiederholter Anwendung von Fitnesstests (wie dem SFT) und dem Dokumentieren und Vergleichen der individuellen Testergebnisse in einem personalisierten Trainingstagebuch über die Zeit hinweg eröffnet Älteren die Möglichkeit, eigene Trainingserfolge und damit Wirksamkeit feststellen zu können.
- Die systematische Vermittlung von gesundheits- und bewegungsbezogenem Effekt- und Handlungswissen sollte im Rahmen von gesundheitsorientierten Alterssportangeboten ein zentraler Ziel- und Inhaltsbaustein sein. Dieses Wissen ist der Schlüssel für ein kompetentes, selbst organi-

siertes körperliches Aktivitätsverhalten, das von Älteren gegenüber fremd organisierten Angeboten stark bevorzugt wird.

- Entsprechend sollten Sportvereine ihre Angebotspalette um „Crashkurse“ für Ältere ergänzen, in denen in einem überschaubaren Zeitrahmen (z. B. 12 Termine) unter fachkundiger Anleitung das grundlegend(st)e trainingsbezogene Wissen und Können vermittelt wird, das Ältere zur kompetenten Eigenrealisation (einfacher) gesundheitssportlicher Aktivitäten befähigt. Die Teilnahme an den Kursen sollte ohne das Eingehen einer längerfristigen Bindung an bzw. dauerhaften Mitgliedschaft im Verein möglich sein (vgl. Kolb, 2012, S. 27).
- Grundsätzlich sollten die vorhandenen gesundheits- und bewegungsbezogene Kompetenzen (Wissen/Können) der Teilnehmenden an Alterssportkursen (z. B. mittels ressourcenorientierter Eingangsfragebögen) systematisch erhoben und im Kurs im Sinne einer „Kompetenz- oder Ressourcenaktivierung“ gezielt aktiviert (thematisiert und eingesetzt) werden. Beispielsweise könnte „kompetenten“ Teilnehmenden die Möglichkeit zur Übernahme von Unterrichtsteilen eröffnet werden.
- Zudem könnten Ältere zum (informellen) Selbstlernen ermutigt und angeregt werden – beispielsweise über das Bereitstellen von Informationsmaterialien rund um die Themen Alter – Bewegung – Gesundheit. Dies ist auf unterschiedlichen Wegen möglich: Die Übungsleiter teilen die Übungsstunden ergänzende Informationsblätter, Handzettel oder Reader aus; Sportvereine richten eine kleine „Fachbibliothek“ ein; es werden eLearning-Angebote zum Aufbau von Effekt- und Handlungswissen eingerichtet.

Aus diesen Empfehlungen ergibt sich so etwas wie ein Grundprogramm für die pädagogische Gestaltung eines bedürfnisorientierten Alterssports. Ihm liegt die Leitidee zu Grunde, dass sich Ältere hinreichend (gesundheitsförderlich) belasten **und** dabei wohlfühlen, indem funktionsorientierte „Bewegungsumwelten“ und -settings so (bedürfnisgerecht) gestaltet werden, dass sich Älteren darin motivierende Befriedigungserlebnisse eröffnen. In seiner Grundausrichtung folgt das Programm dem Funktionsorientierten Konzept des Alterssports (FASK), das in Kapitel zwei als das aktuell maßgebliche Alterssportkonzept identifiziert wurde.

Entsprechend sind alle hier gemachten Vorschläge mit dieser Ausrichtung und Herangehensweise kompatibel. Sie stützen die Idee, den Alterssport aus gesundheitsförderlichen Zwecken an den Aspekten von Training und Leistungssteigerung/-erhalt auszurichten bzw. bauen sogar auf dieser Ausrichtung auf und fördern deren Umsetzung – wie die Fitnesstestung oder das Führen von Trainingstagebüchern. Ihr pädagogischer Wert liegt darin begründet, dass diese Empfehlungen nicht lediglich „das Einhalten von physiologisch effektiven Trainingsregeln“ (Brehm & Buskies, 2009, S. 273) fokussieren, sondern ebenso das positive emotionale Erleben und die motivationale Attraktivität eines Angebotes.

5 Systematisierung abgeleiteter Praxisempfehlungen mittels Indikatorenliste

5.1 Erläuternde Hinführung

Dem üblichen Weg folgend, müssten in diesem Kapitel nun Praxisbeispiele / -prinzipien formuliert werden, welche aufzeigen, wie die zuvor entwickelten Empfehlungen in der Praxis konkret umzusetzen sind. Allerdings wird an dieser Stelle bewusst von diesem Weg abgewichen, da sich die gängige Praxis der „Input-Steuerung“, die über die möglichst konkrete Formulierung zahlreicher, kleinschrittiger inhaltlich-methodischer Praxisempfehlungen die Realisierung angestrebter Ziele sucht, in der Vergangenheit kaum bewährt hat. Aus diesem Grund folgt man – sowohl in der Pädagogik als auch im Kontext der Gesundheitsförderung – aktuell verstärkt dem Steuerungsmodell der „Outcome-Orientierung“ (vgl. Knörzer, Amler & Rupp, 2011, S. 34). Outcome-Orientierung heißt, „vom Ziel her zu denken“ (ebd.). Das bedeutet, es werden nur wenige Hinweise zu (gut) definierten Endpunkten gegeben, die erreicht werden sollen, wobei die Wege zur Realisierung dieser Ziele weitgehend unbestimmt bleiben. Dies zwingt den Praktiker (hier Übungsleiter) zwar dazu, bezüglich der zielrealisierenden Wege selbst planerisch aktiv zu werden, eröffnet ihm aber gleichzeitig den Freiraum, diese Wege an seine eigenen Kompetenzen und Vorlieben, die Bedürfnisse und Wünsche der jeweiligen Zielgruppe wie auch an die Rahmenbedingungen eines konkreten Alterssportangebots anpassen zu können. Dieses Vorgehen ist nicht zuletzt deshalb erfolgversprechender als eine reglementierende Input-„Standardisierung“, weil sie insbesondere dem psychischen Grundbedürfnis nach Autonomieerleben des Praktikers entspricht, im eigenen Umsetzungshandeln Wahlmöglichkeiten und Entscheidungsspielräume zu erfahren. Die daraus resultierende Flexibilität ermöglicht es, dass (bedürfnissensible Alterssport-)Programme für unterschiedliche Zielgruppen und Kontexte entwickelt werden können.

Dieses Outcome-orientierte Vorgehen setzt allerdings voraus, dass klar definierte Endpunkte – „Outcome-Indikatoren“ – vorliegen, welche ausreichende Zielorientierung für einen zu gestaltenden Umsetzungsweg geben und die zugleich Merkmale benennen, an denen man erkennen kann, ob das angestrebte Ziel erreicht wurde. Das mit dieser Arbeit verfolgte Ziel ist es, funktionsorientierte Alterssportprogramme so zu gestalten, dass sie Älteren bedürfnisbefriedi gende Erlebnisse (insbesondere für das Kompetenzbedürfnis) eröffnen. Entsprechend geht es im Folgenden darum, für diese Zielstellung geeignete Indikatoren zu formulieren.

Die Herausforderung hierbei ist es, die zu entwickelnden Indikatoren zugleich in eine Systematisierung zu überführen, die konkrete (Merkmals-) Aussagen zu Zielen, Inhalten, Methoden, Organisationsformen und Rahmenbedingungen von Alterssportangeboten enthält. Nur auf diese Weise wird es möglich, in der gesundheitsorientierten Alterssportpraxis den hier fokussierten Zielbereich der *Motivierung* ähnlich zielgerichtet ansteuern zu können, wie dies für die Bereiche *Trainingsmethoden* und *Belastungsnormative* bereits möglich ist (vgl. Peters, Sudeck & Pfeifer, 2013, S. 213; Schaller, 2003, S. 243 f.).

Macht man sich auf die Suche nach geeigneten Vorlagen für solch eine systematisierte Umsetzung der Outcome-Orientierung im Bereich der Gesundheitsförderung, wird man vor allem im Praxisfeld der schulischen Gesundheitsförderung fündig. Ähnlich wie in diesem Kapitel angestrebt, werden dort Differenzierungen nach didaktisch bedeutsamen Ebenen (wie Ziele, Inhalte, Methoden) vorgenommen, für die jeweils spezifische (Outcome-)Indikatoren formuliert und systematisiert aufbereitet werden. Aktuell ist in diesem Bereich der *Referenzrahmen schulischer Gesundheitsförderung* von Paulus und Michaelsen-Gärtner (2008) das elaborierteste Werkzeug eines indikatorengeleiteten Vorgehens, das insbesondere durch seine schlüssige und einfach zu handhabende Praxisumsetzung überzeugt. Entsprechend orientiere ich mich im Folgenden an dieser Vorlage.

Der *Referenzrahmen schulischer Gesundheitsförderung* enthält im Kern Listen von Indikatoren, welche „Aspekte der Schule anzeigen, die maßgeblich für eine gute Gesundheitsbildung und -erziehung in der Schule [...] sind“ (Paulus & Michaelsen-Gärtner, 2008, S. 125). In diesem Sinn sollen im Folgenden Indikatorenlisten aufgeführt werden, die Aspekte gesundheitsorientierter Alterssportangebote aufzeigen, die maßgeblich für eine Förderung des Kompetenzerlebens und damit für die nachhaltige Motivierung zur körperlichen Aktivität sind. Diese „Anzeiger“ werden jeweils für die Bereiche Ziele, Inhalte, Methoden, Organisationsformen und Rahmenbedingungen formuliert. Es handelt sich dabei um zentrale Kategorien, mit denen Alterssportkonzepte gekennzeichnet und näher konkretisiert werden (vgl. Schaller, 2003, S. 243).

Das so entstehende Indikatorensystem liefert für diese Kategorien Hinweise, worauf bei gesundheitsorientierten Alterssportangeboten zu achten ist, wenn man die Motivation der Teilnehmenden über eine Befriedigung des Bedürfnisses nach Kompetenzerleben fördern möchte.

Die Indikatorenlisten weisen insbesondere darauf hin,

- in welchen Bereichen mit der Förderung des Kompetenzerlebens die motivationale Qualität von Alterssportangeboten verbessert werden kann und
- welche Bereiche bei einem konkreten Angebot oder in einem konkreten Verein besonders relevant sind, wo Überprüfungsbedarf besteht, oder wo man mit dem Erreichten aus motivationaler Sicht zufrieden sein kann.

(vgl. Paulus & Michaelsen-Gärtner, 2008, S. 4)

Nach Paulus und Michaelsen-Gärtner (2008) sind die Indikatorenlisten als Selbstevaluationsverfahren konzipiert (vgl. S. 4). In der hier modifizierten Weise können sie von Sportvereinen, Anbietern von Alterssportangeboten, aber auch von Übungsleitern zur Evaluation und Optimierung ihrer Angebote genutzt werden.

Als Zielgruppe kommen auch (externe) Personen in Frage, die gegenüber Anbietern eine beratende Funktion einnehmen (z. B. Vertreter von Krankenkassen). Diese können die Indikatorenlisten zur Beratung und Unterstützung der Anbieter nutzen (vgl. ebd.).

5.2 Indikatorenliste: Motivationsförderung durch Kompetenzerleben

Dieses Kapitel präsentiert die erarbeitete Indikatorenliste und erläutert, wie sie als „Checkliste zur Selbsteinschätzung konkreter Alterssportangebote" eingesetzt und genutzt werden kann.

Anleitung zur Qualitätsbewertung

Checkliste zur Selbsteinschätzung konkreter Alterssportangebote Motivationsförderung durch Kompetenzerleben unterstützen

Vor der Präsentation der Indikatorenliste wird zunächst das Punktesystem vorgestellt, mit dessen Hilfe die gelisteten Indikatoren bewertet werden.

Ist-Analyse:
Bewerten Sie die folgenden Indikatoren nach dem Grad ihrer Ausprägung im zu beurteilenden Alterssportangebot mit den Punkten 1-5.

Tabelle 15: Grad der Ausprägung einzelner Indikatoren (Paulus & Michaelsen-Gärtner, 2008)

5	trifft vollkommen zu	100 %
4	trifft weitgehend zu	75 %
3	trifft im mittleren Maß zu	50 %
2	trifft in Ansätzen zu	25 %
1	trifft nicht zu	0 %

Handlungsbedarf:
Bewerten Sie den Handlungsbedarf des Sportvereins / Anbieters / Durchführenden in Bezug auf die unterschiedlichen Konzeptdimensionen (wie Ziele, Inhalte, Organisationsformen) des konkreten Alterssportangebots. Anhand der Bewertung der einzelnen Indikatoren können Sie dann eine Prioritätenliste entwickeln und beschließen, an welchen Themen zunächst gearbeitet werden sollte.

Tabelle 16: Bewertung des Handlungsbedarfs (Paulus & Michaelsen-Gärtner, 2008)

5	sollte sofort bearbeitet werden – hat sehr große Bedeutung für den Anbieter / Durchführenden
4	sollte demnächst unbedingt bearbeitet werden – hat große Bedeutung für den Anbieter / Durchführenden
3	hat für den Anbieter / Durchführenden Bedeutung und sollte bearbeitet werden
2	hat für den Anbieter / Durchführenden zwar Bedeutung, muss aber nicht sofort bearbeitet werden
1	hat für den Anbieter / Durchführenden zur Zeit keine/kaum Bedeutung und braucht nicht bearbeitet zu werden

Checkliste zur Selbsteinschätzung konkreter Alterssportangebote

Motivationsförderung durch Kompetenzerleben unterstützen

Tabelle 17: Checkliste zur Einschätzung von Alterssportangeboten hinsichtlich ihrer (kompetenz-) bedürfnisgerechten Gestaltung (in Anlehnung an Paulus & Michaelsen-Gärtner, 2008, S. 36 ff.)

Kategorie	**Indikatoren**	**Ist-Analyse**	**Hand-lungs-bedarf**
Ziele	• Neben der Förderung / Erhaltung der körperlichen Funktions- und Leistungsfähigkeit im Alterungsprozess ist die Förderung von Motivation bzw. der Aufbau von Bindung an gesundheitsförderliche körperliche Aktivität ein zentraler Zielbereich des Bewegungsangebots • Das Angebot zielt auf die Förderung des Erlebens eigener Kompetenz (Handlungsfähigkeit und Wirksamkeit) in der Ausübung körperlichen Trainings • Das Bewegungsangebot orientiert sich am Modell der *bewegungsbezogenen Gesundheitskompetenz* (vgl. Pfeifer et al., 2013) • Das Angebot zielt auf die Vermittlung von Gesundheitswissen (*Handlungs- und Effektwissen*) „zur selbstständigen Umsetzung gesundheitssportlicher Aktivität“ (Späker et al., 2009, S. 12)		
Summe			
Summe geteilt durch die Anzahl der Indikatoren (Diesen Wert bitte in die Auswertungsliste übertragen)			

Kategorie	Indikatoren	Ist-Analyse	Hand-lungs-bedarf
Inhalte und Methoden	**Zur Förderung des Erlebens von Kompetenz …** • werden im Bewegungsangebot die motorischen Hauptbeanspruchungsformen (Kraft, Ausdauer, Beweglichkeit, Koordination) über altersgerechte Trainingsformen planmäßig und fortlaufend trainiert, um individuellen Leistungsfortschritt bzw. -erhalt zu erzielen • werden in regelmäßigen Abständen motorische Tests durchgeführt, um den Teilnehmenden individuelle Leistungsfortschritte sichtbar zu machen bzw. um Über- oder Unterforderungen der individuellen Leistungsfähigkeit im Trainingsprozess zu vermeiden • kommen Trainingstagebücher zum Einsatz, in welchen die Teilnehmer ihre eigene Leistungsentwicklung abbilden und verfolgen • werden die Teilnehmenden dazu motiviert, sich konkrete (Trainings-)Ziele (Tagesziele – aber auch mittel- und langfristige Ziele) zu setzen und deren Umsetzung zu überprüfen • wird im Angebot mittels Informationsgespräche/ Kurzreferate (5-10 Minuten Dauer) oder das Bereitstellen/Bearbeiten von Informationsblättern gesundheits- und bewegungsbezogenes Effekt- und Handlungswissen zur selbstständigen Umsetzung gesundheitssportlicher Aktivität systematisch vermittelt • werden die vorhandenen gesundheits- und bewegungsbezogene Kompetenzen (Wissen/Können) der Teilnehmenden (z. B. mittels Eingangsfragebögen) systematisch erhoben und im Bewegungsangebot gezielt angeregt (z. B. über die Darbietungen des eigenen Könnens) und so erlebbar gemacht. • werden die Teilnehmenden zunehmend in die Planung und Gestaltung des Angebots eingebunden bzw. führen einzelne Phasen des Trainings selbstständig durch oder leiten diese an		
Summe			
Summe geteilt durch die Anzahl der Indikatoren (Diesen Wert bitte in die Auswertungsliste übertragen)			

Kategorie	**Indikatoren**	**Ist-Analyse**	**Hand-lungs-bedarf**
Organisationsformen	**Um den Aufbau bewegungsbezogener Gesundheitskompetenz zu fördern, ...** • bieten wir neben der regulären Mitgliedschaft ergänzend neuartige (zeitlich befristete) Organisationsformen an – z. B. Tagesveranstaltungen, Workshops, Wochenendkurse als Einführung in spezielle Themen (z. B. Thema „Trainingssteuerung“ oder „Einführung in die Walking-Technik“) oder zeitlich begrenzte „Crashkurse“ wie z. B. 10er Blöcke zu „Grundlagen eines optimalen Gesundheitstrainings beim älteren Menschen“ – in deren Rahmen Älteren unter fachkundiger Anleitung die notwendigen Grundlagen (Handlungs- und Effektwissen, Vermittlung motorischer Grundfertigkeiten) zur selbstständigen Umsetzung gesundheitssportlicher Aktivität vermittelt werden (vgl. Schöttler, 2003, S. 274; Kolb, 2012, S. 27)		
Rahmenbedingungen (strukturell, materiell, personell)	**Zur Förderung der bewegungsbezogenen Gesundheitskompetenz ...** • regen wir unsere älteren Teilnehmenden auch außerhalb der konkreten Kursangebote zum (informellen) Selbstlernen an, indem wir für sie themenbezogene Medien bereitstellen – z. B. in Form einer kleinen Bibliothek mit Fachliteratur zu dem Themengebiet Gesundheit-Bewegung-Altern oder durch eine ergänzende eLearning-Plattform zum (selbstständigen) Aufbau von bewegungsbezogenem Effekt- und Handlungswissen • halten wir für unserer Mitglieder auch außerhalb der regulären Kursangebote fachkundige Experten (z. B. Trainingswissenschaftler, Physiotherapeut, Sportmediziner) als Ansprechpartner bereit, die – beispielsweise im Rahmen einer wöchentlichen „Sprechstunde“ oder telefonischen Beratung – auf spezifische trainings- und gesundheitsbezogene Fragen der Mitglieder eingehen, sodass diese eigene Kompetenzlücken schließen und Handlungsfähigkeit (wieder) herstellen können		
Summe			
Summe geteilt durch die Anzahl der Indikatoren (Diesen Wert bitte in die Auswertungsliste übertragen)			

Auswertungsliste

In nachfolgende Tabelle werden die vier gemittelten Endwerte sowohl der **Ist-Analyse** als auch der Bewertung des **Handlungsbedarfs** übertragen, die für jede Kategorie jeweils in der untersten Zeile (grau schraffierte Fläche) der Checklisten gebildet wurden.

Tabelle 18: Auswertungsliste (in Anlehnung an Paulus & Michaelsen-Gärtner, 2008, S. 57 f.)

Kategorie	Ergebnis der Ist-Analyse	Ergebnis Handlungsbedarf
Ziele		
Inhalte / Methoden		
Organisationsformen		
Rahmenbedingungen		

Mit dem untenstehenden Koordinatensystem können nun Evaluationsergebnisse von Alterssportangeboten wie im nachfolgenden Beispiel visualisiert werden (vgl. Paulus & Michaelsen-Gärtner, 2008, S. 58).

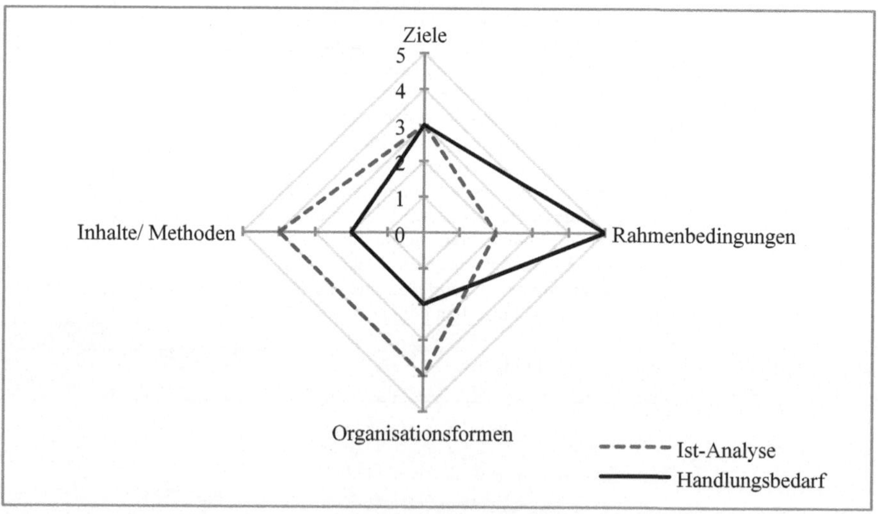

Abb. 8: Visualisierungsbeispiel (in Anlehnung an Paulus & Michaelsen-Gärtner, 2008, S. 58)

Zeichnen Sie Ihre Ergebnisse in das nachfolgende Koordinatensystem ein, um sie zu visualisieren!

Markieren Sie hierzu sowohl die vier Endwerte der Ist-Analyse als auch die des Handlungsbedarfs und verbinden Sie diese Punkte jeweils mit einer anderen Farbe – wie im Beispiel auf der vorherigen Seite (vgl. Paulus & Michaelsen-Gärtner, 2008, S. 59).

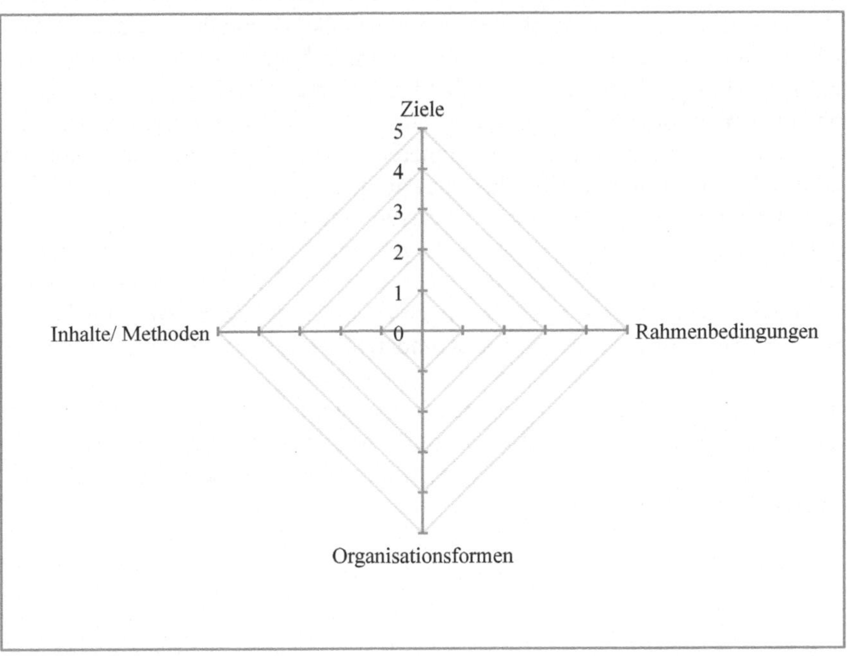

Abb. 9: Visualisierungstool zur Darstellung gefundener Ergebnisse (in Anlehnung an Paulus & Michaelsen-Gärtner, 2008, S. 59)

Ergebnisinterpretation

Die gefundenen Ergebnisse können nun in Anlehnung an Paulus & Michaelsen-Gärtner (vgl. 2008, S. 60) wie folgt interpretiert werden. Wenn ein Bewegungsangebot für Ältere in allen vier Kategorien fünf Punkte erreicht, zeigt das an, dass Maßnahmen zur Förderung des Kompetenzerlebens idealtypisch genutzt werden, um den Aufbau von (motivationaler) Bindung der älteren Teilnehmer an gesundheitssportliche Aktivität und das langfristige „Dabeibleiben" zu unterstützen. Dieses Ideal wird wahrscheinlich kaum ein gesundheitssportliches Angebot für Ältere erreichen. Die Indikatorenlisten geben damit zugleich Aufschluss über Möglichkeiten zur Optimierung. Der Optimierungsbedarf ist für diejenigen Kategorien am drängendsten, die einen niedrigen Wert der Ist-Analyse und zugleich einen hohen Wert des Handlungsbedarfs aufweisen – graphisch signalisiert durch ein weites Auseinanderklaffen der (inneren) Ist-Analyse- und der (äußeren) Handlungsbedarfs-Linie im Visualisierungstool.

Das Ergebnis für ein konkretes Alterssportangebot sagt nichts darüber aus, wie dieses im Vergleich zu anderen Angeboten abschneidet. Auch wenn der Ergebniswert für ein konkretes Alterssportangebot nicht dem Ideal entspricht, kann es dennoch sein, dass es im Vergleich zu anderen Angeboten schon herausragende Befriedigungswerte für das Kompetenzerleben der älteren Teilnehmer leistet.

In erster Linie sollte das vorliegende Instrument zur Entwicklung der eigenen Angebote eines Sportvereins oder sonstigen Anbieters im Sinne der Selbstevaluation genutzt werden, indem die eigenen Ergebnisse in regelmäßigen Abständen verglichen und neue Ziele festgelegt werden.

5.3 Fazit

Mit der Erarbeitung der in diesem Kapitel vorgestellten Checkliste zur Selbstevaluation von Alterssportangeboten wurden zwei Aufgaben geleistet. Zum einen wurde ein (Evaluations-)Werkzeug entwickelt, dass es ermöglicht, bestehende Alterssportangebote daraufhin zu überprüfen, inwiefern sie Maßnahmen zur Förderung des Kompetenzerlebens der Teilnehmenden nutzen, um den Aufbau von Bindung an gesundheitssportliche Aktivität zu unterstützen. Zum anderen liefern die zu diesem Zweck entwickelten Indikatoren zugleich auch detaillierte Aussagen zu Zielen, Inhalten, Methoden und Organisationsformen von Alterssportangeboten, wodurch ein bedürfnisorientiertes Alterssportkonzept umrissen wird (vgl. Schaller, 2003, S. 243). Auch wenn dessen Konturen perspektivisch noch geschärft und um Hinweise zur Befriedigung der weiteren psychischen Grundbedürfnisse nach Autonomie und sozialem Eingebundensein ergänzt werden müssen, wird die grundsätzliche Idee und Ausrichtung dieses Konzepts bereits in diesem Entwicklungsstand erkennbar.

Die grundsätzliche Ausrichtung folgt dem in Kapitel 2.1 behandelten funktionsorientierten Alterssportkonzept (FASK), dessen Zielsetzung sowohl im gesundheits- und sportwissenschaftlichen Diskurs wie auch in der Praxis des gesundheitsorientierten Alterssports weithin anerkannt und umgesetzt wird. Alle in der obigen Checkliste in Form von „Indikatoren“ formulierten Ideen zur Gestaltung des Alterssports dienen letztlich der Umsetzung dieses Ziels.

Die Besonderheit liegt darin, dass die hier formulierten Gestaltungshinweise zugleich auch das Potenzial in sich tragen, zur Befriedigung psychischer Grundbedürfnisse und damit zur Förderung der Motivation beizutragen nach der Grundidee: Interventionen zur Förderung der Motivation befördern zugleich die Erhaltung der Funktionsfähigkeit. Dieser angestrebte Doppelwert – Bedürfnisbefriedigung (im Trainingsprozess) und Sicherung des Funktionserhalts zugleich – kennzeichnet das bedürfnisorientierte Alterssportkonzept. Insofern stellt es ein integrierendes Konzept im Kontext von Funktionsorientierung und Motivationsförderung dar. Das verfolgte Konzept beschränkt sich nicht wie das FASK vorwiegend auf die körperliche Dimension des älteren Menschen und entsprechend auf das „Einhalten physiologisch effektiver Trainingsregeln“ (Brehm & Buskies, 2009, S. 273). Vielmehr nimmt es auch die motivationale und emotionale Dimension der Menschen und die Anforderungen, die sich für Ältere im Kontext körperlicher Aktivität diesbezüglich ergeben, in den Blick und will dem (älteren) Menschen auch auf diesen Ebenen gerecht werden. Über das Aufzeigen potenzieller Befriedigungswege zur Erfüllung der psychischen Grundbedürfnisse im und durch Alterssport stellt das bedürfnisorientierte Konzept damit in pädagogischer Perspektive nicht nur heraus, wie der körperliche Funktionserhalt im Lebenslauf gesichert werden kann, sondern auch, „inwiefern Sport das Leben älterer Menschen bereichern bzw. zu einem gelingenden Altern beitragen kann" (Balz & Kuhlmann, 2003, S. 109).[43] Nur wenn beide Aspekte zufriedenstellend realisiert werden, ist es wahrscheinlich, dass sich Ältere über einen längeren Zeitraum gesundheitsorientierten Bewegungsangeboten zuwenden: „When they exercise because they find both intrinsic satisfaction *and* instrumental value in the activities they are likely to be much more persistent" (Ryan & Deci, 2007, S. 5).

43 Kritisch könnte an dieser Stelle folgendermaßen nachgefragt werden: „Kann man einfach die aus sehr verschiedenen Kontexten stammenden empirischen Befunde zu potenziellen Bedürfnisbefriedigungswegen im Alterssport (siehe Kapitel 4) als Idealwege vertreten, oder vollzieht das bedürfnisorientierte Konzept damit einen „naturalistischen Fehlschluss", indem es einfach vom Sein auf das Sollen schließt?" Dem ist zu entgegnen, dass die in Kapitel 4 und 5 empfohlenen Befriedigungswege psychischer Grundbedürfnisse auf einer weiter reichenden Begründung basieren als lediglich auf einer empirischen Befunderhebung. So wurden die gefundenen Befriedigungswege sportpädagogisch interpretiert, mit vorhandenen theoretischen Erkenntnissen aus dem sportwissenschaftlichen und/oder pädagogischen/geragogischen Kontext in Beziehung gesetzt und auf diese Weise breit gestützt. Dies erklärt auch, weshalb ein Großteil der hier empfohlenen Maßnahmen in der sportwissenschaftlichen Diskussion bereits kursiert. Es handelt sich vielfach um im sportwissenschaftlichen Kontext etablierte und akzeptierte Maßnahmen zur Förderung der Bewegungsmotivation, die im bedürfnisorientierten Konzept unter der orientierenden Leitidee der Bedürfnisbefriedigung lediglich zusammengeführt und systematisiert wurden.

6 Schlussbetrachtung

Mit diesem abschließenden Kapitel soll der Ertrag der Arbeit strukturiert aufgezeigt werden. Zunächst werden entlang des verfolgten Argumentationsverlaufs die wichtigsten Einsichten zu einem bedürfnisorientierten Alterssport überblicksartig zusammengefasst. Ausblickend werden offene Fragen und Forschungsanschlussoptionen zum Thema skizziert.

Zusammenfassung der Argumentation

Ansatzpunkt meiner Arbeit ist das Anliegen, in einer Gesellschaft des immer längeren Lebens mehr ältere Menschen zu regelmäßiger körperlicher Aktivität zu motivieren, um ein gesundes Altern zu fördern und möglichst lange zu bewahren. Im Zentrum steht die Frage, wie gesundheitsorientierte Alterssportangebote so gestaltet werden können, dass sie die psychischen Grundbedürfnisse der älteren Teilnehmenden befriedigen, um auf diese Weise nachhaltig motivierend wirken zu können. Dieser Fragestellung liegt ein allgemeines sportpädagogisches („humanes") Interesse zugrunde, die Gestaltung des Sports an den (physischen und psychischen) Bedürfnissen der Menschen auszurichten. Die vollzogenen Arbeitsschritte zur Realisierung dieses Anspruchs im Kontext des Alterssports richten sich sowohl auf eine theoretische und empirische Fundierung als auch auf mögliche Praxisanregungen.

In **Kapitel 2** wird die aktuelle sportwissenschaftliche Diskussion zum Alterssport analysiert, um Desiderate und potenzielle Anknüpfungspunkte für die eigene Position eines sportpädagogisch-motivationsorientierten Zugangs zu identifizieren. Es lassen sich drei maßgebliche Positionen zum Alterssport ermitteln:

Die Position des funktionsorientierten Alterssportkonzepts (FASK), die den möglichst langen Erhalt der psychophysischen Funktionsfähigkeit im Alter über die Umsetzung gesicherter Trainingsprinzipien anstrebt.

Die Position des bildungsorientierten Alterssportkonzepts (BASK), die Ältere über die weitgehend eigenständige Gestaltung und Bewältigung offener Spiel- und Bewegungsaufgaben beim Aufbau einer Gestaltungsfähigkeit für ihr alltägliches Leben unterstützen möchte.

Die sportpädagogische Position(en) von Denk/Pache und Brehm/Buskies, welche die vielfältigen Herausforderungen für Ältere betont, sich ausreichend und regelmäßig körperlich zu belasten und die über pädagogische Maßnahmen (wie Wissensvermittlung) bei der Überwindung dieser Herausforderungen unterstützen möchte, um eine stabile Bindung an den Alterssport zu ermöglichen.

Die Analyse dieser Positionen verdeutlicht, dass der motivationalen Hinführung und Bindung Älterer an körperliche Aktivität bislang eher wenig Beachtung geschenkt wird, obwohl der Alterssport über alle Positionen hinweg primär als Gesundheitssport ausgelegt wird, der einer langfristigen und regelmäßigen Ausübung bedarf, um gesundheitsförderlich wirken zu können. Lediglich die konzeptionell kaum ausgearbeitete sportpädagogische Position (Denk/Pache; Brehm/Buskies) ist bemüht, die stabile motivationale Bindung an den Alterssport als notwendige Voraussetzung zur Realisierung von darin verfolgten Gesundheitszielen herauszustellen und den Bindungsaufbau zu einer bedeutsamen (pädagogischen) Aufgabe des Alterssports zu erheben. In der Ausarbeitung und konzeptionellen Verknüpfung dieser Kernidee mit dem nachweislich effektiven, weithin anerkannten und etablierten, aber auch pädagogisch ergänzungsbedürftigen FASK sehe ich einen erfolgversprechenden Lösungsweg, um der Motivationsproblematik im gesundheitsorientierten Alterssport wirksam zu begegnen.

Insgesamt macht die Analyse aktueller Alterssportkonzepte und -positionen insbesondere die folgenden motivationsbezogenen Desiderate sichtbar: Erstens fehlt eine motivationstheoretische Fundierung, zweitens bedarf es einer empirischen Klärung der spezifischen Bedürfnissituation Älterer im Kontext Alterssport, und drittens mangelt es an entsprechend fundierten und systematisierten Gestaltungsideen, wie die Motivation im und zum Alterssport gezielt genutzt und gefördert werden kann.

Kapitel 3 dient der theoretischen Grundlegung der angestrebten sportpädagogisch-motivationsorientierten Profilierung des gesundheitsbezogenen Alterssports. Dazu wird mit der Selbstbestimmungstheorie (SDT) ein motivationstheoretisches Modell herangezogen, das es ermöglicht, empirisch (breit) gesicherte Erkenntnisse zur Motivationsförderung im Bewegungskontext auf den Alterssport zu übertragen und dabei aktuelle Leitideen (der Bedürfnisbefriedigung) moderner Gesundheitsförderung und Geragogik zu integrieren. Der SDT-fundierte Blickwinkel verdeutlicht die Ergänzungsbedürftigkeit der traditionellen Ausrichtung des Alterssports, die sich, risiko- und defizitorientiert, vor allem auf die Prävention negativer Aspekte des Alterns fokussiert.

Unter der Leitidee der Befriedigung psychischer Grundbedürfnisse (nach Autonomie-, Kompetenz- und Zugehörigkeitserleben) wird die Notwendigkeit aufgezeigt, den Alterssport stärker an positiven Erlebens-Aspekten wie der Förderung des subjektiven Wohlbefindens bzw. am Spaß bei der Sache auszurichten, um Menschen nachhaltig zu diesem Gesundheitsverhalten motivieren zu können. Die die physiologischen Präventionseffekte garantierende (objektivierende) Ausrichtung des FASK an Belastungsnormen und Trainingsprinzipien muss entsprechend um eine (subjektivierende) Ausrichtung am subjektiven Wohlbefinden ergänzt und mit dieser integrativ zusammengeführt werden, um Ältere für die regelmäßige Durchführung eines präventiven Trainings „begeistern" zu können. Da die Befriedigung der in der SDT postulierten psychischen Grundbedürfnisse als zentraler Schlüssel zur Förderung des subjektiven Wohlbefindens im Alter gilt, erweisen sich diese möglicherweise als eine Art Wegweiser, der die Richtung auf dem Weg zu einem wohlbefindens- und motivationsförderlichen Alterssport vorgeben kann:

Maßnahmen zur Motivationsförderung im Alterssport sollten insbesondere daraufhin ausgelegt werden, die psychischen Grundbedürfnisse nach Autonomie-, Kompetenz- und Zugehörigkeitserleben zu befriedigen.

In **Kapitel 4** werden mittels einer explorativen Pilotstudie potenzielle Befriedigungswege der psychischen Grundbedürfnisse im Kontext des gesundheitsorientierten Alterssports identifiziert, um für die praktische Umsetzung der vorstehenden Empfehlung konkrete Gestaltungshinweise generieren zu können. Dabei kommt eine qualitative Interviewstudie zum Einsatz, die über eine inhaltsanalytische Auswertung von 15 Interviews, die mit gesundheitsorientiert körperlich aktiven Älteren geführt wurden, Erkenntnisse über das konkrete bedürfnisbezogene Erleben und Verhalten von Älteren im gesundheitsorientierten Alterssport gewinnen möchte.

Bei der Auswertung der Interviews konzentriere ich mich auf das Bedürfnis nach Kompetenzerleben, das in der Sportpädagogik, wie auch in zahlreichen einschlägigen Motivationstheorien (z. B. SDT, Selbstwirksamkeitstheorie nach Bandura, Theorie des geplanten Verhaltens), als eine der bedeutendsten Motivationsquellen für sportliche Aktivität angesehen wird. Über den gewählten empirischen Zugang kann an Stelle der bisherigen Unbestimmtheit SDT-basierter Praxisempfehlungen ein breites und differenziertes Panorama aufgezeigt werden, wie ältere Menschen sich ihr Kompetenzerleben im Alterssport sichern (können): Dabei rückt vor allem das regelmäßige Trainieren selbst als zentraler Befriedigungsweg des Kompetenzerlebens in den Mittelpunkt, insofern angestrebte (Gesundheits-)Effekte nur hierüber erfolgreich erwirkt werden können.

Darüber hinaus wird die große Bedeutung des bislang in Alterssportkonzepten zu wenig beachteten Wissensaspekts ersichtlich. So zeigt sich, dass ein bewegungsbezogenes Handlungs- und Effektwissen nicht nur eine wesentliche Grundlage für das Erleben eigener Kompetenz im Alterssport ist, sondern auch eine zentrale Voraussetzung für die Umsetzung der von Älteren stark präferierte Form der Selbstorganisation ihrer Bewegungsaktivitäten darstellt – und somit zugleich das Kompetenz- und Autonomiebedürfnis erfüllen kann. Schließlich wird deutlich, dass neben verhaltensorientierten Maßnahmen auch strukturelle Entwicklungen – wie die Ergänzung der klassischen, dauerhaften Sportvereinsangebote um nur kurzfristig bindende, zur kompetenten Eigenrealisation von Bewegungsaktivitäten qualifizierende „Crashkurse" – eine bedeutsame Rolle spielen können, um das Kompetenzerleben im Alterssport zu fördern. Insgesamt ergeben die in Kapitel 4 unterbreiteten Praxisempfehlungen so etwas wie ein Grundprogramm für die pädagogisch-motivationsförderliche Gestaltung eines gesundheitsorientierten Alterssports. Übergeordnetes Ziel ist es, die Beachtung physiologisch effektiver Trainingsprinzipien (Sich-Belasten) mit der Befriedigung der psychischen Grundbedürfnisse (Sich-Wohlfühlen) zu verknüpfen.

Im Zentrum von **Kapitel 5** steht die Erarbeitung einer Indikatorenliste, welche die in Kapitel 4 gewonnenen Erkenntnisse über bedeutsame Befriedigungswege des Kompetenzbedürfnisses im Alterssportkontext in eine Systematik zu überführen und zu bündeln versucht. Im Sinne einer Outcome-Orientierung werden für didaktisch bedeutsame Ebenen von Alterssportangeboten (wie Ziele, Inhalte, Methoden) Merkmale benannt, an denen man erkennen kann, ob das angestrebte Ziel (Förderung des Kompetenzerlebens) umgesetzt und erreicht wurde.

Die erarbeitete Systematik eröffnet zum einen die Möglichkeit, den Zielbereich der Motivation ähnlich zielgerichtet ansteuern zu können, wie dies für die Bereiche der Trainingsmethoden und Belastungsnormative im Kontext des Alterssports bereits möglich ist. Zum anderen ermöglicht die vorgelegte Indikatorenliste die evaluative Überprüfung (und Optimierung) bestehender Alterssportangebote dahingehend, ob diese bezüglich ihrer Ausrichtung und Gestaltung das Kompetenzerleben Älterer unterstützen – und so motivationsförderlich wirken.

Das sich in der Indikatorenliste andeutende bedürfnisorientierte Alterssportkonzept basiert auf der Grundidee, die Ziele, Inhalte und Methoden der Motivationsförderung mit den Zielen, Inhalten und Methoden der effektiven und etablierten funktionsorientierten Ausrichtung des Alterssports kompatibel zu machen. Maßnahmen zur Motivationsförderung stellen dann keine Zusatzaufgabe mehr dar, sondern sie unterstützen die Realisierung des zentralen Anliegens des

Alterssports, die körperliche Funktionsfähigkeit längst möglich auf einem gesundheitsförderlichen Niveau zu erhalten.

Die regelmäßige Durchführung von motorischen Tests ist beispielsweise nicht nur eine (motivierende) Maßnahme, um Älteren ihren Leistungsfortschritt bzw. -erhalt sichtbar zu machen, sondern zugleich auch eine wesentliche Voraussetzung für eine passgenaue Trainingssteuerung, die funktionale Effekte erzielen kann. Motivation(-sförderung) steht hier also im Dienste des Funktionserhalts: „Mit Motivation(-sförderung) guten (funktional wirksamen **und** motivational bindenden) Alterssport machen." Über den hier aufgezeigten integrativen Weg scheint es möglich, dass Ältere in der Ausübung der körperlichen Aktivität Beides finden: Bedürfnisbefriedigung (und daraus resultierend Motivation und Wohlbefinden) und Gesundheitserhaltung, was in Kombination die Wahrscheinlichkeit für eine längerfristige Bindung an körperliche Aktivität erhöht.

Ausblick

Den wesentlichen Ertrag meiner Arbeit sehe ich in der integrativen Bearbeitung von vier Desideraten des gesundheitsorientierten Alterssports:

1. der (SDT-basierten) theoretischen Fundierung der Motivationsförderung im Alterssport;
2. der Ergänzung, Erweiterung und Verknüpfung der bislang dominierenden Präventions- und Funktionsorientierung mit der gesundheitsförderlichen Leitidee der Bedürfnisbefriedigung bzw. der Orientierung am subjektiven Wohlbefinden;
3. der empirischen Klärung potenzieller Befriedigungswege der psychischen Grundbedürfnisse im Kontext des Alterssport;
4. der Entwicklung und Systematisierung von konkreten Praxisempfehlungen zur gezielten Motivationsförderung im Alterssport.

Neben diesen erbrachten Leistungen steht eine Vervollständigung des in Kapitel 5 skizzierten bedürfnisorientierten Alterssportkonzepts um entsprechende Indikatorenlisten für die beiden weiteren psychischen Grundbedürfnisse nach Autonomie und sozialem Eingebundensein noch aus. Darüber hinaus existieren weitere Forschungslücken und offene Fragen zu der hier behandelten Thematik. Ausblickend wird dies mittels fünf Thesen aufgezeigt:

1. Um Hindernisse und Erfolge der (in dieser Arbeit skizzierten) Motivationsförderung im gesundheitsorientierten Alterssport feststellen zu können, bedarf es der formativen und summativen Evaluation entsprechend ausgerichteter Angebote. Für die Wirksamkeitsbeurteilung (summative Evaluation) bietet sich beispielsweise der Einsatz SDT-basierter psychometrischer Tests (wie die Basic Psychological Needs Scales) an, welche die Quantifizierung des Befriedigungsgrads der psychischen Grundbedürfnisse ermöglichen. Für die Identifizierung von Umsetzungsschwierigkeiten und Optimierungsmöglichkeiten ausgesprochener Praxisempfehlungen (formative Evaluation) ist dagegen eine qualitative Vorgehensweise (beispielsweise mittels Fokusgruppeninterviews mit Teilnehmern oder Supervisionsgesprächen mit Übungsleitern) angemessener.
2. Zielgruppengerechte Bewegungsförderung darf sich nicht auf die Berücksichtigung altersphasenspezifischer Bedürfnissituationen von (älteren) Menschen im Bewegungskontext beschränken, sondern muss auch geschlechtsspezifische Unterschiede berücksichtigen. In der Bewegungsförderung gilt die Berücksichtigung des Geschlechts als bedeutsames Kriterium, um die Forderung nach passgenauen (und daher wirksamen) Interventionskonzepten zu erfüllen (vgl. Diketmüller, 2012, S. 205). Es scheint daher angebracht, auf der Basis der weiterführenden Erforschung geschlechtsspezifischer Befriedigungswege der psychischen Grundbedürfnisse im Alterssportkontext, die in meiner Arbeit formulierten Praxisempfehlungen geschlechtersensibel auszudifferenzieren.
3. Maßnahmen zur Förderung der Bewegungsmotivation setzen häufig nur am Individuum an, um dessen (Bewegungs-)Verhalten zu beeinflussen. Jedoch zeigen Präventionsforschung und moderne Maßnahmen der Gesundheitsförderung, dass ergänzend auch auf struktureller (Verhältnis-) Ebene angesetzt werden muss, um das Bewegungsverhalten nachhaltig steigern zu können (vgl. Bucksch et al., 2010, S. 11; Kolb, 2012, S. 23). Insbesondere unter Berücksichtigung des in der SDT postulierten Auto-

nomiebedürfnisses und der empirisch gesicherten Erkenntnis, dass Ältere Bewegungsaktivitäten überwiegend selbst organisiert nachgehen (vgl. Kolb, 2012, S. 19), scheint die Klärung der Frage lohnend, über welche strukturellen Veränderungen Älteren verstärkt unmittelbarer Zugang zu Bewegungsflächen und -räumen (z. B. Grünflächen, Sporthallen, Bewegungsparcours) eröffnet werden kann, die sie in Eigenregie nutzen können.

4. Körperliche Inaktivität ist nur zum Teil ein Motivationsproblem. Neuere Erklärungsmodelle der Sportteilnahme deuten darauf hin, „dass Motivation allein nicht ausreicht, ein Sportvorhaben erfolgreich in die Tat umzusetzen“ (Baaken & Fuchs, 2012, S. 86). Viele Menschen scheitern bei der Realisierung ihrer Bewegungsvorhaben an mangelnder „volitionaler Umsetzungskompetenz“, eigene Bewegungsaktivitäten effektiv planen und deren Realisierung gegen auftretende Hindernisse abschirmen zu können (vgl. ebd.). Welchen volitionalen Strategien (z. B. kognitive Umstrukturierung, Visualisierungsmethoden) Ältere zugänglich sind, in welchen Kontexten man ihnen diese auf welche Weise gut vermitteln kann (z. B. integriert in Bewegungsprogramme oder in davon gesonderten Gruppensitzungen) und wie man die Förderung der volitionalen Umsetzungskompetenz mit der Stärkung der Motivation im Kontext Alterssport verknüpfen kann, ist noch weithin ungeklärt und entsprechend noch kaum auf Programmebene realisiert.
5. Die bisherige Hauptstrategie der Bewegungsförderung, Ältere zu regelmäßiger körperlicher Betätigung zu animieren, bedarf der Ergänzung um Interventionsstrategien, die zu einer Reduzierung von langen Sitzzeiten Älterer führen (vgl. Bucksch, Wallmann-Sperlich & Kolip, 2015, S. 278 f.). Neuere Erkenntnisse der internationalen Inaktivitätsforschung deuten darauf hin, dass langes Sitzen ein vom Ausmaß körperlicher Aktivität unabhängiges, eigenständiges Gesundheitsrisiko darstellt, das vor allem ältere Menschen betrifft (vgl. Banzer & Füzéki, 2012, S. 34 f.). Allerdings gibt es für Deutschland bisher kaum Studien zur Klärung der Prävalenz und der Determinanten von Sitzzeiten im Alter. Insbesondere die Identifizierung zentraler Determinanten der langen Sitzzeit Älterer ist von großer Bedeutung, um effektive Interventionsansätze zu deren Reduktion entwickeln zu können.

Literaturverzeichnis

Ajzen, I. (1985). From intentions to action: A theory of planned behavior. In J. Kuhl & J. Beckmann (Eds.), *Action control: From cognition to behavior* (pp. 11-39). Berlin: Springer.

Andel, R., Crowe, M., Pedersen, N.L., Fratiglioni, L., Johansson, B. & Gatz, M. (2008). Physical exercise at midlife and risk of dementia three decades later: A population-based study of Swedish twins. *Journal of Gerontology: Medical Sciences, 63A*, 62-66.

Baaken, A. & Fuchs, R. (2012). Erklärungsmodelle der Sportteilnahme und ihre Implikationen für effektive Interventionsmaßnahmen. In G. Geuter & A. Hollederer (Hrsg.), *Handbuch Bewegungsförderung und Gesundheit* (S. 79-94). Bern: Huber.

Balz, E. (1995). *Gesundheitserziehung im Schulsport.* Schorndorf: Hofmann.

Balz, E. & Kuhlmann, D. (2003). *Sportpädagogik. Ein Lehrbuch in 14 Lektionen.* Aachen: Meyer & Meyer.

Bandura, A. (2000). Health promotion from the perspective of social cognitive theory. In P. Norman, C. Abraham & M. Conner (Eds.), *Understanding and Changing Health Behavior. From Health Beliefs to Self-Regulation* (pp. 299-339). Amsterdam: Harwood Academic Publishers.

Banzer, W. & Füzéki, E. (2012). Körperliche Inaktivität, Alltagsaktivität und Gesundheit. In G. Geuter & A. Hollederer (Hrsg.), *Handbuch Bewegungsförderung und Gesundheit* (S. 33-47). Bern: Huber.

Becker, P. (2006). *Gesundheit durch Bedürfnisbefriedigung.* Bern: Hogrefe.

Beckers, E. (1993). Altern und Bewegung. In Landessportbund Nordrhein-Westfalen (Hrsg.), *Sport der Älteren* (Dokumentation der Fachtagungen 1991/93) (S. 73-100). Duisburg: Landessportbund Nordrhein-Westfalen.

Beckers, E. (2006). Älter werden – Lebenssinn entwickeln! In E. Beckers, J. Ehlen & A. Luh (Hrsg.), *Bewegung, Spiel und Sport im Alter. Neue Ansätze für Kompetentes Altern* (S. 71-100). Köln: Strauß.

Beckers, E. & Mayer, M. (1991). Jugendliches Altern. Zur Ambivalenz von Altern und Bewegung. *Brennpunkte der Sportwissenschaft, 5* (1), 50-74.

Beckers, E. & Haase, A. (2007). *Mit Haltung in eine neue Lebensphase. Das Modellprojekt "Gesundheitsförderung im Sportverein mit besonderer Schwerpunktsetzung im Bereich Sport der Älteren" – Abschlussbericht und Praxisbeispiele* (3. Auflage). Düsseldorf: Innenministerium des Landes Nordrhein-Westfalen.

Boeckh-Behrens, W.-U. & Buskies, W. (1995). *Gesundheitsorientiertes Fitnesstraining* (Band 1). Lüneburg: Wehdemeier & Pusch.

Brand, R. (2010). *Sportpsychologie*. Wiesbaden: VS.

Brand, R., & Schlicht, W. (2009). Körperliche Aktivität. In J. Bengel & M. Jerusalem (Hrsg.), *Handbuch der Gesundheitspsychologie und Medizinischen Psychologie* (S. 196-203). Göttingen: Hogrefe.

Brandes, S. & Stark, W. (2011). Empowerment/Befähigung. In BZgA (Hrsg.), *Leitbegriffe der Gesundheitsförderung und Prävention. Glossar zu Konzepten, Strategien und Methoden* (S. 57-60). Gamburg: Verlag für Gesundheitsförderung.

Brehm, W. & Bös, K. (2006). Gesundheitssport: Ein zentrales Element der Prävention und der Gesundheitsförderung. In K. Bös & W. Brehm (Hrsg.), *Handbuch Gesundheitssport* (S. 7-28). Schorndorf: Hofmann.

Brehm, W. & Buskies, W. (2009). Belastungsgestaltung. In H. Haag & A. Hummel (Hrsg.), *Handbuch Sportpädagogik* (S. 271-279). Schorndorf: Hofmann.

Bubolz-Lutz, E., Gösken, E., Kricheldorff, C. & Schramek, R. (2010). *Geragogik. Bildung und Lernen im Prozess des Alterns.* Stuttgart: Kohlhammer.

Bucksch, J., Finne, E. & Geuter, G. (2010). Bewegungsförderung 60+. Theorien zur Veränderung des Bewegungsverhaltens im Alter – eine Einführung. Düsseldorf: LIGA.NRW.

Bucksch, J., Wallmann-Sperlich, B. & Kolip, P. (2015). Führt Bewegungsförderung zu einer Reduzierung von sitzendem Verhalten? *Prävention und Gesundheitsförderung, 10* (4), 275-280.

Chatzisarantis, N. & Hagger, M. (2007). Intrinsic Motivation and Self-Determination in Exercise and Sport: Reflecting on the Past and Sketching the Future. In M. Hagger & N. Chatzisarantis (Eds.), *Intrinsic Motivation and self-determination in exercise and sport* (pp. 281-296). Champaign, IL: Human Kinetics.

Chodzko-Zajko, W., Proctor, D.N., Fiatarone Singh, M.A., Minson, C.T., Nigg, C.R., Salem, G.J. & Skinner, J.S. (2009). ACSM Position Stand: Exercise and Physical Activity for Older Adults. *Medicine & Science in Sports & Exercise, 41* (7), 1510-1530.

Deci, E. & Ryan, R. (1993). Die Selbstbestimmungstheorie der Motivation und ihre Bedeutung für die Pädagogik. *Zeitschrift für Pädagogik, 39* (2), 223-228.

Deci, E. L., & Vansteenkiste, M. (2004). Self-determination theory and basic need satisfaction: Understanding human development in positive psychology. *Ricerche di Psichologia, 27* (1), 17-34.

Deci, E. & Ryan, R. (2012). Motivation, Personality, and Development Within Embedded Social Contexts: An Overview of Self-Determination Theory. In R. Ryan (Ed.), *The Oxford Handbook of Human Motivation* (pp. 85-107). New York: Oxford.

Denk, H. (2010). Prof. Dr. Heinz Denk hat für Sie gelesen: Uta Engels: Sport für Neu- und Wiedereinsteiger ab 50. Abgerufen am 8.8.10 von: http: //www.bagso.de/fileadmin/Aktuell/Prof_Denk_Sport_ab_50_pdf

Denk, H. & Pache, D. (1996). *Bewegung, Spiel und Sport im Alter. Bedürfnissituation Älterer. Bd. I.* Köln: Sport und Buch Strauß.

Denk, H. & Pache, D. (2003). Gesellschaftliche und individuelle Rahmenbedingungen von Alterssport. In H. Denk, D. Pache & H.-J. Schaller (Hrsg.), *Handbuch Alterssport* (S. 23-96). Schorndorf: Hofmann.

Denk, H. & Pache, D. (2004). Pädagogische Aspekte von Leistung, Training und Wettkampf im Sport der Älteren. In R. Prohl & H. Lange (Hrsg.), *Pädagogik des Leistungssports. Grundlagen und Facetten* (S. 221-237). Schorndorf: Hofmann.

Denk, H., Pache, D. & Schaller, H.-J. (Hrsg.) (2003). *Handbuch Alterssport.* Schorndorf: Hofmann.

Diketmüller, R. (2006). Bewegungsaktivitäten und lebenslanges Lernen in Pensionistenhäusern – Prinzipien der Intervention am Beispiel des EU-Projektes "Minigolf kommt zu dir". In W.-D. Miethling & C. Krieger (Hrsg.), *Zum Umgang mit Vielfalt als sportpädagogische Herausforderung* (Jahrestagung der dvs-Sektion Sportpädagogik vom 26.-28. Mai 2005 in Kiel) (S. 158-164). Hamburg: Czwalina.

Diketmüller, R. (2012). Gender Mainstreaming in der Bewegungsförderung. In G. Geuter & A. Hollederer (Hrsg.), *Handbuch Bewegungsförderung und Gesundheit* (S. 195-209). Bern: Huber.

Edmunds, J.K., Ntoumanis, N. & Duda, J.L. (2007). Perceived Autonomy Support and Psychoogical Need Satisfaction in Exercise. In M. Hagger & N. Chatzisarantis (Eds.), *Intrinsic Motivation and self-determination in exercise and sport* (pp. 35-51). Champaign, IL: Human Kinetics.

Engels, U. (2004). Sport mit Älteren in einer sich verändernden Gesellschaft. Mitbestimmen und gestalten. *Sportpraxis, 45* (3), 33-37.

Faltermaier, T. (2005). *Gesundheitspsychologie*. Stuttgart: Kohlhammer.

Fortier, M.S., Duda, J.L., Guerin, E. & Teixeira, P.J. (2012). Promoting physical activity: development and testing of self-determination theory-based interventions. *International Journal of Behavioral Nutrition and Physical Activity, 9* (20).

Frey, G. & Hildebrandt, E. (2002). *Einführung in die Trainingslehre. Teil 1: Grundlagen* (2., erweiterte und überarbeitete Auflage). Schorndorf: Hofmann.

Fuchs, R. (2007). Das MoVo-Modell als theoretische Grundlage für Programme der Gesundheitsverhaltensänderung. In R. Fuchs, W. Göhner & H. Seelig (Hrsg.), *Aufbau eines körperlich-aktiven Lebensstils. Theorie, Empirie und Praxis* (S. 317-325). Göttingen: Hogrefe.

Generali Altersstudie, Generali Zukunftsfonds (Hrsg.) (2013). *Wie ältere Menschen leben, denken und sich engagieren*. Frankfurt Main: Fischer.

Geuter, G. & Hollederer, A. (2012a). Bewegungsförderung für ältere und hochaltrige Menschen. In G. Geuter & A. Hollederer (Hrsg.), *Handbuch Bewegungsförderung und Gesundheit* (S. 165-177). Bern: Huber.

Geuter, G. & Hollederer, A. (2012b). Bewegungsförderung und Gesundheit – eine Einführung. In G. Geuter & A. Hollederer (Hrsg.), *Handbuch Bewegungsförderung und Gesundheit* (S. 9-19). Bern: Huber.

Göhner, W. & Fuchs, R. (2007). *Änderung des Gesundheitsverhaltens. MoVo-Gruppenprogramme für körperliche Aktivität und gesunde Ernährung*. Göttingen: Hogrefe.

Gollwitzer, P.M. (1999). Implementation intentions: strong effects of simple plans. *American Psychologist, 54*, 493-503.

Grawe, K. (2004). Neuropsychotherapie. Göttingen: Hogrefe.

Grupe, O. (2009). Sportpädagogik und Sportwissenschaft. In H. Haag & A. Hummel (Hrsg.), *Handbuch Sportpädagogik* (S. 13-24). Schorndorf: Hofmann.

Grupe, O. & Krüger, M. (2002). *Einführung in die Sportpädagogik* (2. Auflage). Schorndorf: Hofmann.

Haag, H. & Hummel, A. (Hrsg.) (2009). *Handbuch Sportpädagogik* (2. Auflage). Schorndorf: Hofmann.

Haase, A. (2006). „Mit Haltung in eine neue Lebensphase": ein Modellprojekt des LandesSportBundes Nordrhein-Westfalen. In E. Beckers, J. Ehlen & A. Luh (Hrsg.), *Bewegung, Spiel und Sport im Alter. Neue Ansätze für Kompetentes Altern* (S. 175-199). Köln: Strauß.

Hagger, M. & Chatzisarantis, N. (Eds.). (2007). *Intrinsic Motivation and self-determination in exercise and sport.* Champaign, IL: Human Kinetics.

Heim, R. (2008). Bewegung, Spiel und Sport im Kontext von Bildung. In W. Schmidt, R. Zimmer & K. Völker (Hrsg.), *Zweiter Deutscher Kinder- und Jugendsportbericht: Schwerpunkt: Kindheit* (S. 21-42). Schorndorf: Hofmann.

Hein, V. & Koka, A. (2007). Perceived Feedback and Motivation in Physical Education and Physical Activity. In M. Hagger & N. Chatzisarantis (Eds.), *Intrinsic Motivation and self-determination in exercise and sport* (pp. 127-140). Champaign, IL: Human Kinetics.

Hollmann, W. & Strüder, H. K. (2009). *Sportmedizin: Grundlagen für körperliche Aktivität, Training und Präventivmedizin* (5. Auflage). Stuttgart: Schattauer.

Holtz, K. L. (2008). Einführung in die systemische Pädagogik. Heidelberg: Carl-Auer.

Hurrelmann, K., Klotz, T. & Haisch, J. (2014). Krankheitsprävention und Gesundheitsförderung. In K. Hurrelmann, T. Klotz & J. Haisch (Hrsg.), *Lehrbuch Prävention und Gesundheitsförderung* (S. 13-24). Bern: Huber.

Kaba-Schönstein, L. (2011). Gesundheitsförderung I: Definition, Ziele, Prinzipien, Handlungsebenen und -strategien. In BZgA (Hrsg.), *Leitbegriffe der Gesundheitsförderung und Prävention. Glossar zu Konzepten, Strategien und Methoden* (S. 137-144). Gamburg: Verlag für Gesundheitsförderung.

Kanning, M. & Schlicht, W. (2008). A bio-psycho-social model of successful aging as shown through the variable „physical activity". *European review of aging and physical activity, 5* (2), 79-87.

Kanning, M. & Schlicht, W. (2010). Be active and become happy: A ecological momentary assessment of physical activity and mood. *Journal of Sport and Exercise Psychology, 32* (2), 253-261.

Kimpeler, S., Goergieff, P. & Revermann, C. (2007). Zielgruppenorientiertes eLearning für Kinder und ältere Menschen. Sachstandbericht zum Monitoring »eLearning«. Berlin: Büro für Technikfolgen-Abschätzung beim Deutschen Bundestag TAB.

Knörzer, W. & Rupp, R. (2010). Ressourcenorientierung als Grundprinzip sportpädagogischen Handelns. In W. Knörzer & M. Schley (Hrsg.), *Neurowissenschaft bewegt* (S. 19-34). Hamburg: Feldhaus.

Knörzer, W., Amler, W. & Rupp, R. (2011). *Mentale Stärke entwickeln. Das Heidelberger Kompetenztraining in der schulischen Praxis.* Weinheim: Beltz.

Kolb, M. (1999). *Bewegtes Altern. Grundlagen und Perspektiven einer Sportgeragogik.* Schorndorf: Hofmann.

Kolb, M. (2000). „Bewegtes Altern": Perspektiven einer Sportgeragogik. *Sportwissenschaft, 30* (1), 68-81.

Kolb, M. (2001). Bildung im Alter – Bewegungsbildung im Alter. In R. Prohl (Hrsg.), *Bildung & Bewegung* (Jahrestagung der dvs-Sektion Sportpädagogik vom 22.-24.6.2000 in Frankfurt/Main) (S. 125-130). Hamburg: Czwalina.

Kolb, M. (2004). Bildung – Alter – Bewegung. In E. Beckers & T. Schmidt-Millard (Hrsg.), *Jenseits von Schule: Sportpädagogische Aufgaben in außerschulischen Feldern* (Jahrbuch Bewegungs- und Sportpädagogik in Theorie und Forschung Band 3) (S. 37-50). Butzbach-Griedel: Afra.

Kolb, M. (2006a). Alterssport. In H. Haag & B. Strauß (Hrsg.), *Themenfelder der Sportwissenschaft* (S. 7-18). Schorndorf: Hofmann.

Kolb, M. (2006b). Sportgeragogik - Zur Begründung und Konzeption von Modellen für den Alterssport. *Psychologie in Österreich, 26* (3), 184-191.

Kolb, M. (2007a). Bewegungsaktivitäten älterer Menschen – Trends und Perspektiven. In S. Schröder & M. Holzweg (Hrsg.), *Die Vielfalt der Sportwissenschaft* (S. 149-156). Schorndorf: Hofmann.

Kolb, M. (2007b). *Spiele für den Herz- und Alterssport*. Aachen: Meyer & Meyer.

Kolb, M. (2012). Alter(n) in Bewegung – zukünftige Anforderungen an die Sportverbände. In V. Scheid, u. a. (Hrsg.), *Wege in eine bewegte Zukunft. Positionen - Projekte – Perspektiven* (S. 12-29). Aachen: Meyer & Meyer.

Kolb, M. & Heckmann, B. (2001). *Mehr Spiele für den Herz- und Alterssport*. Aachen: Meyer & Meyer.

Kolb, M., Kolb, B. & Steininger, C. (2009). *Spielen im Herz- und Alterssport*. Aachen: Meyer & Meyer.

Kolip, P. (2012). Qualität und Evaluation in der Bewegungsförderung. In G. Geuter & A. Hollederer (Hrsg.), *Handbuch Bewegungsförderung und Gesundheit* (S. 115-127). Bern: Huber.

König, E. & Bentler, A. (2010). Konzepte und Arbeitsschritte im qualitativen Forschungsprozess. In B. Friebertshäuser, A. Langer & A. Prengel (Hrsg.), *Handbuch Qualitative Forschungsmethoden in der Erziehungswissenschaft* (3., vollständig überarbeitete Auflage) (S. 173-182). Weinheim: Juventa.

Krapp, A. (2005). Psychologische Bedürfnisse und Interesse. Theoretische Überlegungen und praktische Schlussfolgerungen. In R. Vollmeyer & J. Brunstein (Hrsg.), *Motivationspsycholgie und ihre Anwendungen* (S. 23-38). Stuttgart: Kohlhammer.

Krapp, A. (2007). Lehren und Lernen. In H.-E. Tenorth & R. Tippelt (Hrsg.), *Lexikon Pädagogik* (S. 454-457). Weinheim: Beltz.

Krapp, A. & Ryan, R. (2002). Selbstwirksamkeit und Lernmotivation. Eine kritische Betrachtung der Theorie von Bandura aus der Sicht der Selbstbestimmungstheorie und der pädagogisch-psychologischen Interessentheorie. In M. Jerusalem & D. Hopf (Hrsg.), *Selbstwirksamkeit und Motivationsprozesse in Bildungsinstitutionen* (S. 54-82). Weinheim: Beltz. (44. Beiheft zur Zeitschrift für Pädagogik)

Kruse, A. & Wahl, H.-W. (2010). *Zukunft Altern. Individuelle und gesellschaftliche Weichenstellungen*. Heidelberg: Spektrum.

Kuckartz, U. (2010). *Einführung in die computergestützte Analyse qualitativer Daten* (3., aktualisierte Auflage). Wiesbaden: VS.

Kuckartz, U. (2012). *Qualitative Inhaltsanalyse. Methoden, Praxis, Computerunterstützung.* Weinheim: Beltz Juventa.

Lames, M. & Kolb, M. (1997). *Gesund & Bewegt: Gesundheitsförderung in Sportvereinen.* Sankt Augustin: Academia.

Lamnek, S. (2005). *Qualitative Sozialforschung* (4., vollständig überarbeitete Auflage). Weinheim: Beltz.

Leppin, A. (2014). Konzepte und Strategien der Prävention. In K. Hurrelmann, T. Klotz & J.Haisch (Hrsg.), *Lehrbuch Prävention und Gesundheitsförderung* (S. 36-44). Bern: Huber.

Mayring, P. (2002). *Einführung in die qualitative Sozialforschung* (5. Auflage). Weinheim: Beltz.

Mayring, P. (2008). *Qualitative Inhaltsanalyse. Grundlagen und Techniken* (10. Auflage). Weinheim: Beltz.

Mechling, H. (2001). Aktivität und Altern aus Sicht der Bewegungs- und Trainingswissenschaft. Einleitung. In R. Daugs, u. a. (Hrsg.), *Aktivität und Altern* (S. 81-85). Schorndorf: Hofmann.

Mester, J. & Wigger, U. (2002). Leistungspotential und Leistungsentwicklung im Alternsgang. In H. Allmer (Hrsg.), *Sportengagement im Lebensverlauf* (Brennpunkte der Sportwissenschaft, 23, S. 123-138). Sankt Augustin: Academia.

Meusel, H. (1999). *Sport für Ältere: Bewegung – Sportarten – Training. Handbuch für Ärzte, Therapeuten, Sportlehrer und Sportler.* Stuttgart: Schattauer.

Meusel, H. (2004). Bewegung und Sport. In A. Kruse & M. Martin (Hrsg.), *Enzyklopädie der Gerontologie. Alternsprozesse in multidisziplinärer Sicht* (S. 255-272). Bern: Huber.

Miethling, W.-D. & Schierz, M. (2008). Einführung: Qualitative Forschungsmethoden in der Sportpädagogik. In W.-D. Miethling & M. Schierz. (Hrsg.), *Qualitative Forschungsmethoden in der Sportpädagogik* (S. 7-11). Schorndorf: Hofmann.

Milne, H.M., Wallman, K.E., Guilfoyle, A., Gordon, S. & Corneya, K.S. (2008). Self-Determination theory and physical activity among breast cancer survivors. *Journal of sport & exercise psychology, 30* (1), 23-38.

Möhwald, M. (2006). Bewegt bilden – gebildet bewegen? Zur nachhaltigen Wirkung sportgeragogischer Interventionen. In W.-D. Miethling & C. Krieger (Hrsg.), *Zum Umgang mit Vielfalt als sportpädagogische Herausforderung* (Jahrestagung der dvs-Sektion Sportpädagogik vom 26.-28. Mai 2005 in Kiel) (S. 165-170). Hamburg: Czwalina.

Neumann, P. (2013). *Kompetenzorientierung im Sportunterricht an Grundschulen zwischen Anspruch und Wirklichkeit.* Aachen: Meyer & Meyer.

Oschütz, H. & Belinová, K. (2003). Training im Alter. In H. Denk, D. Pache & H.-J. Schaller (Hrsg.), *Handbuch Alterssport* (S. 147-198). Schorndorf: Hofmann.

Pache, D. (2009). Seniorenalter. In H. Haag & A. Hummel (Hrsg.), *Handbuch Sportpädagogik* (S. 396-402). Schorndorf: Hofmann.

Paulus, P. & Michaelsen-Gärtner, B. (2008). Referenzrahmen schulischer Gesundheitsförderung. Gesundheitsqualität im Kontext der Schulqualität. Handreichung mit Indikatorenlisten und Toolbox (Projektbericht. Bundesministerium für Gesundheit). Verfügbar unter: http://li.hamburg.de/contentblob/3853428/9ef057bc387cf99b02bef2d20c7d5101/data/ pdf-referenzrahmen-schulischer-gesundheitsfoerderung.pdf [Zugriff: 24.04.2016]

Pelletier, L.G. & Sarrazin, P. (2007). Measurment Issues in Self-Determination Theory and Sport. In M. Hagger & N. Chatzisarantis (Eds.), *Intrinsic Motivation and self-determination in exercise and sport* (pp. 143-152). Champaign, IL: Human Kinetics.

Peters, S., Sudeck, G. & Pfeifer, K. (2013). Trainieren, Lernen, Erleben: Kompetenzförderung in Bewegungstherapie und Gesundheitssport. *Bewegungstherapie und Gesundheitssport, 29* (5), 210-215.

Pfeffer, I. (2010a). Einstiegs- und Bleibemotivation im Gesundheitssport: Modelle und Befunde. In O. Stoll, I. Pfeffer & D. Alfermann (Hrsg.), *Lehrbuch Sportpsychologie* (S. 223-252). Bern: Huber.

Pfeffer, I. (2010b). Einführung in die Terminologie von Gesundheit und Gesundheitsverhalten. In O. Stoll, I. Pfeffer & D. Alfermann (Hrsg.), *Lehrbuch Sportpsychologie* (S. 211-222). Bern: Huber.

Pfeifer, K., Sudeck, G. & Geidl, W. (2013). Bewegungsförderung und Sport in der Neurologie – Kompetenzorientierung und Nachhaltigkeit. *Neurologie & Rehabilitation, 1, 7-19.*

Pfister, G. (1999). *Sport im Lebenszusammenhang von Frauen. Ausgewählte Themen*. Schorndorf: Hofmann.

Prochaska, J.O. & DiClemente, C. (1983). Stages and processes of self change of smoking: Towards an integrative model. *Journal of Consulting and Clinical Psychology, 51*, 390-395.

Rheinberg, F. (2002). *Motivation* (4. Auflage). Stuttgart: Kohlhammer.

Rheinberg, F. (2006a). Motivationstraining und Motivierung. In D.H. Rost (Hrsg.), *Handwörterbuch Pädagogische Psychologie* (S. 510-515). Weinheim: Beltz.

Rheinberg, F. (2006b). Bezugsnormorientierung. In D.H. Rost (Hrsg.), *Handwörterbuch Pädagogische Psychologie* (S. 55-62). Weinheim: Beltz.

Richartz, A. (2008). Wie man bekommt, was man verdient. Faustregeln zum Führen qualitativer Interviews. In W.-D. Miethling & M. Schierz. (Hrsg.), *Qualitative Forschungsmethoden in der Sportpädagogik* (S. 15-43). Schorndorf: Hofmann.

Richartz, A., Hoffmann, K. & Sallen, J. (2009). *Kinder im Leistungssport. Chronische Belastungen und protektive Ressourcen*. Schorndorf: Hofmann.

Rikli, R.E. & Jones, C.J. (2013). *Senior Fitness Test Manual* (second edition). Champaign, IL: Human Kinetics.

Röthig, P. & Prohl, R. (Hrsg.) (2003). *Sportwissenschaftliches Lexikon* (7. Auflage). Schorndorf: Hofmann.

Rott, C. (2009). Die Bedeutung von körperlicher Aktivität und Bewegung aus der Sicht der Alternswissenschaft. In A. Horn (Hrsg.), *Körperkultur, Band II* (S. 27-50). Schorndorf: Hofmann.

Rott, C. (2014). *Sport und Bewegung in einer Gesellschaft des langen Lebens*. Vortrag vom 25.09.2014 bei der 6. Tagung der Marie Luise und Ernst Becker Stiftung in Köln. Zugriff am 23. April 2016 unter http://www.becker-stiftung.de/wp-content/uploads/2014/10/ChristophRott.pdf

Rott, C. & Cihlar, V. (2010). Alterssport. In A. Woll, H. Haag & F. Mess (Hrsg.), *Handbuch Evaluation im Sport* (S. 205-238). Schorndorf: Hofmann.

Rupp, R. (2011). Bedürfnisorientierung als Gestaltungsidee für den Alterssport. In W. Knörzer & R. Rupp (Hrsg.), *Gesundheit ist nicht alles – was ist sie dann? Gesundheitspädagogische Antworten* (S. 101-110). Baltmannsweiler: Schneider.

Russell, K.L. & Bray, S.R. (2010). Promoting Self-Determined Motivation for Exercise in Cardiac Rehabilitation: The Role of Autonomy Support. *Rehabilitation Psychology, 55* (1), 74-80.

Ryan, R. & La Guardia, G. (2000). What is being optimized?: Self-Determination Theory and Basic Psychological Needs. In S. Honn Qualls & N. Abeles (Eds.), *Psychology and the Aging Revolution. How We Adept to Longer Life* (pp. 145-172). Washington, DC: APA.

Ryan , R. & Deci, E. (2000). Self-Determination Theory and the facilitation of intrinsic motivation, social development, and well-being. *American Psychologist 55* (1), 68-78.

Ryan, R. & Deci, E. (2002). Overview of Self-Determination Theory: An Organismic Dialectical Perspective. In E. Deci & R. Ryan (Eds.), *Handbook of Self-Determination Research* (pp. 3-33). Rochester: The University of Rochester Press.

Ryan, R. & Deci, E. (2007). Active human nature: Self-determination theory and the promotion and maintenance of sport, exercise, and health. In M. Hagger & N. Chatzisarantis (Eds.), *Intrinsic Motivation and self-determination in exercise and sport* (pp. 1-19). Champaign, IL: Human Kinetics.

Ryan, R., Patrick, H., Deci, E. & Williams, G.C. (2008). Facilitating health behavior change and its maintenance: Interventions based on Self-Determination Theory. *The European Health Psychologist, 10*, 1-5.

Schaller, H.-J. (2003). Alterssportkonzepte in Deutschland. Zur Einführung. In H. Denk, D. Pache & H.-J. Schaller (Hrsg.), *Handbuch Alterssport* (S. 243-244). Schorndorf: Hofmann.

Schlicht, W. (2010). Mit körperlicher Aktivität das Altern gestalten. In H. Häfner, K. Beyreuther & W. Schlicht (Hrsg.), *Altern gestalten. Medizin, Technik, Umwelt,* (S. 25-40). Heidelberg: Springer.

Schlicht, W. & Brand, R. (2007). *Körperliche Aktivität, Sport und Gesundheit. Eine interdisziplinäre Einführung.* Weinheim: Juventa.

Schlicht, W. & Thiel, A. (2008). *Projekt Ruhestand. Was ich schon immer machen wollte*. Stuttgart: Messidor.

Schlicht, W. & Schott, N. (2013). *Körperlich aktiv altern*. Weinheim: Beltz Juventa.

Scholz, U., Schüz, B. & Ziegelmann, J. (2007). Motivation zu körperlicher Aktivität. In R.

Fuchs, W. Göhner & H. Seelig (Hrsg.), *Aufbau eines körperlich-aktiven Lebensstils. Theorie, Empirie und Praxis* (S. 131-149). Göttingen: Hogrefe.

Schott, N. & Schlicht, W. (2012). Körperlich-sportliche Aktivität und gelingendes Altern. In R. Fuchs & W. Schlicht (Hrsg.), *Seelische Gesundheit und sportliche Aktivität* (S. 315-336). Göttingen: Hogrefe.

Schöttler, B. (2003). „50 Plus" des Deutschen Turner-Bundes. In H. Denk, D. Pache & H.-J. Schaller (Hrsg.), *Handbuch Alterssport* (S. 269-278). Schorndorf: Hofmann.

Söll, W. (2005). *Sportunterricht – Sport unterrichten* (6., unveränderte Auflage). Schorndorf: Hofmann.

Späker, T., Beckers, E. & Matlik, M. (2009). *Förderung der individuellen Gestaltungsfähigkeit im gesundheitsorientierten Sport – Praxishilfe* (2. Auflage). Duisburg: Landessportbund Nordrhein-Westfalen.

Späker, T., Tiemeier, D. & Matlik, M. (2009). *Sport in der Prävention / Gesundheitsförderung. Ein Manual für den Angebotsbereich »Gesundheitsförderung für Ältere«*.Duisburg: Landessportbund Nordrhein-Westfalen.

Standage, M., Gillison, F. & Treasure, D.C. (2007). Self-Determination and Motivation in Physical Education. In M. Hagger & N. Chatzisarantis (Eds.), *Intrinsic Motivation and self-determination in exercise and sport* (pp. 71-85). Champaign, IL: Human Kinetics.

Statistisches Bundesamt (2008). *Berechnung von Periodensterbetafeln*. Wiesbaden: Statistisches Bundesamt.

Thiel, A., Huy, C.T. & Gomolinsky, U. (2008). Alterssport in Baden-Württemberg – Präferenzen, Motive und Settings für die Sportaktivität in der Generation 50+. *Deutsche Zeitschrift für Sportmedizin, 59* (7-8), 163-168.

Tiemann, M. (2006). Handlungswissen und Effektwissen. In K. Bös & W. Brehm (Hrsg.), *Handbuch Gesundheitssport* (S. 357-368). Schorndorf: Hofmann.

Wahl, D. (2006). *Lernumgebungen erfolgreich gestalten. Vom trägen Wissen zum kompetenten Handeln* (2. Auflage). Bad Heilbrunn: Klinkhardt.

Weineck, J. (2010a). *Sportbiologie* (10. überarbeitete und erweiterte Auflage). Balingen: Spitta.

Weineck, J. (2010b). *Optimales Training* (16. durchgesehene Auflage). Balingen: Spitta.

Weisser, B. & Okonek, C. (2003). Biologisch-medizinische Grundlagen des Alterssports. In H. Denk, D. Pache & H.-J. Schaller (Hrsg.), *Handbuch Alterssport* (S. 97-145). Schorndorf: Hofmann.

Wulfhorst, B. (2002). *Theorie der Gesundheitspädagogik. Legitimation, Aufgabe und Funktionen von Gesundheitserziehung*. Weinheim: Juventa.

Anhang

1 Interviewleitfaden

2 Verwendete Transkriptionsregeln

1 Interviewleitfaden

Teil 1 Allgemeiner / Narrativer Teil

Erzählaufforderung:

Waren Sie in dieser oder in der letzten Woche körperlich/sportlich aktiv? Erzählen Sie mir davon!

Können Sie sich an Momente/Situationen erinnern, so aus der letzten Zeit, wo Sie körperlich oder sportlich aktiv waren und sich dabei so richtig wohl gefühlt haben? Erzählen Sie mir davon!

Teil 2 Grundbedürfnisspezifischer Teil

Kompetenzbedürfnis:

Was können Sie besonders gut, wenn Sie an Ihre Bewegungsaktivitäten/sportlichen Aktivitäten denken?
Gibt es bei der Ausübung Ihrer (Bewegungs-)Aktivitäten Momente, wo Sie sich über Ihr eigenes Können/Ihre Leistungsfähigkeit erfreuen? – Schildern Sie mir bitte konkrete Situationen.
Woran machen Sie das fest – wie bekommen Sie Rückmeldung über Ihre körperliche Leistungsfähigkeit/Ihr Können?
Wie wichtig ist es Ihnen, sich im Rahmen Ihrer körperlichen Aktivitäten als kompetent und leistungsfähig zu erleben?

Autonomiebedürfnis:

Warum sind Sie nicht z. B. in einem Fitnessstudio oder in einem Alterssport-Kurs, wo alles geregelt und angeleitet ist?
Könnten Sie sich vorstellen, so einen angeleiteten und geregelten Kurs/Fitness-Studio zu besuchen?
Wie wichtig ist es Ihnen, Ihre Bewegungsaktivitäten selbst zu regeln und zu bestimmen?
Woran machen Sie Autonomie bei Bewegungsaktivitäten/beim Sporttreiben fest?

Bedürfnis nach Eingebundensein:

Wie erleben Sie das körperliche Aktiv-Sein in einer/Ihrer Gruppe?
Wie stehen Sie zueinander? – **falls in Gruppe bewegungsaktiv**
Woran machen Sie eine gute Beziehung in Ihrer Bewegungs-Gruppe fest?
Wie wichtig ist Ihnen die Beziehungsebene bei den eigenen Bewegungsaktivitäten/beim Sporttreiben?

Teil 3 Bewegungsbiographie und soziodemographische Daten

Schildern Sie mir doch bitte einmal kurz und überblicksartig, wie Ihre bisherige Bewegungsbiographie so verlief, also welche Rolle Bewegung, Spiel und Sport in Ihrem bisherigen Leben einnahm!

Allgemeine Daten:

Alter:
höchster (Hoch)Schulabschluss:
Familienstand:
Beruf:

2 Verwendete Transkriptionsregeln

1. Es wird wörtlich transkribiert, also nicht lautsprachlich oder zusammenfassend. Vorhandene Dialekte werden nicht mit transkribiert.
2. Die Sprache und Interpunktion wird leicht geglättet, d.h. an das Schriftdeutsch angenähert. Bspw. wird aus „Er hatte noch so`n Buch genannt“ -> „Er hatte noch so ein Buch genannt“.
3. Alle Angaben, die einen Rückschluss auf eine befragte Person erlauben, werden anonymisiert.
4. Deutliche, längere Pausen werden durch Auslassungspunkte (...) markiert.
5. Besonders betonte Begriffe werden durch Unterstreichungen gekennzeichnet.
6. Zustimmende bzw. bestätigende Lautäußerungen der Interviewer (Mhm, Aha etc.) werden nicht mit transkribiert, sofern sie den Redefluss der befragten Person nicht unterbrechen.
7. Einwürfe der jeweils anderen Person werden in Klammern gesetzt.
8. Lautäußerungen der befragten Person, die die Aussage unterstützen oder verdeutlichen (etwas Lachen oder Seufzen), werden in Klammern notiert.
9. Absätze der interviewende Person werden durch ein „I“, die der befragte Person(en) durch ein eindeutiges Kürzel, z.B. „B4:“, gekennzeichnet.
10. Jeder Sprecherwechsel wird durch zweimaliges Drücken der Enter-Taste, also einer Leerzeile zwischen den Sprechern deutlich gemacht, um die Lesbarkeit zu erhöhen.

Abb. 10: Transkriptionsregeln für die computerunterstütze Auswertung (Kuckartz, 2010, S. 44)